国家科学技术学术著作出版基金资助出版

数据驱动的城市洪涝预报与风险评估

吴泽宁　王慧亮　吴梅梅　林　琳　许红师　等著

黄河水利出版社

·郑州·

内容提要

本书立足于城市洪涝预报及风险评估的研究前沿,将大数据的海量信息和高效处理的优势与城市洪涝预报及风险评估原理融合,分别介绍了城市洪涝预报与风险评估中的关联数据与属性、社交媒体中城市洪涝数据挖掘方法与应用、城市洪涝灾害数据管理、基于深度学习的城市洪涝预报技术、基于贝叶斯网络的城市要素对城市洪灾损失的影响关系量化,以及基于建筑物灾害损失的城市洪涝风险评估等方面的内容,系统阐述了数据驱动的城市洪涝预报与风险分析理论与方法体系。

本书可供水利、市政及应急管理等领域的科技工作者和管理者阅读,也可供从事相关研究的科研工作者和研究生参考。

图书在版编目(CIP)数据

数据驱动的城市洪涝预报与风险评估/吴泽宁等著
.—郑州:黄河水利出版社,2024.2
ISBN 978-7-5509-3469-6

Ⅰ.①数… Ⅱ.①吴… Ⅲ. ①数字技术-应用-城市-水灾-灾害防治②数字技术-应用-城市-水灾-风险分析 Ⅳ. ①P426.616-39

中国版本图书馆CIP数据核字(2022)第229216号

组稿编辑:岳晓娟　　电话:0371-66020903　　QQ:2250150882

出 版 社:黄河水利出版社　　网址:www.yrcp.com
地址:河南省郑州市顺河路黄委会综合楼14层　　邮政编码:450003
发行单位:黄河水利出版社
发行部电话:0371-66026940、66020550、66028024、66022620(传真)
E-mail:hhslcbs@126.com
承印单位:河南瑞之光印刷股份有限公司
开本:787 mm×1 092 mm　1/16
印张:11.25
字数:267千字　　印数:1—1 000
版次:2024年2月第1版　　印次:2024年2月第1次印刷

定价:98.00元

前　言

城市洪涝灾害防控已成为防洪减灾的重要工作领域和任务,是我国政府、学者与公众关注的热点。近年来,随着云计算、物联网、传感器、社交网络、移动设备等技术的发展和普及,城市洪涝灾害在形成过程中伴生了数量巨大的各类数据,多源数据观测信息综合利用与同化融合技术开发已成为国内外水文水资源研究中关注的热点和前沿。如何实现大数据与传统城市洪涝灾害预报理论方法的结合,形成基于大数据的城市洪涝灾害预报预警理论和方法体系,不仅是水文水资源学科急需解决的重大科学问题,也是一个新的学科增长点。基于此认识,吴泽宁教授牵头申请的国家自然科学基金重点项目"基于大数据的城市洪涝灾害预报预警理论与方法研究"(51739009)于 2017 年获得国家自然科学基金委员会批准立项。获得立项资助后,项目团队围绕大数据与水文学科理论方法融合的城市预报预警理论与方法,针对城市洪涝灾害对灾害过程数据链的响应机制、多元城市洪涝数据融合与挖掘、城市洪涝灾害过程动态预报和洪涝灾害损失驱动的城市洪涝灾害过程动态预警等方面,开展了系统研究,取得了一系列的研究成果。本书是在项目研究成果的基础上,以数据驱动为主线条,遵循知识系统性和结构完整性原则,对项目的有关成果进行提炼、总结,并融合河南省优秀青年基金项目(212300410088)的部分研究成果,形成了本专著,旨在系统阐述数据驱动的城市洪涝预报与风险评估理论和方法体系。

本书共由 7 章组成,按照四大部分组织撰写。第一部分为第 1 章,介绍研究背景及研究进展;第二部分由第 2~4 章组成,主题是城市洪涝预报与风险评估中的数据挖掘与数据管理;第三部分由第 5 章组成,主题是基于数据挖掘的城市洪涝预报技术与方法体系;第四部分由第 6~7 章组成,主题是基于城市洪涝灾害过程数据的城市洪涝风险评估模型与方法。

本书的撰写分工为:吴泽宁撰写第 1 章,王慧亮和周易宏撰写第 2 章和第 5 章,许红师和吴梅梅撰写第 3 章和第 4 章,吴梅梅撰写第 6 章,林琳撰写第 7 章。吴泽宁负责本书总体构架设计并对全书统稿。

本书是项目组成员共同努力的结晶,除本书作者以外,参加研究工作的还有团队研究生马炳焱、江子浩、申言霞、周易宏、李朋林、胡钰鑫等,在此对他们在研究中的付出和贡献表示感谢!该书编写过程中,团队研究生薛万杰、徐山仑、祝裕家等参与了资料整理和文字校对工作,在此对他们的辛勤劳动表示感谢!感谢国家自然科学基金委员会的大力支持!感谢郑州大学水资源与水利经济研究所各位成员和郑州大学水利科学与工程学院的关心支持!

由于作者水平有限,加之基于数据驱动的城市洪涝预报与风险评估是一个崭新的领域,书中难免存在疏漏和不妥之处,敬请读者批评指正。

作　者

2022 年 10 月

目 录

第1章　绪　论

1.1　研究背景与意义

暴雨洪涝灾害是全球影响范围最广,对人类生存和发展危害最为显著的自然灾害之一。随着全球气候变化引发的城市极端降雨事件增加及中国快速城市化进程,城市水文效应越来越显著,城市洪涝灾害呈现出突发性强、峰高量大和影响面积广等特征。近年来,我国很多城市尤其是大城市洪涝事件频发,我国汛期“城市看海”已成常态,给城市居民生命安全和财产带来了严重的损失,同时城镇化速度加快而排水设施建设相对落后,导致我国城镇频频遭受洪涝灾害的威胁。2012年7月21日,北京市发生强降雨,约190万人受灾,直接经济损失116.4亿元;2018年8月,台风“温比亚”登陆,给我国北方多地带去了猛烈暴雨,其中山东寿光受灾最为严重,24 h雨量达263.1 mm,最大洪峰流量达1 500 m^3/s,为1984年以来最大洪水,坍塌房屋近1万间,20多万个大棚受损,直接经济损失约92亿元;同期,郑州市也发生了强降雨事件,7 450人受灾,直接经济损失318万元。因城市洪涝灾害突发性强、预见期短,时空变化的复杂性和不确定性日益突出,防灾减灾任务更加艰巨,党中央、国务院高度重视。2016年,国家发展和改革委员会、水利部、住房城乡建设部联合印发了《水利改革发展“十三五”规划》,明确指出:“加强城市气象和水文信息监测和预警系统建设,提高暴雨、洪水预测预报的时效性和准确率。完善排涝和防洪应急预案,加强城市内涝和洪水风险管理,增强群众的防灾避灾意识,最大限度地减轻灾害损失”。2016年12月,国务院办公厅印发的《国家综合防灾减灾规划(2016—2020年)》指出:“受全球气候变化等自然和经济社会因素耦合影响,‘十三五’时期极端天气气候事件及其次生衍生灾害呈增加趋势……自然灾害的突发性、异常性和复杂性有所增加”,并提出了综合减灾的原则,明确了要加强城市洪涝灾害脆弱性评估与防范能力建设任务。由此可以看出,变化环境影响下暴雨洪涝问题日趋突出,城市饱受水害之苦,居民人身财产安全受到严重威胁。因此,开展城市洪涝灾害脆弱性评估研究,为城市洪涝灾害防控提供技术支撑,是保障我国城市社会经济发展安全的重大需求,具有重要的实践意义。

近年来,随着云计算、物联网、传感器、社交网络、移动设备等技术的发展和普及,全球数据量呈指数级增长,人们已经步入大数据(Big Data)时代。党的十八届五中全会提出“实施国家大数据战略”,国务院印发《促进大数据发展行动纲要》明确指出:要结合行业应用,研发大数据分析、理解、预测及决策支持与知识服务等智能数据应用技术。城市洪涝灾害脆弱性评估是一个典型的大数据问题,涉及水文气象、空间地理、社会经济、城市规划等多种数据。这些数据来自水利、气象、城管、运营商和互联网等不同部门,采集方式不同,存储格式实时、孤立、多源、异构、庞杂、无序,给城市洪涝综合管理带来巨大障碍。而日益丰富的多源观测数据是未来地球科学研究向大数据时代发展的一种必然趋势，能够为解决水循环复杂模拟系统的参数识别、超高分辨率陆面过程模式开发、信息挖掘与水文系统结构识别等重大科学问题提供必需的数据支持。近年来，多源数据观测信息综合利用与同化融合技术开发已发展成为国际水文研究中关注的热点。因此，大数据时代，针对突发性强、强度大、危险性高的暴雨洪涝灾害，面对庞杂无序的城市洪涝灾害数据，研究数据的特点及关联关系，构建城市洪涝灾害数据本体以实现城市洪涝灾害数据的集成、共享和统一管理，为城市洪涝预报与风险分析提供全面的数据支撑，对拓展城市水文学科的研究领域和研究范围具有重要的理论意义。

1.2　国内外研究现状

1.2.1　城市洪涝预报研究进展

洪涝灾害预报系统是防洪减灾保障体系的重要组成部分和强有力的分析工具。城市洪涝仿真模拟是开展城市洪涝灾害预报预警的基本手段，其方法的关键是通过设置不同频率的暴雨情景过程，利用城市产汇流模型及洪水演进模型的数值模拟计算，推求不同情景下暴雨可能引起的城市洪涝的淹没范围、淹没水深及淹没历时。模型的核心是研究降雨（主要是极端降雨）作用于城市下垫面后，城市雨水空间上的垂直分布分配过程及水平运动状态。在模型开发方面，依据不同的计算方法，城市洪涝模型可以分为3类：水文模型、水动力模型和简化模型。城市水文模型采用了流域水文模型的思想，将城市区域划分为若干个子汇水区，计算每个子汇水区的产流和汇流过程，再通过管网和河道演算到城市研究区出口。代表性的城市水文模型有SWMM、UCURM、ILLUDAS等；相比于水文模型，水动力模型把城市区域划分为空间格网，基于水流运动的偏微分方程、边界条件来计算相邻网格之间的水量交换，常见的有一维、二维水力学模型，但无论是水文模型还是水动力模型，都存在模型精度不高、预见期短等问题，对城市洪涝灾害预报预警支撑不够。近些年来，发展了一些基于DEM和GIS的快速城市洪水淹没模型，但是此类模型也仅仅能得到淹没范围，而不能提供淹没过程。我国学者基于中国区域的实际情况，也提出了一些城市洪涝仿真模型。基于城市洪涝模型，我国学者开展了城市洪涝预报预警相关研究工作。自1998年以来，天津气象科研所联合中国水利水电科学研究院及天津大学，针对天津市的城市洪涝灾害问题，以城市洪涝仿真模型为基础，研制了天津城区洪涝仿真模型，用来应对天津市的城市洪涝灾害问题。中国水利水电科学研究院所设计的城市洪涝灾害仿真模型，拥有较好的对城市洪涝灾害的分析预警和模拟的功能，它已经被应用于国内一些重要城市，如深圳、上海等城市的洪涝灾害分析预警及风险评估和规划中。本书作者及其课题组以SWMM模型为基础，也开展了郑州、开封等城市的洪涝灾害预警预报研究工作，但目前城市洪涝灾害预警研究还存在以下不足：技术上，基本以静态数据驱动模型为主，基于历史雨量和暴雨情景开展城市洪水风险评价或者以落地雨量驱动模型进行城市洪水预警，但是城市洪涝灾害具有突发性、高强度的典型特征，依据落地雨量进行预警，预见期短，可能出现系统还在运行，但灾害已经发生的情况。另外，目前的城市洪涝灾害预警系统中模型参数是由历史洪灾事件进行率定且固定不变的,在实际洪涝灾害过程中,模型参数和变量由于空间的不均匀性和下垫面的环境动态性,极易造成模型结果的不确定性。预报预警内容指标上,主要以淹没水深和淹没历时等为主,但城市系统具有人口和设施资源高度集聚、空间结构复杂、物理对象与群体社会行为高速动态运行演化等特征,仅用淹没水深和淹没历时作为预警指标预警,难以反映城市洪涝灾害对社会经济的影响。因此,如何提高城市洪涝灾害预警的时效性、准确性和全面性是目前亟待解决的科学问题。

1.2.2 城市洪涝灾害风险评估研究进展

在城市洪涝灾害风险评估方面,主要采用不同的暴雨情景评估城市洪涝淹没范围及淹没水深的城市洪涝风险评估方法。城市洪涝灾害损失一般可借助损失函数来描述。构建损失函数曲线有两种方法,第一是通过实地调查的方法建立水深-损失率曲线,Penning-Rowsell 和 Chatterton 等根据居民住宅类型、建造时间及房主的社会地位,把居民住宅共分为 84 类,对各类住宅分别建立淹没时长超过 12 h 和不足 12 h 的水深-损失率曲线共 168 条。Dutta 和 Tingsanchali 以泰国曼谷的两个行政区为研究区,根据建筑材料把建筑物分为木制和非木制,通过实地问卷调查获取数据,分别建立各类建筑物结构、室内财产、室外财产的水深-损失率曲线;董姝娜等通过现场调查建立了基于回归分析法的房屋水深与灾损脆弱性曲线。实地调查由于工作量大,结果容易存在误差。目前常用的损失率关系曲线主要是根据历史洪涝灾害调查资料,利用多元回归等分析方法拟合得出。Guetchine Gaspard 使用 OSL 多元回归分析来分析收入、淹没持续时间和深度、坡度与道路的距离、人口密度等因素与水灾损失成本变化的关系。梁海燕和邹欣庆借助 GIS 软件模拟了不同水位条件下的淹没范围,并对淹没区内的社会经济资料、建筑物、受灾人口等灾损率进行了统计。对于洪涝灾害直接经济损失率计算方法,目前国内外比较通用的是参数统计模型,即以淹没水深等洪涝灾害特征为自变量,损失率为因变量,利用参数统计方法确定模型参数。冯平等基于灾损率提出了城市洪涝灾害直接经济损失的计算方法。Wang 等以温州市为例,计算了不同暴雨情景下的城市洪涝灾害经济损失。然而,由于城市暴雨具有高度的时空异质性和不确定性,洪水风险图中设计的有限暴雨情景模式难以与实际发生的暴雨洪水情景模式一致,且预警指标多为淹没范围和水深,缺少对淹没范围内淹没对象和损失程度的评估与预警,也难以满足城市防洪减灾决策预见性和准确性的需要。由于城市是一个自然与人文现象耦合的复杂巨系统,具有人口和设施资源高度集聚、空间结构复杂、物理对象与群体社会行为高速动态运行演化等特征,洪涝灾害过程及表现特征更加复杂,城市洪涝损失涉及范围广、类型多、数据量大,建立城市洪水过程与城市洪涝损失之间的关系是极其复杂的,需要更加先进的数据采集与信息挖掘技术支撑。

1.2.3 大数据在城市洪涝预报与风险分析中的研究进展

城市洪涝模型中的水文参数大多依靠野外调查获得,水力学参数则根据室内试验测试获得,这给模型的建立和校准及模型的实时校正带来了很大的困难。随着遥感技术的发展,不同的传感器被用来收集地表的多种信息(如土地利用类型、植被覆盖类型等),为城市洪涝模型中汇水区水文物理参数提供了更有效的获取方法，提高了模型的准确性与构建速度。另外，城市区域的水文监测站点大多布置于城市上下游河道，用于监测河道的径流量和水位，大多数城市区域缺乏详细的暴雨径流实测资料，尤其是缺乏极端降雨事件的径流过程数据，导致这些洪涝模型没有足够的可靠数据进行校验，模型的精度和应用广度长期受限。由于缺乏洪涝历史监测数据，很多洪涝模型的验证往往只能基于市政部门洪涝抢险的少量文字记录，以发生洪涝位置点的多少来评估模型的精度。也有研究直接用水力学模型的结果作为准确值，以此来校准和评估模型。这些验证数据缺乏城市内部积水点的积水和排水过程，不能够评估模型对洪涝动态过程的模拟能力。近年来，随着城市大数据的发展，为城市洪涝灾害的精细化模拟与预警提供了更加详细的数据。一般而言，城市洪涝灾害模拟需要降雨数据、地表地形数据、地物水文参数、管网数据、灾害损失数据及验证数据等。城市洪涝模型对地形的敏感性极高，随着智慧城市空间信息技术的发展，机载激光测高、合成孔径雷达干涉测量等遥感技术的发展，明显提高了地形数据的精度和获取速度，推进了高空间分辨率城市洪涝模拟模型的快速发展。随着城市大数据时代的到来，时空大数据可以为城市洪涝模型提供更为精细和丰富的验证数据，如电子水尺等传感器设备能够准确监测分钟级路面积水深度的变化过程；利用计算机图形学的方法，可以从洪涝点的视频监控数据提取洪涝事件中地面积水和退水的整个过程。城市大数据的发展为城市洪涝模型提供了更丰富的验证信息，从而提高模型的模拟精度。随着城市大数据的发展，利用遥感测量、地理信息系统和传感器等技术手段，实现城市洪涝的精细化模拟和预报已成趋势。但就目前来看，城市洪涝预报预警过程对大数据的利用还停留在数据本身，但是大数据利用的终极目标在于对大数据中隐藏知识的挖掘，将数据转化为知识进行应用。由此可见，如何有效利用多源异构动态城市大数据，充分挖掘大数据中隐藏的知识与规律，研究建立与大数据相适应的城市洪涝灾害预报预警理论和方法，提高城市洪涝灾害预报预警的预见期、预报精度和预报速度，成为城市洪涝应急救灾减灾过程中亟待突破的关键科学问题。

1.3　本书的总体构架

本书共 7 章，第 1 章为绪论，第 2～7 章为全书的主体内容，主体内容共分为三大部分。

主体内容第一部分为 2～4 章，内容为城市洪涝预报与风险评估中的数据分析、数据挖掘与数据管理，主要介绍城市洪涝预报过程关联的数据与属性、社交媒体中城市洪涝数据的挖掘方法与应用和城市暴雨洪涝灾害数据管理技术。其中第 2 章从灾害学角度出发，辨识了城市洪涝灾害灾前、灾中、灾后各个阶段和城市洪涝预报过程关联的洪涝灾害数据；并利用面分类法和线分类法建立了城市洪涝灾害大数据分类体系，明确了在城市洪涝灾害防控的过程中各阶段产生的数据内容及数据采集方式，并阐述了城市洪涝灾害大数据在城市洪涝灾害防控中的具体功能。第 3 章以应用较为广泛的新浪微博数据为例，介绍社交媒体数据特征、微博降雨数据语料库及关键词典构建方法，并将基于微博数据挖掘的降雨信息,应用于城市模拟雨量站构建及致灾降雨标准确定。第4章主要运用本体理论与方法,从时间关系、空间关系及语义关系三方面,解析城市洪涝灾害数据间的相互关系,构建了融合影响关系和数据关系的城市要素对暴雨洪涝灾害的影响机制本体模型,为建立影响关系量化模型提供了关系结构和数据支撑。

主体内容第二部分为第5章,内容为数据驱动的城市洪涝预报,主要介绍基于数据挖掘的城市洪涝预报技术与方法体系。本书第5章以深度学习和城市洪涝机制相关理论为基础,系统研究了影响城市洪涝积水深度预测敏感性指标,提出了一套基于GBDT算法的积水点淹没过程预测的新的建模方法,结合降雨预报数据,实现了基于GBDT算法的积水点积水过程预测,建立了降雨预报数据驱动的城市洪涝积水点积水过程实时预报预警模型。丰富和拓展了城市洪涝积水过程预测的研究思路和方法。研究结果可以为城市防洪管理提供理论依据和技术支撑。

主体内容第三部分为第6~7章,内容为城市洪涝风险评估,主要介绍城市要素与城市洪涝损失的定量关系及基于建筑物经济损失的城市洪涝风险分析模型与方法。第6章基于城市要素对暴雨洪涝灾害的影响机制本体模型,构建了城市要素对暴雨洪涝灾害损失影响程度的量化模型。提出了本体模型中概念、关系到层次贝叶斯网络结构的节点、边的转换规则,构建了市域和街区尺度下的层次贝叶斯网络结构。采用EM算法进行网络节点概率分布表的计算,运用层次贝叶斯模型的敏感性分析,测算出暴雨洪涝灾害损失对城市要素的敏感度,以此表示城市要素对暴雨洪涝灾害损失的影响程度,进而对市域和街区尺度下的郑州市城市要素对暴雨洪涝灾害的影响关系进行量化,并分析其影响情况。第7章基于网格化理论和网格划分技术提出了建筑物层次的易损性网格化评价方法,讨论了网格划分的方法及数据的网格化方法,并通过不同评价单元网格的建筑物洪灾易损性的空间融合实现大尺度城区建筑物损失程度估计,为欠缺资料的地区大范围高空间精度洪灾易损性评价提供了解决方案。

1.4 研究典型区——郑州市基本概况

1.4.1 自然地理概况

郑州市是河南省会、特大城市、国家中原城市,地处西南山前丘陵和东部黄河冲积平原的过渡地带,地形基本由西南向东北倾斜,呈阶梯状降低,由山区、丘陵过渡到平原,位于东经112°42′~114°14′,北纬34°16′~34°58′。其中,山区高程一般在海拔200 m以上,丘陵一般在海拔200~400 m,平原地区海拔在200 m以下(其中大部分低于150 m)。市区位于贾鲁河流域上游,海拔在80~120 m,西南部地面坡降在1/10~1/300,东南部地面坡降在1/200~1/9 000。郑州市区河流基本属于贾鲁河水系,包括贾鲁河干流及其一级支流索须河(索河、须河)、东风渠、贾鲁支河、金水河、熊耳河、七里河(十八里河、十七里河)、潮河等,现均为城市排涝河道。郑州市区基本自然地理情况如图1-1所示。

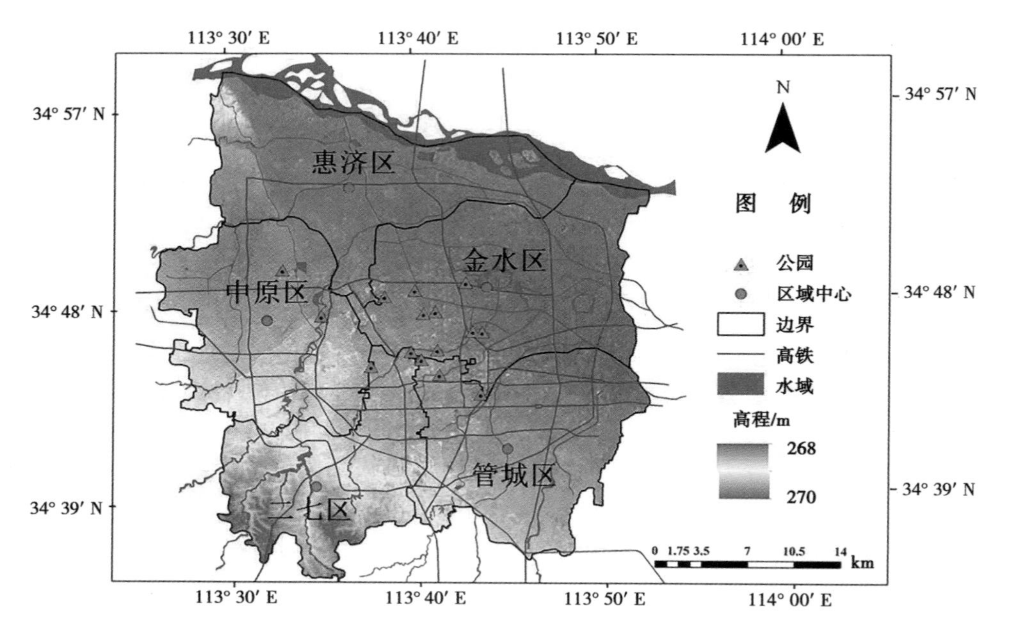

图 1-1　郑州市区基本概况

郑州市属暖温带亚湿润季风气候,四季分明,雨热同期,干冷同季。随着四季更替,依次呈现春季干旱少雨,夏季炎热多雨,秋季晴朗日照长,冬季寒冷少雨雪的基本气候特征。年平均气温 8 月最热,1 月最冷,年平均降雨量 625.9 mm,无霜期 220 d,全年日照时间约 2 400 h。受郑州市天气、气候条件及城市下垫面热力学特征的综合影响,郑州城市雨岛效应季节变化明显,秋季最强,夏季次之,春冬两季最弱。

1.4.2　城市发展概况

郑州市地处中原,近 20 年发展迅速。截至 2018 年底,郑州市建成区面积达 543.9 km^2,人口数量 508.05 万人。根据《郑州市统计年鉴》记录,郑州市建成区面积变化和人口变化如图 1-2 和图 1-3 所示。随着城市的扩张,城镇化速率加快,人口快速增长,城市用地不断增加,规模不断扩大,绿化面积占比逐渐减少,地表不透水面积大幅增加,加剧了城市暴雨洪涝灾害发生的风险。郑州市近 20 年经济水平快速增长,其 GDP 变化如图 1-4 所示,2018 年建成区 GDP 为 3 001.89 亿元,进一步加大了郑州市暴雨洪涝灾害经济损失的风险。

1.4.3　郑州市暴雨洪涝灾害概况

郑州市的洪涝通常由暴雨引起。受季风影响,郑州市每年超过 80% 的降雨发生在 6—9 月,导致城市地区频繁发生内涝,威胁到人们的生命和财产安全。此外,郑州市是中国重要的交通枢纽,因交通而生,更因交通而兴。雨季暴雨洪水常导致多个路段和下穿隧道积水严重,造成交通中断,有些路段积水甚至达到过腰的高度,车辆甚至被水埋没,严重影响路网功能的正常运行。据统计, 2006 年以来,郑州共发生暴雨洪涝灾害 20 起, 最大

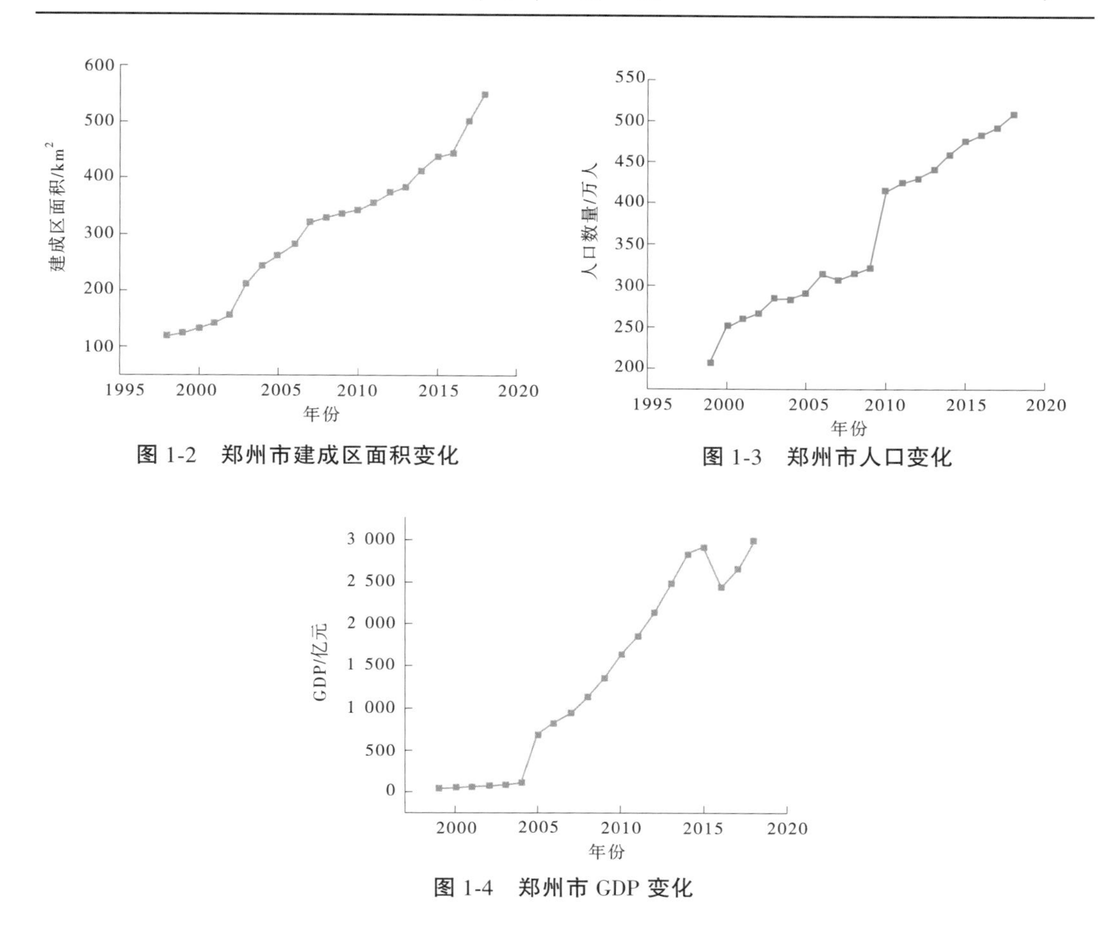

图 1-2 郑州市建成区面积变化

图 1-3 郑州市人口变化

图 1-4 郑州市 GDP 变化

降雨量超过 100 mm,年经济损失超过 2 亿元。例如,2009 年郑州市洪涝灾害共造成 1 534 m^2 土地成灾,其中倒塌房屋 378 间,直接经济损失 2 097.8 万元。2019 年 8 月 1 日,郑州市遭遇强降雨,区域最大雨强达 70 mm/h,3 h 降雨量突破 100 mm,路面积水严重,造成道路交通大面积阻塞。2021 年 7 月 17—23 日,郑州市遭遇历史罕见的特大暴雨(郑州“7・20”极端暴雨),发生严重洪涝灾害。

从雨情来看,郑州“7・20”极端暴雨事件具有过程长、范围广、总量大、短历时降雨极强的特点。2021 年 7 月 17 日 8 时至 23 日 8 时,郑州市 73.9%的区域(5 590 km^2)累计降雨超过 400 mm,27.3%的区域(2 068 km^2)超过 600 mm。其中,二七区、中原区、金水区累计雨量接近 700 mm,巩义、荥阳、新密市超过 600 mm,郑东新区、登封市接近 500 mm。这轮降雨折合水量近 40 亿 m^3,为郑州市有气象观测记录以来范围最广、强度最大的特大暴雨过程。最强降雨时段为 19 日下午至 21 日凌晨,20 日郑州国家气象站出现最大日降雨量 624.1 mm,为建站以来最大值(189.4 mm,1978 年 7 月 2 日)的 3.4 倍。其中,20 日 16 时至 17 时出现 201.9 mm 的极端小时雨强,突破我国大陆气象观测记录历史极值(198.5 mm,1975 年 8 月 5 日河南林庄)。

由于郑州“7·20”极端暴雨的强度和范围突破历史记录，远超出城市防洪排涝能力，贾鲁河、双洎河、颍河均出现超保证水位大洪水，10 条内河多处出现漫溢，全市 124 条河流发生险情 418 处，超过一半(2 067 个)的小区地下空间和重要公共设施受淹，超过 40 万车辆受淹，排查出道路塌陷 2 840 处，多个区域断电、断水、断网，道路交通断行，造成重大人员伤亡和财产损失。

第 2 章　城市洪涝预报过程关联数据与属性

随着大数据技术的发展及数据规模的快速增长,研究数据驱动的城市洪涝灾害预报与风险评估为城市洪涝灾害防控提供了全新的研究范式和研究方法。城市洪涝灾害数据成为研究洪涝灾害预报与风险分析的重要依据和关键支撑,在城市洪涝预报过程中,包含灾前预报与预警、灾中应对、灾后处置多个过程。因此,在研究数据驱动的城市洪涝预报与风险评估之前,需要明确城市洪涝预报过程包含的数据内容,分析城市洪涝预报过程关联数据的特征、采集方式等属性。本章从城市洪涝预报过程角度出发,主要阐述城市洪涝预报过程关联的数据内容、数据特征、数据分类体系及功能。

2.1　城市洪涝预报过程关联数据分析

识别城市洪涝灾害数据是了解和界定城市洪涝灾害大数据概念的前提。城市洪涝灾害是降雨和城市下垫面之间复杂作用的结果,这个复杂作用的过程又依赖城市作为载体。因此,城市洪涝灾害数据包含城市洪涝灾害过程数据和城市基础要素数据。其中,城市洪涝灾害过程数据包含灾前、灾中和灾后等各阶段的数据,灾前的城市洪涝灾害数据主要有预报预警数据和水雨情数据,灾中的城市洪涝灾害数据主要有积水数据及为应对城市洪涝灾害采取的应急响应措施,灾后的城市洪涝灾害数据主要有损失统计和灾后重建数据。而城市基础要素数据主要包括自然地理要素、结构要素和社会要素。

2.1.1　预报预警数据和水雨情数据

预报预警数据是城市洪涝灾害防控的基础。预报预警数据,顾名思义包含预报和预警两部分数据,其中预报数据主要指天气预报数据、卫星观测反演数据、雷达估测数据和数值预报数据,预报数据的类型以非结构化数据为主,包含文本、图片和视频等多种格式,例如气象部门和各种气象 App 发布的天气预报数据、卫星云图、雷达基本发射率图等数据;预警数据包含降雨量预警、台风预警、洪水预警等信息,预警数据的类型以文本为主(非结构化数据),例如政府部门发布的暴雨预警信号、台风预警信号、洪水预警信号等数据。

城市洪涝灾害的水雨情数据主要指的是监测设备上监测的水情数据和雨情数据,是城市洪涝灾害防控的重要依据。水情数据包含水位、流量等数据,雨情数据主要指的是降雨量数据,水雨情数据的数据类型主要为结构化数据。

2.1.2　积水数据和应急响应数据

积水数据是影响城市洪涝灾害防控的关键因素,轻度的积水会影响交通通行效率,造成交通拥堵,严重的积水可能会导致车辆抛锚、道路断行、地下空间进水,严重威胁人民的生命和财产安全,因此积水数据往往是城市防洪管理人员最关心的因素之一。积水数据主要包含道路积水、铁路被淹、车辆被淹、建筑被淹、农田被淹等信息,数据内容包含积水位置、积水深度、积水面积和积水过程等数据,例如积水监测设备监测的积水数据和社会公众在互联网上发布的积水数据,数据类型既包含结构化数据(积水深度),也包含非结构化数据(积水文字、积水图片、积水视频)。

应急响应是城市洪涝灾害防控的重要手段之一,城市洪涝灾害的应急响应主要是城市防洪管理部门在即将发生或发生灾情时采取的"关、停、封、撤"等应急措施,"关"指的是关闭有风险隐患的旅游景区等场所,"停"一般包括停工、停课、停运、停产等应急措施,"封"指的是对下穿隧道等风险隐患区域全面封控,"撤"指的是将危险区域群众撤离出来,例如郑州"7·20"洪水时由于郭家咀水库出现险情,转移疏散下游群众 11 万人。数据类型以文字为主(非结构化数据)。

2.1.3　损失统计和灾后重建数据

损失数据指的是因城市洪涝所造成的各种损失,在城市洪涝灾害防控中,损失数据是灾后重建的数据基础。损失数据按照损失对象可以分为人员伤亡损失、人民财产损失、城市基础设施损失和企业损失,数据类型以非结构数据化为主。其中,人员伤亡损失指的是因城市洪涝造成的死亡、失踪、受伤人数;人民财产损失按照损失类型主要分为农田淹没损失、房屋倒塌损失、车辆损失;城市基础设施损失主要包含道路坍塌、铁路受损、地下空间损失、电力损失、供水损失、供气损失;企业(工业企业、商业企业、服务业企业)损失指的是企业厂房、设备和产品因暴雨造成的损失。

灾后重建是一个相对较长的过程,其重要依据是城市洪涝灾害的损失数据。按照受灾对象不同,灾后重建数据包括居民房屋受灾重建数据、城市基础设施灾后重建数据、农田淹没灾后重建数据和企业灾后重建数据。其中,城市基础设施灾后重建数据和城市基础设施的损失数据一一对应,分别为道路重建数据、铁路重建数据、地下空间重建数据、电力恢复数据、供水和供气恢复数据。

2.1.4　城市要素数据

城市要素取城市构成要素之意,学者们从不同角度出发,对城市要素的概念和构成进行了总结和归纳,但对城市构成要素的分类尚未形成统一的结果。在城市设计中,城市要素指对建筑及其空间形态形成有影响的城市构成要素。此类概念定义将城市要素限定于物理构成范围,且对城市要素的分类都存在着模糊的情况。为响应联合国、世界银行、经济合作与发展组织等国际组织及世界各国对城市可持续发展标准的需求,国际标准化组织城市和社区可持续发展技术委员会(ISO/TC 268)提出了《Sustainable cities and communities — Descriptive framework for cities and communities》(ISO/DIS 317105)标准,该标准用人体解剖学和动态生理学的类比来描述城市,亦被称为城市解剖学。城市解剖学指出城市可以被理解成一个生态系统,可分解为三个部分:生命的实体、物理结构及二者的互动。此种分类思想在城市物理构成的基础上,考虑了生命体及其与城市物理结构之间的相互作用,对城市的结构划分更为全面、合理。

由于城市是以人类活动为中心的生态系统,因此城市系统中有生命的实体主要指人类,物理结构是指保证人类在城市中所有活动的物理元素,表现为城市的物理结构环境,二者的互动表示人类与物理结构环境相互作用产生的元素,主要表现为社会性元素,如城市功能(如生活、工作、教育等)、经济、文化、信息等。城市系统架构如图 2-1 所示。

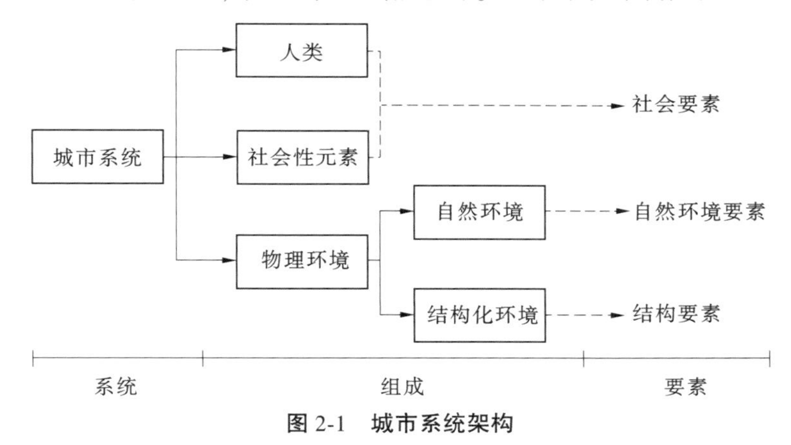

图 2-1　城市系统架构

按照属性划分,人类和社会元素具有明显的社会属性,且具有高度关联性,故可将二者合并定义为城市系统中的社会要素。物理环境中,保证人类在所有活动的城市物理结构环境可按照受人类开发的情况,分为建设前就存在的自然环境和为满足人类生存及活动需求在自然环境中建立或改变而成的结构化环境。其中,自然环境和结构化环境分别具有自然属性和结构属性,故将二者分别定义为城市系统中的自然环境要素和结构要素。

通过上述分析,将城市要素定义为:在城市空间环境中存在的物理环境构成元素与社会元素,主要包括自然环境要素、结构要素和社会要素。因此,城市要素和城市暴雨洪涝灾害的链式过程可以理解为:自然环境要素(降雨)作为输入变量起关键作用,在与自然环境要素和结构要素相互作用后形成洪涝,对社会要素和结构要素造成损失的过程。

2.1.4.1　自然环境要素

依据城市系统架构,城市自然环境要素是城市自然环境的构成要素。城市解剖学中将城市自然环境定义为以水、土、气为基本因子构成的自然系统,是支撑城市形成与发展的物质基础。因此,定义的自然环境要素特指城市建立之前已经具备且在城市建立之后依然保有的环境要素,由空气、土地和水三个基本部分构成,以季节变化的方式动态地相互作用,形成了城市的基础物理环境,包括地形、自然资源的流动和循环等。

(1)空气相关要素。

大气科学相关理论表明:空气是指地球大气层中的气体混合,不同成分的空气,随着高度和气压的改变,其组成比例也会改变。一定组成比例的空气构成地域的大气环境,大气中水分变化形成天气,天气是影响人类活动瞬间气象特点的综合状况。大气在太阳辐射、下垫面的共同作用下,形成的长期天气综合情况称为气候。因此,空气衍生的环境要素为天气要素和气候要素,如图 2-2 所示。

(2)土地相关要素。

不同学科根据学科特点给予土地不同的定义,如地理学中土地是地球表面的某一特定的区域,包括自然资源和人类生产劳动的产物;而经济学定义土地是未经人的参与而自然存在的一切劳动对象,是一切活动的一般空间基础。对于城市来说,土地是选址的基础,是支撑农业、植物和动物的重要资源,也是矿物和能源的重要来源。因此,从城市角度出发,本书定义自然环境要素中的土地特指城市建立之前的地域表面实体,包括地质、地形、土壤在内的自然综合体。

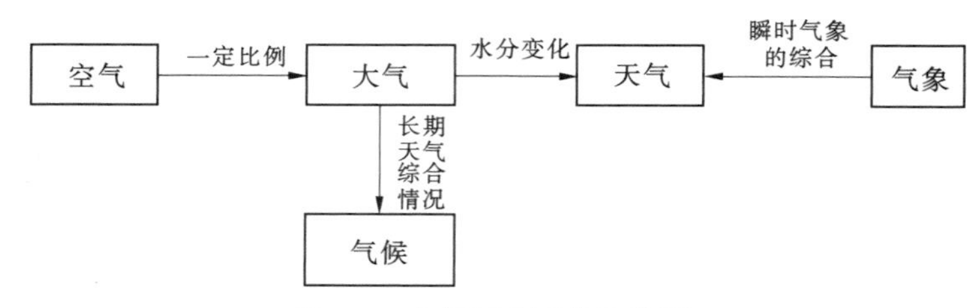

图 2-2　空气衍生要素结构图

(3)水相关要素。

水是指地域内具有一定数量和可用质量,能从自然界获得补充并可资利用的自然资源,主要包括地表径流、地下水资源。

基于此,提出城市要素中自然环境要素的构成,如表 2-1 所示。

表 2-1　自然环境要素的构成

一级划分	二级划分
空气	天气、气候
土地	地质、地形、土壤
水资源	地表径流、地下水资源

2.1.4.2　结构要素

依据城市系统架构,城市结构要素是城市结构化环境的组成部分。城市解剖学定义城市结构化环境为:在自然环境的基础上,为满足一定规模的人类生存及可持续发展所建立起来的、以维持城市快速稳定运行的必要设施环境。城市建设的目的是通过规划、建设工程对城市人居环境进行改造,投入运行后发挥其功能并提供服务,保障市民正常生活,服务城市经济社会发展。

在此基础上,城市结构要素按照“保障目的”和“服务目的”可分为两类:一类指能够从环境中提取和收集资源,以保障市民正常生活的链接性设施,包括水资源利用设施、土地资源利用工程、能源资源利用设施;另一类是实现城市的物质和能量传递,以服务城市经济社会发展的流通性设施,包括物质资源循环工程及设施、交通设施及工具、信息传递设施。

出于“保障目的”,水资源利用设施指为保障市民正常生活及保护市民免受水灾害的防护设施,包括供水设施、排水设施、防洪设施。土地资源利用工程指通过改变土地利用类型为市民以满足正常居住、工作、活动要求的工程。本书中该部分仅表示除交通道路用地外的用地类型,交通道路用地在交通设施中单独分析。能源资源利用设施指为保障市民所需能源的生产和供应设施，包括电、热、气等。

出于"服务目的"，物质资源循环工程及设施指为城市经济发展提供物质生产和流通的工程及设施，包括物质生产、物流、消费、产品输出和废弃物处理。交通设施及工具指服务市民出行的交通设施和交通工具。信息传递设施指为满足市民的信息交流需求所建设的通信设施。

基于此，提出城市结构要素的构成，如表 2-2 所示。

表 2-2　城市结构要素的构成

一级划分	二级划分
水资源利用设施	供水设施、排水设施、防洪设施
土地资源利用工程	不同类型的土地利用情况
能源资源利用设施	电、热、气等的生产与供应设施
物质资源循环工程及设施	物质生产、物流、消费、产品输出和废弃物处理
交通设施及工具	交通设施、交通工具
信息传递设施	通信设施

2.1.4.3　社会要素

依据城市系统架构，城市社会要素由城市系统中人类和社会性元素组成。城市解剖学将城市中社会性元素定义为人类与城市系统环境的交互产物。因此，本书中将社会要素定义为由人类和人与环境相互作用产生的社会元素构成。人口学家认为，人是城市的主体，按照特定的目标和管理原则，采用特定的手段和组织形式，对管理对象的运动过程进行计划、组织、指挥和控制等各项职能活动。因此，将城市中的人分为管理者和居民。其中，城市中的主要管理主体是政府。基于此，将城市要素中的人划分为居民和政府。

城市解剖学中定义人与城市建设环境的交互社会性产物有四种：由于人的参与使环境内各要素具备的功能，以及人在城市中生存而衍生的经济、文化和信息。考虑目前城市暴雨洪涝灾害造成的功能性损失难以衡量，故本书将人与环境相互作用产生的社会元素构成定为经济、文化和信息。

综上分析，明确城市社会要素的构成，如表 2-3 所示。

表 2-3　城市社会要素的构成

一级划分	二级划分
人	居民、政府
社会元素	经济、文化、信息

2.2　城市洪涝灾害数据特征

阐明城市洪涝灾害数据特征是明确城市洪涝大数据概念的基础。一般认为，大数据具有海量、高速、多样性、真实和有价值等特征，因此从数据的规模、速度、多样性、真实性和价值性等基本特征出发，分析城市洪涝灾害数据的特征，探讨城市洪涝灾害数据是否具有大数据的基本特征。

2.2.1　数据规模

在数据采集规模上，城市洪涝灾害数据的采集涉及遥感卫星、航空卫星、监测设备、模拟模型、互联网等，仅卫星每天产生的数据规模就在 PB 级，因此从这些 PB 级的数据中采集到与城市洪涝相关的数据，可见数据采集工作规模非常大。

在存储规模上，以中等大小规模的城市（郑州市）为例，从城市洪涝灾害数据的采集手段（遥感观测数据、航空观测数据、地面监测数据、模型模拟数据和互联网数据）出发，核算在一次洪涝灾害事件中产生的城市洪涝灾害数据量约为 1.08 PB（见表 2-4）。遥感观测数据涉及预报预警、积水、损失和灾后重建多个环节，以 landsat 8 卫星为例，2021 年 7 月 21 日在郑州市产生的遥感影像为 1 幅，数据量为 0.9 GB，我国对地观测卫星数量为 60 颗（数据引自《中国对地观测数据资源发展报告 2019》），按照每颗卫星每天在郑州市产生 1 幅影像计算，在一场降雨过程中产生的遥感影像数据量约为 54 GB。航空观测的主要数据为民用和军用航空的气象观测数据，一个城市按照一个航空气象观测站计算，其每天产生的数据量较小（MB 级），忽略不计。地面监测数据主要涉及水雨情数据和积水数据，水雨情监测数据的数据量级较小，以气象观测站为例，每个国家级气象站每天产生的降雨数据约为 8 KB，据中国气象局办公室副主任郑江平表示，截至 2020 年 11 月，我国自动气象站总数达到 68 762 个，全国共有地级市 393 个，平均每个城市的气象站点一次降雨产生的数据量约为 1.4 MB，因此地面监测降雨数据的数据量级在 MB 级（忽略不计）；而积水数据的监测数据量较大，郑州市约有积水监测设备 50 个，以分辨率为 1 080 P，码率为 4 MB/s 的观测设备计算，积水监测设备每天产生的数据量为 2.1 TB；此外，交通监控也是积水监测数据的重要来源之一，依据《河南省郑州市城市道路情况数据专题报告 2019 版》，郑州市道路总长度为 2 201 km，按照 1 km 两个分辨率为 1 080 P 的摄像头核算，交通监控在“7 · 20”暴雨中产生的数据量为 1 108 TB。模型模拟数据的数据量级也较小，以城市雨洪模型 SWMM 为例，一次模拟过程产生的数据量约为 2.9 MB，可忽略不计；互联网数据涉及城市洪涝的各个阶段，由图 2-3 可知，在城市洪涝灾害过程中，微博是互联网数据的主要集聚平台，2021 年 7 月 19—21 日在微博上关于“郑州暴雨”的报道和讨论达到了 3 000 万次以上，按照每篇报道或讨论数据大小为 5.12 KB 计算，产生的数据总量约为 146.4 GB。

表 2-4　一次洪涝灾害事件中产生的城市洪涝灾害数据量

数据采集途径	遥感观测	航空观测	地面监测	模型模拟	互联网	合计
数据量	54 GB	MB 级	1.08 PB	MB 级	146.4 GB	1.08 PB

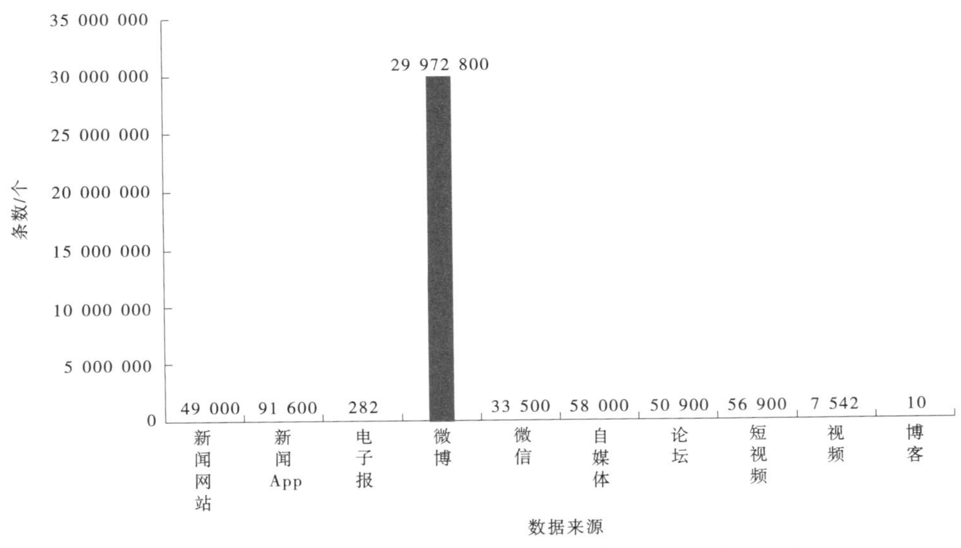

图 2-3　2021 年 7 月 19—21 日关于“郑州暴雨”的报道和讨论

无论从数据采集规模还是从数据存储规模上看，城市洪涝灾害数据规模都很大，因为对于常见的硬件来说，一台常规的笔记本或台式机的容量通常在 256 GB~1 TB，移动工作站的容量一般也不超过 2 TB，因此城市洪涝灾害数据的规模已经远远超过了常规硬件的存储能力。

2.2.2　数据增长速度

数据的增长速度往往与数据来源和数据量级密切相关。不同来源的数据具有不同的增长速度，例如来自水雨情公报上数据的增长速度取决于水雨情公报的更新周期，一般最快以天为单位；而积水监测设备和交通监控设备数据的增长速度可以精确到以秒为单位，因此城市洪涝灾害数据的增长速度可以精确到以秒为单位，例如 2021 年 7 月 19—21 日在微博上每秒增加的郑州市洪涝灾害数据约为 116 条，在郑州市积水监测设备上每秒增加的监测数据量约为 25 MB，交通监控设备上每秒增加的监测数据量约为 6.56 GB。此外，数据增长速度与数据量级密切相关，例如尽管微博上洪涝灾害数据增长速度达到每秒 116 条，但由于互联网数据的数据量级在 GB 级，而城市洪涝灾害数据的数据量级为 PB 级，因此互联网数据的增长速度不能直接反映城市洪涝灾害数据的增长速度。由第 2.2.1 节“数据规模”可知，地面监测设备的数据量级最大，地面监测设备中交通监控和积水监测设备的数据量级最大，可以直接反映城市洪涝灾害数据的增长速度。郑州市积水监测设备和交通监控设备上每秒增加的监测数据量分别为 25 MB 和 6.56 GB，因此城市洪涝灾害数据的增长速度达到了每秒 GB 级，远超常规软硬件的存储和处理能力，说明城市洪涝数据具有快速的增长速度。

2.2.3　数据多样性

城市洪涝灾害数据的多样性包括数据来源的多样性、数据存储方式的多样性和数据类型的多样性。在数据来源上,城市洪涝灾害数据来源涉及气象、水利、防汛多个行业,数据来源十分广泛,各个行业的数据存储格式差异较大,因此来源的多样性往往直接导致了存储方式的多样性。以水利行业为例,各个流域建立有独立的数据存储平台,且各个部门之间的数据格式都不尽相同,并且各个水文站点大部分的数据以文本形式存储,数据共享程度低。此外,水利行业中各个地市水利部门又有相应的数据存储方式,因此导致城市洪涝灾害数据在存储方式上也种类繁多。在数据类型上,城市洪涝灾害数据既包含传统的结构化数据,例如雨量站监测的降雨量数据,也包含各种非结构化数据,例如积水的文字、图片和视频等数据,反映出城市洪涝灾害数据在数据类型上的多样性。因此,城市洪涝灾害数据在数据来源、存储方式和数据类型上都体现出多样性的特点,这种来源多样性、存储方式多样性和类型多样性的城市洪涝灾害数据使得常规数据处理软件难以对其进行有效的处理和分析。

2.2.4　数据真实性

从城市洪涝灾害防控的角度出发,例如,水雨情数据是监测设备监测的水情和雨情数据,数据真实可靠,是城市水文模拟、预报预警等科学研究中重要的参考数据,此外,积水数据也是非常可靠的数据,无论是积水监测设备获取的积水数据,还是从互联网中获取的积水数据,都真实反映了积水点处的积水情况,积水监测设备记录的实测积水数据不仅是城市防洪管理部门的重要决策参考,也是城市洪涝相关科学研究的重要验证数据。模型的有效验证一直是制约物理模型发展的重要因素,实测积水数据的引入可以有效率定和验证物理模型的性能,从而推动物理模型的发展和应用。互联网中的积水数据包括市民或城市管理人员上传到互联网中的文本、图片或视频,这些数据往往是以非结构化的形式存在,因此近年来学者们致力于通过探索多源数据融合方法将这些互联网数据应用于风险评估、灾情态势感知和损失评估等城市洪涝的相关研究中。这些真实可靠的降雨和积水数据为城市抢险救援、应急响应和科学研究提供了重要参考。

从数据的采集手段出发,遥感观测、航空观测和地面监测等不同采集手段得到的城市洪涝灾害相关数据均不同程度真实地反映了城市洪涝的水雨情和灾情状况。遥感观测和航空观测数据直接反映了区域气象的基本情况,是目前降雨和城市洪涝预报预警的重要参考;地面监测数据直接记录了降雨和积水的过程,是城市洪涝灾害防控和科学研究重要的基础数据。因此,城市洪涝灾害数据具有较高的准确性和可依赖度,即数据真实可靠。

2.2.5　数据价值性

从价值密度上看,城市洪涝灾害数据量级很大,但价值密度较低。如第 2.2.1 节“数据规模”所述,一场城市洪涝灾害产生的数据量达到了 PB 级,远超常规软硬件的存储和处理能力,但并非任意时刻的数据均包含城市洪涝的相关信息,相反,包含城市洪涝的数据仅占少数。例如,2021 年 7 月 17—23 日降雨事件中,从时间上看积水监测设备和交通监控设备绝大部分时间的数据是没有积水的,有积水的数据主要集中在 7 月 20 日下午至 7 月 21 日,从空间上来看尽管这场暴雨历史罕见,但大部分积水监测设备和交通监控设备仍是没有任何积水记录的。此外,城市洪涝灾害的互联网数据中有实际应用价值的数据也较少,部分用户上传的积水信息并没有标准位置信息,有些积水信息受用户主观判断影响较大,例如行人往往认为超过脚踝的积水已经很深了,但车主通常认为水深超过轮胎的积水才是严重积水。尽管如此,城市洪涝灾害数据仍然具有较高的价值,因为这些数据不仅是城市洪涝灾害防控的重要参考,也是城市洪涝灾害相关研究重要的基础数据,例如降雨和积水过程的监测数据,尽管这些数据很少,但对城市防洪和科学研究的价值很大,而互联网上的积水数据可以通过采用数据融合方法获取相应的城市洪涝灾害数据。因此,城市洪涝灾害数据具有低价值密度和高价值性的特点。

2.3　城市洪涝灾害大数据构成与作用

2.3.1　城市洪涝灾害大数据分类

城市洪涝灾害大数据分类体系不仅要能对其进行快捷的分类,分类的属性和分类标准还要能涵盖城市洪涝灾害的全部数据。然而,第2.1节"城市洪涝预报过程关联数据分析"中的分析尽管初步明确了城市洪涝灾害数据的内容,但对每种数据的数据采集方式等属性描述不足,未能完成涵盖分类对象的全部特征。因此,需要对城市洪涝灾害大数据进行重新排列和解释,构建兼具实用性、通俗性和完整性的城市洪涝灾害大数据分类体系。

2.3.1.1　数据分类方法

面分类法和线分类法是数据分类的常用方法。面分类法也称平行分类法,它是把拟分类的集合总体根据其本身固有的属性或特征分成相互之间没有隶属关系的面,每个面都包含一组类目;线分类法属于垂直分类法,相对于面分类法属一维分类法。然而,单独使用面分类法尽管包含了分类对象的全部属性,但无法详细描述每种属性包含的具体内容,例如在数据类别面,仅知道有数据类别面显然是不足的,还需要明确数据类别面包含哪些具体的类别及每种类别和每种数据之间的具体关系;同样,单独采用线分类法能够明确分类对象某一个属性包含的具体内容,但缺乏对分类对象其他属性的描述。因此依据城市洪涝灾害防控的需要,综合采用面分类法和线分类法对城市洪涝灾害大数据进行综合分类。

数据的具体内容和采集方式是城市洪涝灾害数据的关键属性,因此将城市洪涝灾害大数据分为数据内容、数据采集方式两个方面。针对数据内容,采用一级类、二级类、三级类共三个层序结构;类似的,针对数据采集方式,采用一级类和二级类两个层序结构。这种综合面分类法和线分类法的分类方法不仅能够完整地描述城市洪涝的全部属性特征,还能够直观地了解每种属性包含的具体内容,兼具了实用性和完整性。

2.3.1.2　数据内容

由第2.1节"城市洪涝预报过程关联数据分析"可知,城市洪涝灾害数据的内容包含灾前数据(预报预警数据、水雨情数据)、灾中数据(积水数据、应急响应数据)、灾后数据(损失统计和灾后重建数据)和城市基础要素数据七个一级类;将预报预警数据按照线分类法分为天气预报数据、卫星观测反演、雷达估测、数值预报四个二级类;类似的,将二级类中还能继续细分的数据按照线分类法分为三级类,如表2-5所示,最终形成的数据内容面包含7个一级类,26个二级类,21个三级类。

表 2-5　数据内容面分类结果

一级类	二级类	三级类
预报预警数据（灾前）	天气预报数据	降雨量、风速、温度等
	卫星观测反演	卫星云图
	雷达估测	雷达外推图
	数值预报	数值预报
水雨情数据（灾前）	水情	水位、流量
	雨情	降雨量
积水数据（灾中）	道路积水	
	铁路被淹	
	车辆被淹	
	建筑被淹	
	农田被淹	
应急响应数据（灾中）	关（关闭旅游景区）	
	停（停工、停课、停运、停产）	
	封（封控道路）	
	撤（撤离人员）	
损失数据（灾后）	人员伤亡损失	死亡、失踪、受伤人数
	人民财产损失	农田淹没损失
		房屋倒塌损失
		车辆被淹损失
	城市基础设施损失	道路坍塌损失
		铁路受损损失
		地下空间受淹损失
		电力、供水、供气损失
	企业损失	企业厂房、设备和产品损失
灾后重建数据（灾后）	居民房屋受灾重建	
	城市基础设施灾后重建	
	农田淹没灾后重建	
	企业灾后重建	
城市基础要素数据	自然地理要素	气候、地形、水文、植被、土壤
	结构要素	土地利用类型
		城市功能区分布
		兴趣点空间分布
	社会经济要素	管网
		行政区面积、人口、GDP

2.3.1.3　数据采集方式

城市洪涝灾害数据的采集方式是一个立体的数据采集体系，有地面监测、遥感观测、航空观测、互联网、模型模拟和统计等多种采集途径，因此在数据采集方式面上，将城市洪涝灾害数据分为地面监测数据、遥感观测数据、航空观测数据、互联网数据、模型模拟数据、统计数据共计六个一级类，再对能够继续细分的一级类按照线分类法继续细分，例如将地面监测数据分为水文监测站、气象监测站、积水监测设备、交通监控四个二级类，数据采集方式面的详细分类如表2-6所示。

表2-6　数据采集方式面分类结果

一级类	二级类	数据类型
地面监测数据	水文监测站	结构化
	气象监测站	结构化
	积水监测设备	结构化、非结构化
	交通监控	非结构化
遥感观测数据	光学卫星影像	非结构化
	雷达卫星影像	非结构化
航空观测数据	民用航空观测站	结构化、非结构化
	军用航空观测站	结构化、非结构化
互联网数据	社交媒体数据（微博、微信、论坛、短视频等）	结构化、非结构化
	网站（行业网站、数据共享网站）	结构化、非结构化
	行业App（气象App、导航App等）	非结构化
模型模拟数据	一维数值模拟模型（SWMM） 二维数值模拟模型（MIKE、Infoworks） 数据驱动模型（GBDT、LSTM）	结构化、非结构化
统计数据	统计报告（专项调查报告、统计年鉴、行业公报等）	结构化
	政府部门统计（气象、水利、自然资源等）	结构化

2.3.1.4　城市洪涝灾害大数据分类体系

结合城市洪涝灾害大数据的数据内容和数据采集方式，构建城市洪涝灾害大数据二维分类体系，如图2-4所示，在数据内容维度上直观显示了城市洪涝灾害数据包含的具体内容及每种数据的隶属关系，在数据采集方式维度上则显示了每种具体的城市洪涝灾害数据的采集方式，该分类体系从城市洪涝灾害防控角度出发，明确了在城市洪涝灾害防控的过程中各阶段产生的数据内容及数据采集方式。

2.3.2　城市洪涝灾害大数据在城市洪涝灾害防控中的作用

2.3.2.1　预报预警数据和水雨情数据在城市洪涝灾害防控中的作用

预报预警数据在城市洪涝灾害防控中的作用至关重要，是城市洪涝预报、水利工程防洪防涝调度的基础,是城市洪涝模拟模型的重要数据来源,也是城市洪涝管理部门应对城市洪涝的重要决策参考。例如在预报中,小尺度、精细化的预报需求越来越多,这给预报员带来了巨大的工作量,因此未来的研究可结合人工智能技术构建智能天气预报系统以服务城市洪涝灾害防控的需求。此外,预报数据通常反映了一定空间尺度下的预报情况,监测的实况数据可对天气预报数据有效矫正,可采用大数据技术融合天气预报数据和实况数据,提升天气预报数据的精度预报,更好地服务城市洪涝灾害防控。

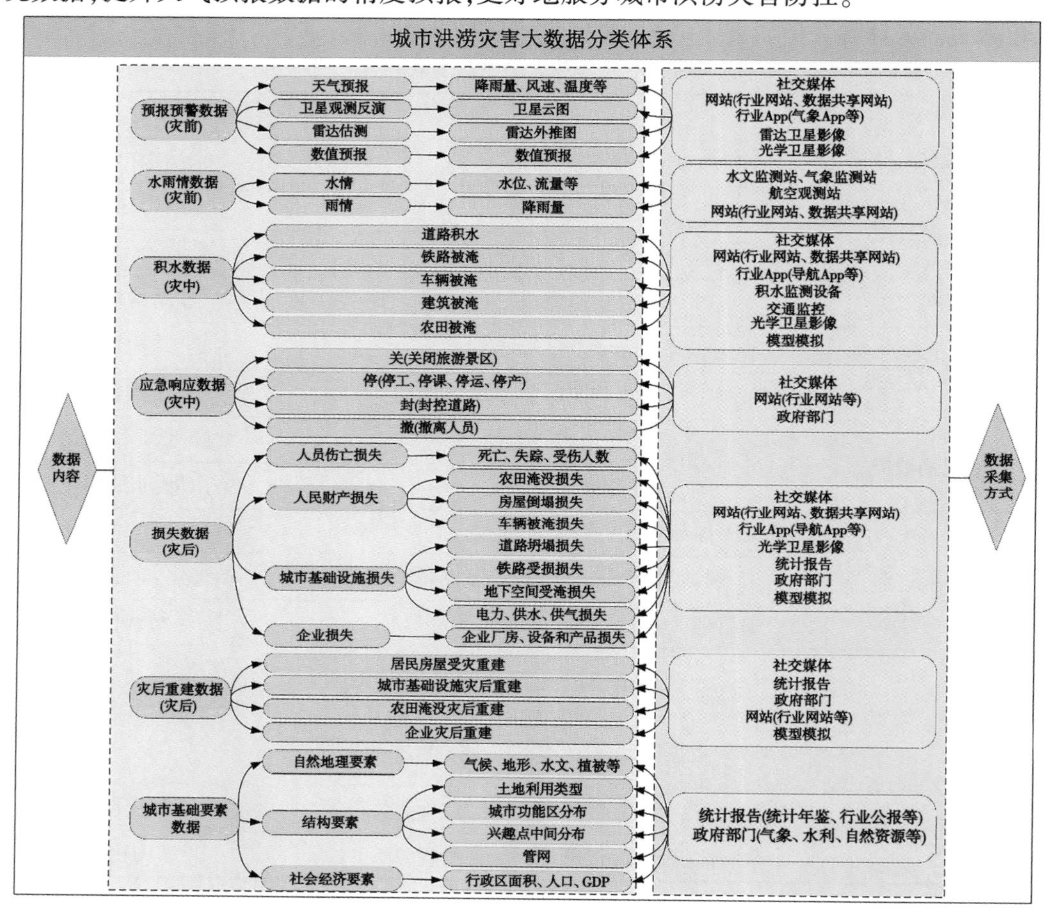

图 2-4　城市洪涝灾害大数据分类体系

水雨情数据是城市洪涝大数据体系中较为准确和可靠的数据,不仅是城市防洪决策的参考数据,也是降雨预报、洪涝模拟、气象反演等城市洪涝相关研究的验证数据。然而,尽管目前针对水雨情数据的监测已经逐步完善,但将水雨情数据应用于城市洪涝灾害防控的研究相对较少,并且水雨情数据独立存储于气象、水利等部门中,数据共享程度不足,未来应注重并加强数据的共享性,利用水雨情数据服务城市洪涝灾害防控。

2.3.2.2　积水数据和应急响应数据在城市洪涝灾害防控中的作用

积水数据在城市洪涝灾害防控中一方面可用于抢险救援、应急处置、灾情发布、灾后治理环节中,例如在郑州“7 · 20”暴雨后,百度地图上线了河南救援紧急救助通道,民众在发生或发现险情时可点击“上报”填写救助信息，方便救援人员根据具体信息更快开展施救，拓展了抢险救援的手段；再比如在抖音、微博等社交媒体平台发布的道路积水、车辆被淹、地下空间被淹等积水数据，政府防汛、交通和应急等部门在得知险情后进行应急处置和灾情发布，是减少人员伤亡和降低洪涝灾害损失的重要手段；此外，地图软件中的积水数据也是民众获取积水信息的重要途径，依据地图中的积水信息，及时避开这些路段，是降低洪涝灾害风险的重要手段。不仅如此，这些积水数据在一定程度上反映了积水区域积水的严重程度，是灾后治理的重要参考。然而，尽管关于积水数据已经有一定的研究和应用，但目前缺乏对多源积水数据进行系统性的统计、存储、分析、应用等方面的研究，未来可利用大数据技术和人工智能算法构建积水数据的智能分析平台，利用 LBS 算法融合积水数据和城市洪涝承载体特性研发城市洪涝灾害智能化救援和避险系统，挖掘积水数据在城市洪涝防控中的作用，科学指导调度和决策，尽可能降低洪涝灾害及其产生的影响。

应急响应数据虽然数据量极小，但其在城市洪涝防控中的作用极为重要，及时、准确、适当地发布应急响应信息和采取应急响应措施可在一定程度上有效地减少洪涝造成的人员伤亡和经济社会损失。郑州“7·20”暴雨所带来的损失是惨重的，教训是深刻的。在灾难面前，人类十分渺小，也在一定程度上揭示了城市在有效应对洪涝灾害方面还有很长的路要走。

2.3.2.3　损失数据和灾后重建数据在城市洪涝灾害防控中的作用

损失数据在城市洪涝防控中的功能主要是评估城市洪涝灾害的严重程度。利用损失数据评估洪涝灾害损失是灾后重建的基础和重要依据，针对不同损失对象，采取不同灾后重建措施，是促进灾后经济复苏和社会稳定的有效手段。人员伤亡损失是城市洪涝最敏感的损失数据，人员伤亡损失直接反映了洪涝灾害的严重程度，也在一定程度上揭露了城市防洪的短板，是值得每一位防洪管理人员、科研人员反思的。生命是无价的，尽最大可能保护人民生命财产安全是防洪防涝的第一要务；城市基础设施损失数据是城建部门灾后重建的数据支撑，及时、准确掌握道路坍塌、铁路受损和地下空间被淹等损失信息的空间分布，可以尽快采取合理措施进行修复，加快城市灾后重建的进度，降低洪涝灾害造成的损失；企业损失数据是企业灾后重建和保险机构核算定损的重要依据。鉴于灾后重建是城市洪涝灾害防控的最后阶段，因此其数据难以应用于城市洪涝灾害防控中。

2.3.2.4　城市基础要素数据在城市洪涝灾害防控中的作用

城市基础要素数据是城市洪涝灾害防控的基础数据，例如在城市洪涝灾害的应对过程中，城市道路中的下穿隧道和地下空间(地铁、地下商场等)是重点防控区域，准确掌握这些城市基础要素数据是应对城市洪涝过程的基础；在城市洪涝模拟中，城市水系、土地利用类型、管网分布 DEM 等城市基础要素数据是模型构建的基础数据，这些数据是否全面、准确也是决定模型精度的重要方面之一。

第 3 章　社交媒体中城市洪涝数据的挖掘方法与应用

在城市洪涝发生过程中,社交媒体包含规模庞大的文本、图片、视频等非结构化数据。本章在分析社交媒体数据特征的基础上,以微博数据挖掘为例,提出降雨微博语料库及关键词构建方法,运用微博数据构建了郑州市模拟雨量站,弥补了城市雨量实测站空间分布不均的问题,并基于微博降雨和 IDF 曲线确定了郑州市致灾降雨类型和阈值。

3.1　社交媒体数据及其特征

社交媒体数据在城市洪涝灾害中的应用涉及信息科学、城市水文学、城市规划管理学等多个学科,具有数据类型繁多、数据价值密度较低、处理速度快、时效性要求高等大数据基本特点。新浪微博于 2009 年由新浪网推出,用户可通过 PC、手机等多种移动终端接入,以文字、图片、视频等多媒体形式,实现信息的即时分享、传播互动,已成为社交媒体数据的主要集聚平台。根据第 2.2 节图 2-3 也可看出,与其他社交媒体数据相比,新浪微博数据量具有显著的优势。因此,本书以新浪微博社交媒体平台为主要数据来源,剖析降雨微博数据特点,分析城市降雨微博数据在洪涝灾害应用中的可行性。

3.1.1　微博数据来源及用户规模

3.1.1.1　数据来源

目前,无特指情况下微博一般指新浪微博,随着微博的不断发展,其渐渐成为中国最大的公共信息传播平台,用户涵盖普通大众、名人明星、政府部门、社会组织、自媒体等,涉及领域包括生活、娱乐、体育、军事、科技、政务等多个层面。用户不仅是信息的传播者,而且是信息数据的创造者,并且可以通过 PC 端和移动端实现随时随地分享自己的生活状态或者观点。

同时微博开放平台提供丰富的 API(application programming interface,应用程序接口)进行数据共享,合作机构和个人可通过申请微博 API 接口授权获取到包括用户信息、发布的微博、评论、转发、关注列表、地址名称、时区配置等数据,为获取微博数据进行相关研究提供了可靠的数据来源支撑。

3.1.1.2　用户规模

随着我国经济的快速发展、基础通信设施的不断完善,民众可以使用更低的成本深入接触到互联网,并成为互联网用户中的一员,这也为信息大爆炸和大数据时代的到来奠定了基础。如图 3-1 统计了 2015—2019 年中国网民规模和微博用户规模及相应的比例关系,显示中国网民规模从 2015 年的 6.68 亿增长至 2019 年的 8.54 亿,平均每年增长 4 650 万用户,互联网普及率从 2015 年的 50%提升至 2019 年的 61%,其中移动端用户在 2019 年达到 8.46 亿,占全网民比例的 99%,移动端成为中国网民最主要的发布渠道。自

2009 年 8 月上线以来，微博就一直保持着爆发式增长，统计 2015—2019 年数据显示，截至 2019 年微博月活跃用户从 2015 年的 2.12 亿上升至 2019 年的 5.16 亿，占全网民比例为 60%；2015—2017 年占比增速十分明显，增长率达 62.5%；移动端用户达 4.85 亿，占微博用户比例为 94%。作为中国最大的公共信息传播平台，伴随着用户规模的不断扩大，微博每天产生着巨大的数据流，2019 年 4 月 19 日，国家图书馆互联网信息战略保存项目在北京启动，用户在新浪网发布的新闻和微博上公开的博文都将被该项目保存，这表明微博数据在一些领域研究中具有潜在的应用价值。

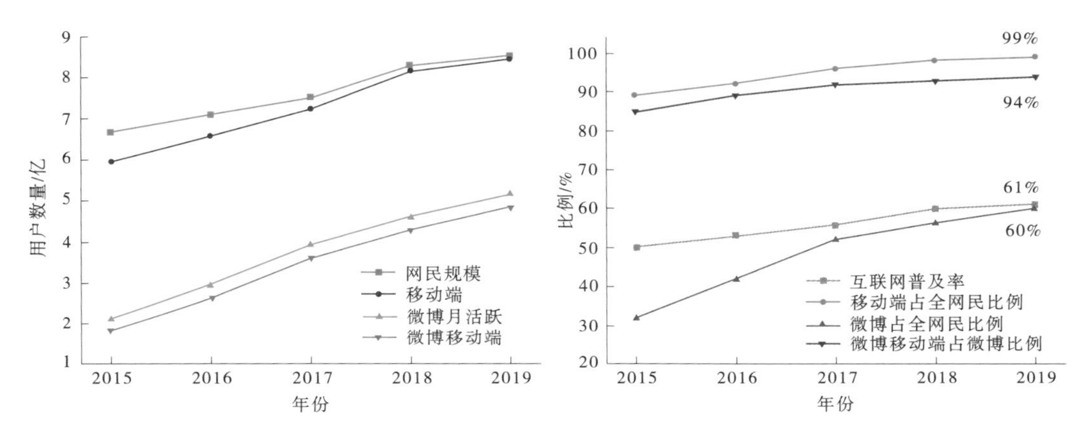

图 3-1　2015—2019 年网民规模和微博用户规模变化及相应的比例关系

3.1.2　城市降雨微博数据类型及数据特征

3.1.2.1　数据类型

以大数据视角，从数据结构上分析，城市降雨数据可分为结构化数据和非结构化数据两大类。结构化数据通常指可以直接利用的数据，如雨量站监测数据、空间地理数据等，主要以传统二维表形式存在。非结构化数据一般包括两大类，传感器数据和互联网数据。传感器数据主要由卫星传感器和地基传感器测得，互联网数据包括各类搜索引擎（比如百度、Google、微软 Bing 等）和社交媒体平台（比如微博、Twitter 等）产生的数据，这些数据不能直接应用于研究中，往往需要对数据进行处理操作。

城市降雨微博数据属于非结构化数据中的互联网数据，主要包括两部分：降雨灾害期间，用户个人所见所感和新闻媒体对降雨灾害的描述。数据类型通常分为文本类、图片类、视频类和其他类：①文本类：降雨相关的描述性文字，包含降雨程度、降雨位置、降雨时的感受等；②图片类：主要为地面雨水汇集图片，包含积水位置、积水相对深度、积水参照等；③视频类：动态积水相关影像，包含积水位置、积水深度变化、多视角积水参照等，视频影像相较图片呈现的内容可以对地面积水变化情况有更直观地了解；④其他类：主要为音频、短链接等。

3.1.2.2　数据特征

城市降雨微博数据主要为非结构化数据，在降雨期间、之后会产生大量且复杂多样的相关微博数据，据统计，非结构化数据在城市降雨灾害数据中占 80% 以上，且每年以 55%～60%的增速快速增长。它同样具有大数据非结构化数据的基本特征：

（1）数据量大。降雨发生期间，大量城市居民微博用户和新闻媒体会发布与降雨相关的微博，根据降雨强度和降雨对居民影响的大小，数量会有所不同；同时伴随产生的数据采集、存储和计算的量也非常大。

（2）多种类及多来源。种类主要包括短文本、图片、视频及包含的地理位置信息等非结构化数据；且来源多样化，从发布设备可分为PC、手机、平板等，其中移动端使随时随地发布微博成为一种常态，会伴随产生带有地理信息的数据，这些数据可以给城市降雨研究提供很高的价值；而从发布用户角度可分为普通用户、政府部门、新闻媒体及微博其他认证用户等。

（3）价值密度相对较低。微博数据价值密度相对较低，但是又弥足珍贵。互联网时代信息感知无处不在，信息海量，但价值密度较低，如何结合业务逻辑并通过强大的机器算法来挖掘数据价值，是大数据时代最需要解决的问题。

（4）时效性要求高。数据增长速度快，处理速度也快，时效性要求高。降雨发生后，几秒内甚至几分钟后相关微博或者新闻就能够通过搜索引擎被用户查询到，需要对这些数据进行实时提取、处理、存储和挖掘，这是大数据区别于传统数据挖掘的显著特征，同样也是社交媒体数据区别于传统结构化水文数据的显著特征。

3.1.3　城市降雨微博数据的可用性分析

本节主要从微博降雨文本数据与城市雨量站实测降雨数据之间的关联角度展开研究，包括数据量、数据分布、数据提取和数据关联四个方面对城市降雨微博数据的应用可行性进行分析。

3.1.3.1　数据量

城市降雨发生期间及发生后会产生大量降雨相关微博数据，统计了郑州市2015—2019年15场降雨相关微博数据共1 676 904条，平均单场降雨期间产生的微博数据在11万条左右，其中含地理坐标信息的数据约占10%，这为研究的可行性提供了数据量支撑。

3.1.3.2　数据分布

城市相较于其他区域具有更复杂的结构，一般包括住宅区、工业区和商业区，人口分布相对集中且人口密度高。带有地理位置信息的微博数据需要满足在各个功能区均有分布才具有对城市降雨的进一步研究价值。微博客户端允许用户发布微博时附带地理位置信息，这些地理信息数据可根据用户意愿精确到商场、街道和学校等。而在降雨事件发生时，用户一般更愿意分享自己对事件描述的同时附带地理位置信息，这些地理位置信息基本可以涵盖居民区、街道、医院、学校、公共绿地、商业卖场、广场和公园等区域。在降雨或者城市降雨灾害研究中，带有地理位置信息的微博数据从一定程度上可以反映灾情信息。

3.1.3.3　数据提取

数据提取一般针对的是网页版微博平台，现在主要通过获取微博授权API访问或者根据不同的编程语言进行网络爬虫提取微博数据。微博API提供了一系列基础数据接口，主要包括微博接口、评论接口、用户接口、关系接口、短链接接口、公共服务接口、Oauth2.0授权接口等。目前相关研究中使用最广且相对比较成熟的是网络爬虫技术，是用来获取网络数据的重要手段。本书基于Python语言编程获取郑州市相应降雨微博数据，用户可以根据降雨关键词、降雨时间、位置等选项快速匹配获取相应的降雨微博数据并应用于城市降雨研究领域,具体研究将在第3.2节"城市降雨微博语料库及关键词典构建方法"展开。

3.1.3.4　数据关联

数据关联分析又称数据关联挖掘,即在各种数据中查找存在于项目集合或对象集合之间的频繁模式、关联、相关性或因果结构,是大数据挖掘的主要任务之一。在微博领域,通常认为当某一热点事件发生时,相关微博内容会很及时地跟随热点被发布出来。那么可以提出疑问,在城市降雨过程中,降雨相关微博数据和降雨量之间是否存在着某种关联关系。以郑州市2015年和2017年两场不同程度降雨为例,如图3-2所示,降雨前,降雨相关微博数量保持在一个低水平和较平稳的状态;降雨中,降雨相关微博数量能够比较敏锐地反映出城市降雨量的起伏变化;降雨后,降雨微博数量在降雨停止节点缓慢降低最终回到和降雨前同样的状态。可以得出一般结论,随着降雨量的变化,降雨相关的微博数量发生了同步变化,且两者之间存在着较强的数据关联。根据这一一般结论展开讨论分析,对数据进行提取及过滤处理,深入地分析数据之间的关联性,以此为基础挖掘其在传统城市雨量站研究中的潜在应用价值。

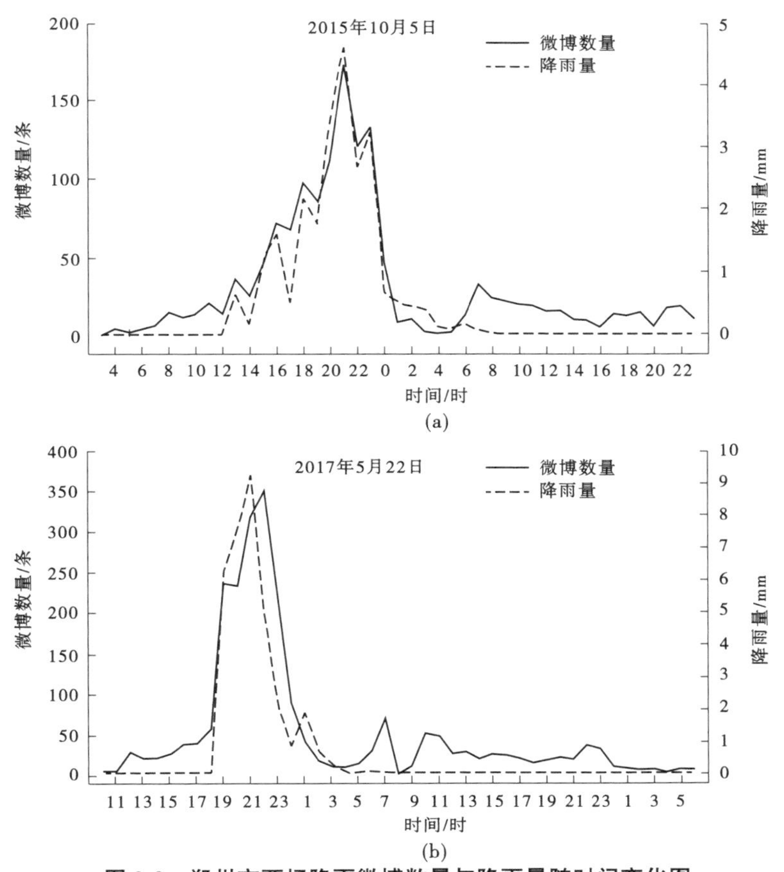

图3-2　郑州市两场降雨微博数量与降雨量随时间变化图

3.2　城市降雨微博语料库及关键词词典构建方法

3.2.1　城市降雨微博语料库构建

3.2.1.1　城市降雨微博语料库基础

1. 城市降雨微博语料库概述

语料库的建设可以追溯到20世纪60年代初，最早建成的计算机语料库是当时美国BROWN英语语料库，我国最早建成的语料库是20世纪80年代初由上海交通大学构建的JDEST科技英语语料库。王克非将今天的语料库定义为：运用计算机技术，按照一定的语言学原则，根据特定的语言研究目的而大规模收集并存储在计算机中的真实语料，这些语料经过一定程度的标注，便于检索，可用于描述研究和实证研究。随着Web2.0互联网技术的飞速发展，公民广泛参与到数字资源的组织和描述活动中，每一个人都可以是数字资源的创造者，这些数量庞大且复杂的非结构化数据中蕴含着丰富的知识有待挖掘，其信息的主要来源是各大社交媒体平台，国外以推特（Twitter）和脸书（Facebook）为主要代表，其用户数量多且分布广，国内则以新浪微博为主要社交媒体数据共享平台，截至2019年，其用户约占中国网民总数的60%。

在城市水文研究领域，每一场城市降雨过程中，用户都会积极自愿地发布其当前状态和第一时间对降雨相关的所见所感，政府相关部门认证微博端也会及时有效地发布与降雨相关的第一手资料，其中包含大量城市降雨微博基础数据，如降雨时间、降雨位置、降雨描述等，目前少有专家学者研究如何将这些数据整合、分类。因此，如何从数以亿计的微博数据中筛选、获取并存储城市降雨的相关数据，构建城市降雨微博语料库显得尤为重要。本节将构建城市降雨微博语料库作为微博数据在传统城市水文研究应用中的数据基础。

2. 城市降雨微博语料库类型及特征

按照语料的语种，语料库也可以分成单语的（Monolingual）、双语的（Bilingual）和多语的（Multilingual）。按照语料的采集单位，语料库又可以分为语篇的、语句的和短语的。双语和多语语料库按照语料的组织形式，还可以分为平行（对齐）语料库和比较语料库。前者的语料构成译文关系，多用于机器翻译、双语词典编撰等应用领域；后者将表述同样内容的不同语言文本收集到一起，多用于语言对比研究。此外，语料库还可以依据它的研究目的和用途分为多种类型，这往往体现在语料采集的原则和方式上。目前，按照主流的应用分类，语料库可以分为四种类型：①异质的（Heterogeneous）：没有特定的语料收集原则，广泛收集并原样存储各种语料；②同质的（Homogeneous）：只收集同一类内容的语料；③系统的（Systematic）：根据预先确定的原则和比例收集语料，使语料具有平衡性和系统性，能够代表某一范围内的语言事实；④专用的（Specialized）：只收集用于某一特定用途的语料。本节研究中城市降雨微博语料库属于同质的和专用的语料库，即只收集微博平台上与降雨相关的语料并应用于传统城市水文研究领域。

语料库的发展经历了前期（计算机发明以前），第一代语料库，第二代语料库，到最新的第三代语料库。第三代语料库又称动态流通语料库，是历时语料库和基于大规模真实文本的语料库,其动态性表现在它的语料是不断动态补充的,流通性则是一种具有量化的属性值的属性。第三代语料库同样具有互联网时代新的特点:①数量从百万级到千万级再到亿级和万亿级;②文本语料逐渐从抽样迈向全文;③即期抽取,根据大众媒体的传播情况,依据一定的原则动态抽取。城市降雨微博语料库为第三代动态流通语料库,针对城市降雨微博,语料库中包含海量、完整、动态的降雨相关微博文本语料。

城市降雨微博语料库有三个特征:①语料库中存放的是在语言的实际使用中真实出现过的语言材料,即在城市降雨过程中由不同用户发布的真实的降雨相关语料;②语料库是承载着降雨相关知识的基础资源;③真实降雨的相关语料一般不能直接应用,需要进一步挖掘(分析和处理),才能成为有用的知识。

3.2.1.2　城市降雨微博语料提取

本节研究中用到的城市降雨微博数据来源于国内最大的社交媒体平台新浪微博。微博开放平台提供丰富的 API 进行数据共享,可通过申请微博 API 接口授权获取到包括用户信息、发布的微博、评论、转发、关注列表、地址名称、时区配置等数据。但是微博官方提供的 API 使用限制很多,最大的问题就是普通用户调用的次数受限,单个 IP 每小时只能请求 1 000 次,而且获取的数据由单一用户产生,实现广度提取多用户数据的难度较大。廉捷等设计的程序每调用 50~100 次请求后,自动暂定数分钟以保证微博 API 对用户调用的限制,从一定程度上缓解了数据获取难度,但是由于 API 的限制,每次返回结果的上限为 5 000 条,对于一些热点数据比如城市洪涝、地震等灾害数据来说,数据量庞大,API 调用获取数据在采集速率和采集规模需求上无法被满足。在对社交网络数据获取中,网络爬虫是一种应用较为广泛的方式,网络爬虫通过追踪网上的超链接可以获取到互联网中对应的资源。而传统的网络爬虫在面对新浪微博时,由于需要身份验证导致无法获取研究所需的所有数据。在传统网络爬虫的基础上可以通过模拟登录新浪微博实现对新浪微博数据的不受限获取,并且在采集速率上十分可靠,可以在短时间内获取到海量与研究相关的微博数据。本书采用基于 Python 的模拟登录网络爬虫技术,以实现对新浪微博城市降雨语料的获取。

1. 微博模拟登录

微博模拟登录是模拟网页用户客户端与服务器之间 POST(请求)和 GET(获取)认证的过程,过程如图 3-3 所示。在登录成功后即相当于真实用户使用网页版新浪微博,可以实现不受限数据检索和数据采集。

1)获取 Base64 加密编码后的登录密串 su

Base64 是目前最常见的用于传输字节代码的编码方式之一,该编码方式比较简短,更具安全性,因为它具有不可读性,即他人无法直接解读所编码的数据。

2)根据加密后的 su 获取 nonce、servertime 等变量

nonce 和 servertime 分别为服务器生成的密串和微博的服务器时间,用于下一步骤。

3)使用 RSA 加密算法对获取到的 nonce 和 servertime 变量加密

RSA 加密算法是现今使用最广泛的公钥密码算法,也被称为最安全的加密算法。其加密过程可以用一个公式(3-1)表示:

$$CT = PT^{E} \bmod N_{u} \tag{3-1}$$

式中:CT(Ciphertext)为密文;PT(Plaintext)为明文;E 为加密(Encryption)的首字母;N_u 为

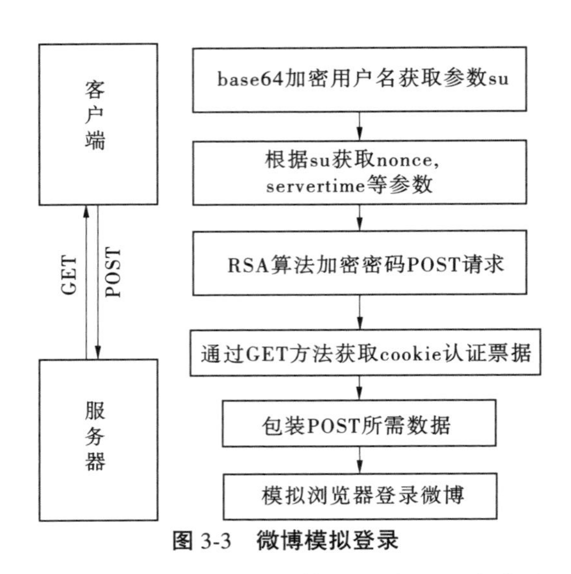

图 3-3　微博模拟登录

数字(Number)的首字母;而 E、N_u 需要另行计算。公式及基本含义即 RSA 加密是对明文的 E 次方后除以 N_u 后求余数的过程。

4)通过 POST 发送请求并包装 POST 所需参数

将加密后的变量及参数包装并发送至服务器,部分参数包括如下:

"entry":"weibo",

"gateway":"1",

"savestate":"7",

"qrcode_flag":"false",

"useticket":"1",

"pagerefer":"https://login.sina.com.cn/crossdomain2.php?action=logout&r=https%3A%2F%2Fweibo.com%2Flogout.php%3Fbackurl%3D%252F",

"vsnf":"1",

"service":"miniblog",

"servertime":raw['servertime'],

"nonce":raw['nonce'],

"pwencode":"rsa2",

"rsakv":raw['rsakv'],

"encoding":"UTF-8",

"url":"https://weibo.com/ajaxlogin.php?framelogin=1&callback=parent.sinaSSOController.feedBackUrlCallBack",

"returntype":"META"

5)通过 GET 方法获取 Cookie 认证票据

上一步骤发送 POST 请求后服务器会返回客户端响应信息,提取其中包含登录成功的认证地址,通过 GET 方法获取 Cookie 认证票据即可实现网页端新浪微博的模拟登录。

2. 降雨微博数据采集

城市降雨微博语料库针对的是微博端所有用户，包括个人和媒体等关于城市降雨相关的真实文本资源。网络爬虫是模拟人工检索数据，解析网页返回的内容，根据需求编程提取其中可用的信息，提取的信息一般具有固定的格式，在存储的时候可以按照相对结构化的格式对数据进行保存。在微博网页端，如果用户想要获得需求的内容，一般会使用到微博搜索功能，它包括基础搜索功能和高级搜索功能，基础搜索用户只需要输入关键词即可获得对应相关内容，而高级搜索则可根据用户需求设置多个选项，其搜索界面如图3-4所示，其中用户可自定义的选项有检索关键词、类型、包含、时间和地点等，城市降雨微博语料库构建基础要素均包含在该高级搜索界面，面对新浪微博庞大而复杂的数据资源，该检索功能使返回的数据更具针对性，在很大程度上可以减轻用户后续处理数据的负担。

图3-4 微博网页版高级搜索界面

城市降雨微博语料提取需要对搜索界面URL（唯一资源定位器）解析，根据解析内容编写所需代码，构建搜索界面的URL，再解析返回界面URL的内容，提取语料相关内容并存储，具体的提取流程如图3-5所示。

1）选择User-Agent

HTTP请求头需要User-Agent（UA），其中文名为用户代理，是一个特殊字符串头，使得服务器能够识别客户使用的操作系统及版本、CPU类型、浏览器及版本、浏览器语言等。网页版微博服务端需要通过判断UA来给不同的操作系统、不同的浏览器发送相应的页面，选择合适的UA，可以使微博界面正常显示，获取到的数据也更加准确。请求如下：

```
headers = {'User-Agent':'Mozilla/5.0 (X11; Linux x86_64) AppleWebKit/537.36 (KHTML, like Gecko) Chrome/52.0.2743.116 Safari/537.36'}
```

2）解析微博高级搜索界面

高级搜索界面包含各选项对应的网页代码，由于城市降雨微博语料库需要的是全面的语料，因此将类型和包含选项固定，均设置为“全部”，即typeall=1，suball=1，其他选项设置单独函数，后续用户可根据需求在主函数中自行设置对应选项。解析后构建的微博高级搜索界面URL如下：

```
BeginURL = self.begin_url_per+"?q="+self.getKeyWord()+"&region=custom:"+self.getArea()+"&scope=ori&suball=1&timescope=custom:"+self.timescope+"&Refer=g&page="
```

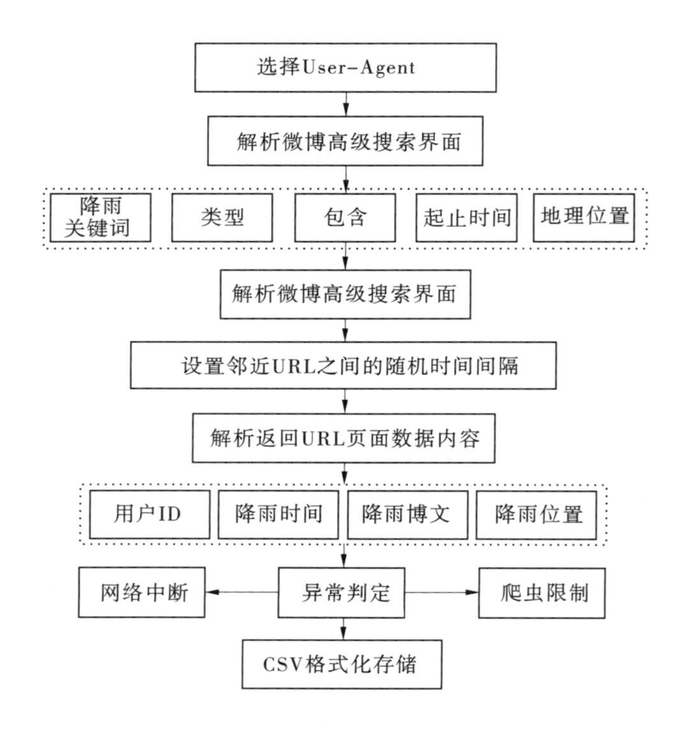

图 3-5　城市降雨语料提取过程

3) 设置临近 URL 之间的随机时间间隔

微博为了防止一些人盗取平台数据用于非法盈利或竞争活动,设置了一系列反爬机制,上述用户代理就是其中一个举措。同样的,当微博识别出同一用户代理过于频繁地获取微博数据时,会被认定为机器人而被限制获取数据。研究获取城市降雨文本数据同样会受到该机制的限制,因此通过设置邻近 URL 之间的随机时间间隔防止被认定为机器人。部分代码如下:

```
#设置两个邻近 URL 请求之间的随机休眠时间
sleeptime_one = random. randint( self. interval - 2, self. interval - 1)
sleeptime_two = random. randint( self. interval - 1, self. interval - 0)
```

4) 解析返回 URL 页面数据内容

和解析高级搜索界面相似,分析初步设置各选项后返回的页面内容,提取关键信息,用户 ID、包含城市降雨关键词的微博内容、发布位置和发布时间等,示例如图 3-6 所示。其中微博文本内容为关键语料,是城市降雨微博语料库构建的基础,其他内容则是对应语料的标签,后续应用过程需要用到。此外分析得到在输入长时间跨度时,最多返回 50 个页面,会导致数据的大量遗漏,而如果分时间段多次输入人工成本较高,因此程序根据起始时间依次递增搜索最小时间间隔(1 h),自动多次返回 URL 页面,直至终止时间停止运行,最大程度提取对应降雨时段完整的语料。

图 3-6　返回 URL 页面示例

返回 URL 页面部分解析内容如下：

```
#获取昵称
name = ('nick-name')
#获取微博内容
txt = ('string(.)')
#获取地址
reg = (r"[\s]2.*[\s]")
```

5)异常判定

为了防止程序在运行过程中网络异常或者遭到爬虫限制，导致程序长时间无效运行和数据丢失，需要进行异常判别和异常处理。网络异常发生时，程序不会立马停止运行，而是尝试三次重新连接网络，重连成功后程序从网络断开前的状态继续提取数据，重连不成功，则提示用户网络中断“Internet Connect Error!”；若遭到爬虫限制，则首先尝试重新获取登录权限，获取权限成功后程序接着异常之前的状态继续运行，不成功则提示用户异常信息“Restricted crawler!”。两种异常发生时，均会保留先前已经提取过的数据。

程序最后设置城市降雨主题微博语料提取主函数，用户可根据需求自定义其中部分选项以应用到不同的研究领域，以下示例为城市降雨微博语料提取程序中部分选项的主函数：

```
Def main():
#输入新浪微博账号、密码
S = Launcher("账号＊＊＊＊","密码＊＊＊＊")
#模拟登录
s.login()
#检索关键词
keyword = "雨"
#地区设置(例郑州为 41:1,洛阳为 41:3)
area = "41:1"
#降雨时间设置
startTime = "2019-8-1-0:2019-8-2-24"
#随机等待时间初始值
interval = "5"
#数据存储
fileS ='weiboData.csv'
```

3.2.1.3　城市降雨微博语料处理

根据网页版微博高级搜索界面编写的爬虫程序限定了关键词、降雨时间、降雨地点等主要选项，此程序很大程度上解决了城市降雨微博数据价值密度低的问题，但是数据依旧存在噪声和干扰，无法作为真实的语料补充进城市降雨微博语料库内。因此，需要对初步提取的城市降雨微博语料进行处理，主要处理方法有以下几种。

(1)排序。

微博网络爬虫是模拟人为操作的程序，且程序设置时间间隔为 1 h，那么程序每次返回的结果数据是和人工搜索结果界面一样的，时间同样是按每小时由远及近排列，导致数据时间序列出现局部连续、整体隔断的情况，因此需要重新排序，这样可以使数据更加直观且便于后续数据的处理和统计分析。

(2)去重。

降雨关键词来源为城市降雨关键词词典，然而不同的关键词会出现同样的搜索结果，此外新浪微博作为国内最大的微博平台，获取到的数据可能存在既包含关键词又包含各种转发营销类的微博数据或者是单一用户多次发送相同微博的情况，这些数据重复度极高且价值极低，可能会对研究结果造成很大的偏差，因此需要进行去除重复项操作。

(3)去干扰。

通过数据统计和分析，发现提取到的原始降雨相关微博数据位置标签列和博文标签列存在少量不在研究区范围和不相关的博文，对这些干扰项的解释和过滤处理方法如下：

①去除位置干扰项：尽管依据微博高级搜索编写的爬虫程序地区设置为河南郑州，但提取结果依旧会出现少量与郑州市邻近的城市(如洛阳、驻马店、平顶山等)发布的降雨相关微博，而且本书的研究区域针对的是郑州市区，同样需要去除如荥阳、巩义、中牟等下辖地区的位置干扰项。由于网页版微博位置标签中郑州市区相关位置名称具有相似的格式，一般前缀为“郑州”或“新郑”及部分后缀为“路”“道”“街”或“站”等。而且保存的文件格式为 csv 表格格式，可以利用微软 Excel 编译语言和自带过滤系统对位置干扰项进行关键词快速过滤处理。编译代码如下：

```
=IF(OR(ISNUMBER(FIND({"郑州","新郑","路","道","街","站"},C1))),"1","0")
```

筛选过滤掉"0"列即可对位置干扰项进行去除。

②去除文本干扰项：由于中文有一词多义的特点，导致检索得到的结果可能包含该关键词但是与降雨并不相关。本书极具针对性，即仅提取降雨期间对应的降雨微博数据，即便使有效数据很大程度相对集中，无效干扰数据大大减少，但依旧会存在一些文本干扰项，例如营销类的“红包雨”、售卖“雨伞”，特殊现象类的“流星雨”，用户 ID 类的“@*雨**”或者游戏类的“雨女”“雨神”等。经过对提取降雨微博数据结果的分析，归纳出关键词过滤选项并引入编译代码如下：

```
=IF(OR(ISNUMBER(FIND({"红包","流星","//","@雨","价格","雨女","雨神","券","¥","展开全文"},D1))),"1","0")
```

筛选过滤掉"1"列即可对文本干扰项进行去除。

3.2.1.4　城市降雨微博语料存储

经过处理后的城市降雨微博语料以 CSV 格式存储，CSV 格式是一种通用的、相对简单的文件格式，被用户、商业和科学广泛应用。最广泛的应用是在程序之间转移表格数据，而这些程序本身是在不兼容的格式上进行操作的(往往是私有的或无规范的格式)。因为大量程序都支持某种 CSV 变体，通常被作为一种可选择的输入、输出格式。而且

CSV格式存储相较于常用的XLS格式占用内存更小,在保存数量庞大的语料时可以有效缓解程序和系统的内存压力。用户也可以根据需要将CSV格式文件转化为常用的XLS格式文件。导入到以郑州市为例的城市降雨微博数据库中,结果示例如图3-7所示。

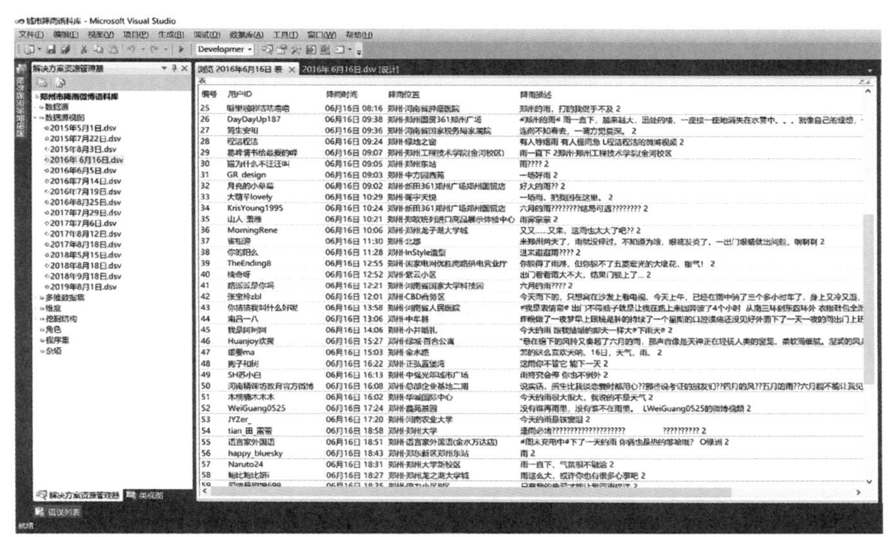

图3-7 郑州市城市降雨微博语料存储结果示例

3.2.2 城市降雨微博关键词词典构建

3.2.2.1 城市降雨微博关键词自动提取概述

关键词是对文本内容表达最重要的、可以独立运用的语言单位,是能够涵盖文本主题或概括文本核心内容的重要词汇,具有概括性、客观性和可读性。城市降雨微博关键词词典的构建是全面准确获取语料库的重要基础。目前基于关键词搜索是获取微博数据的主要方法,这种检索方法是以词为中心建立起来的方式,因此提取城市降雨微博数据过程中最基础的工作就是筛选检索关键词。传统的关键词词典构建一般需要人工提取,这种方法提取出的关键词较为准确,但人工提取关键词耗时且费力,当面对海量的微博文档时,人工提取已经完全无法满足实际需求。对于城市降雨领域研究来说,存在的关键词众多且有不同的分类,如果仅仅人工筛选关键词,也会导致检索得到的微博数据产生遗漏缺失。目前使用最多的关键词提取方法是计算机自动提取,它通过计算机技术依赖于一定的算法,自动地从电子文本中识别出文本主题或核心关键词,该方法具有快捷且可以处理大规模文本的优势。因此,实现城市降雨关键词的自动提取并构建城市降雨微博关键词词典显得尤为重要。

目前,国内外主要的关键词自动提取算法包括:基于规则的方法、基于机器学习的方法、基于自然语言分析的方法、基于统计的方法四类。

(1)基于规则的方法。

国外已经建立了一些实用或试验系统,采用朴素贝叶斯技术对短语离散的特征值进行训练,以获取模型的权值,从而开发了系统KEA;国内同样利用朴素贝叶斯模型对中文关键词提取进行了研究。这两类方法都是从频度或规则上提取关键词,但没有考虑词的语义、词性等信息,精确度不高。

(2)基于机器学习的方法。

主要内容是将关键词提取转化为关键词分类,构建关键词提取模型,通过训练模型参数提取关键词,此类方法需要大量的训练样本来训练模型参数。常用的机器学习方法有:基于贝叶斯的方法、基于支持向量机的方法、基于决策树的方法和基于最大熵模型的方法等。

(3)基于自然语言分析的方法。

该方法主要是利用词法分析、词性特征和考虑词汇之间的语义依存关系获取关键词,能从文本中获取较高准确率的关键词。这类方法与人们的感知逻辑相符,需要构建语义知识库。

(4)基于统计的方法。

文本的关键词通常在出现频率、出现位置等方面呈现一定的规律性,因此可以利用文档中词语的统计信息来抽取文档的关键词。基于统计的方法原理简单,容易实现。常用的统计方法包括 n-gram 统计信息、词频、TF-IDF、Pat-tree 或者这些统计方法的结合等。

城市降雨微博关键词词典构建中关键词自动化提取选择的是统计方法的 TF-IDF (term frequency-inverse document frequency)算法,因为 TF-IDF 优点十分明显:一是 TF-IDF 算法原理简单,计算量小;二是它相对比较全面地考虑了关键词在单个文本中的状况和在文本集中的状况,经过了 TF 词频和 IDF 逆文本频率两个指数的选择,得到的关键词更具有代表性。TF-IDF 公式在信息检索中的有效性已得到了论证,作为一种权重计算方法,TF-IDF 已广泛应用于文档排序、文本分类和关键词提取等领域,被用来评估一个字、词对于一个文件集或者语料库中其中一份文件的重要程度。

TF 是降雨微博关键词的词频,IDF 是降雨微博逆文本频率指数。其核心思想是如果一个降雨相关词在微博文本中出现的频率越高,则 TF 值越大,表明该词可以代表该文本的能力越强,应当被赋予越高的权重,即获取的文本描述降雨相关程度越高;如果一个降雨相关词在一组微博文本中出现的范围越小,则 IDF 越小,证明其区分降雨文本内容的能力越强,也应当被赋予越高的权重。

TF-IDF 的经典计算公式为:

$$w_{ij} = tf_{ij} \cdot idf_i = tf_{ij} \cdot \log_2 \frac{Q}{n_i} \tag{3-2}$$

式中:tf_{ij} 为降雨关键词在微博文本 d_j 中出现的频率;idf_i 为出现降雨关键词 t_i 的逆文本频率;Q 为总微博文本数;n_i 为有降雨关键词 t_i 出现的微博文本数量。

在实际应用中往往需要对 TF-IDF 权值进行归一化处理,归一化后的权值计算公式为:

$$w_{ij} = \frac{tf_{ij} \cdot idf_i}{\sqrt{\sum_{K=1}^{n} w_{nj}^2}} = \frac{tf_{ij}\log_2[Q/(n_i + 0.01)]}{\sqrt{\sum_{K=1}^{n} tf_{nj}^2\log_2[Q/(n_i + 0.01)]^2}} \tag{3-3}$$

3.2.2.2　城市降雨关键词词典构建过程

构建城市降雨关键词词典是准确获取城市降雨微博语料的基础,目前很少有专家学者研究相关的狭义词典。为快速方便地检索微博中城市降雨相关的文本数据,词典的构建显得十分必要。基于 TF-IDF 算法获取并扩展城市降雨关键词,流程如图 3-8 所示。

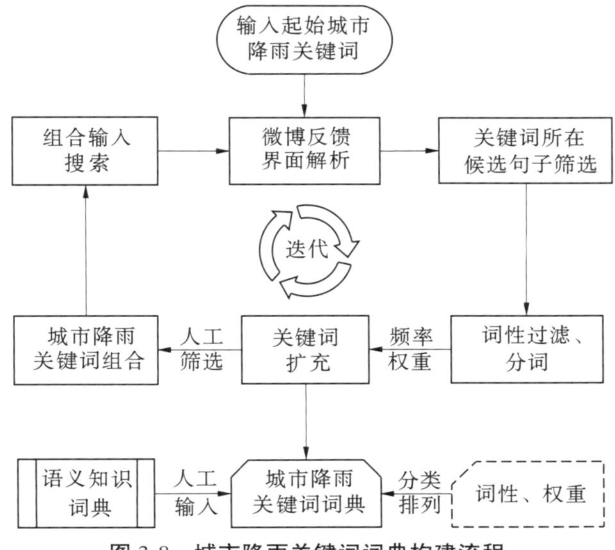

图 3-8 城市降雨关键词词典构建流程

(1)降雨关键词候选句子筛选及过滤分词。

获取降雨关键词候选句子需要人工设置初始关键词,第 3.2.1 节“城市降雨微博语料库构建”中已经详细介绍了城市降雨微博语料的提取过程,经过语料处理操作后得到的文本即为候选句子,关键词扩充的基本思想就是从这些候选文本中筛选出新的降雨关键词,以达到对词典的扩充。文本句子中词是最小的、能单独成句的、含有重要意义的语言单位,中文分词是将一个汉字序列按照一定的规则拆分成一个或者多个由计算机能自动识别的词序列的过程。在英文中词是以空格为分隔符划定界限的,但是在中文中有明显的分界符对字、句、段进行划分,而对词却没有通用的分界符。

中文语句中确定词才是理解句子的关键,目前的分词算法主要包括三类:基于统计的分词方法、基于理解的分词方法和基于字符串的分词方法。以是否标注词性可以划分为单纯分词和分词与标注相结合的两种方法。比如“我/想要/构建/一个/词典/。”为单纯分词;“我/d 想要/v 构建/v 一个/m 词典/n。/wp”是分词与标注结合的方法,其中 d 表示代词,v 表示动词,m 表示量词,n 表示名词,wp 表示标点。目前中文分词和词性标注的算法已经集成到了很多比较成熟的程序中,本书使用了中国科学院研发的 NLPIR(natural language processing and information retrieval sharing platform)自然语言处理和信息检索共享平台对城市降雨候选句子进行分词。

(2)降雨关键词频率及权重计算。

通过第 3.2.1 节“城市降雨微博语料库构建”中微博爬虫流程,输入初始设置关键词并返回候选句子,使用 NLPIR 分词系统对候选句子分词,并依照第 3.2.2.1 节“城市降雨微博关键词自动提取概述”中的 TF-IDF 算法计算候选词权重和频率,按照权重由大到小排列得到表 3-1 所示结果。从结果可以看出初始候选词词性主要为名词、动词、形容词等,且其中包含与城市降雨相关的关键词,证明该方法可以有效地扩充关键词词典;但是其中也包含一些权重较高但并不是直接相关的关键词,如“中国”“焦裕禄”“发展”等,需要人工剔除。最终保留相关关键词补充城市降雨微博关键词词典。

表 3-1　城市降雨微博关键词权重计算结果示例

候选词	词性	权重	频率	候选词	词性	权重	频率
积水	n	165.31	1 037	出现	v	76.83	209
进行	vx	104.88	205	没有	v	76.33	201
暴雨	n	100	576	地区	n	75.92	311
中国	ns	95.93	470	建设	vn	75.15	194
车辆	n	88.12	222	排水	vn	71.95	303
焦裕禄	nr	78.14	50	雨水	n	71.19	165
发展	vn	78.1	292	城市	n	66.35	169

(3)降雨关键词组合及人工输入。

为了能够更加精准地获取城市降雨相关的微博数据,可以选择关键词组合的形式作为检索输入端,使返回的候选句子更加贴合城市降雨主题;同样可以从语义知识词典中筛选出与城市降雨相关的关键词补充进词典中,常见的语义知识词典有《同义词词林》、维基百科词典等。

(4)降雨关键词自动提取迭代过程。

城市的降雨关键词词典构建的流程是一个不断迭代的过程,通过不断产生候选词,筛选进入关键词的词典,再作为关键词或者组合检索新的候选句子重新筛选新的候选词,以此迭代不断补充城市降雨关键词词典。需要注意的是,在多次迭代后可能会出现查询漂移的现象,导致得到的候选词和城市降雨主题不再相关,因此可以设定迭代阈值,本书根据实际效果设置迭代阈值为 3,达到阈值之后会重新选择初始关键词进行检索。

(5)降雨关键词自动提取评价。

对于微博降雨关键词提取的性能评价,通常也采用信息检索领域常用的三个指标参数进行测评:准确率(precision,P)、召回率(recall,R)和 F 测量值(F-measure,F)。通常以人工标注的降雨微博关键词作为判断正确与否的依据,三个指标参数的计算方式分别如式(3-4)~式(3-6)所示:

$$P = \frac{|k_1 \cap k_2|}{|k_1|} \tag{3-4}$$

$$R = \frac{|k_1 \cap k_2|}{|k_2|} \tag{3-5}$$

$$F = \frac{2PR}{P + R} \tag{3-6}$$

式中:k_1 为自动提取算法提取的降雨微博关键词集;k_2 为人工标注的降雨微博关键词集,此部分为正确的关键词集。

准确率是指预测正确的降雨样本数除以降雨总样本数,召回率是实际为正确的被预测为正确样本的概率，F 值是对这两个值的综合，F 值越高，则说明降雨关键词自动提取的效果越好。

通过准确率、召回率和 F 值对降雨关键词自动提取方法进行评价，统计并计算得到准确率 P 为 86.3，召回率 R 为 83.2，F 值为 84.7，结果显示本书城市降雨关键词提取方法具有很好的效果。

(6)关键词分类。

作为城市降雨语料库的检索基础，为更加清晰地认识不同的降雨关键词，可以将城市降雨关键词根据词性主要分为名词、动词、形容词和副词，并按照权重排列，如表3-2所示。从表中可以看出基本涵盖了所有与城市降雨相关的关键词，这为获取更加全面的城市降雨语料提供了检索保障。

表3-2　城市降雨微博关键词集示例

词性	关键词
名词	城市内涝 雨水 暴雨 积水 地区 台风 排水系统 路段 路面 车辆 工程 系统 设施 降雨管网 规划 黑臭水体 城区 道路 解决 排涝 排水管网 污水 区域 交通 河道 防汛 井盖 排洪 降雨生活 大雨 大暴雨 人员 工作 大道 情况 路口 洪水 河道 大街 群众 雨量 消防官兵 突降暴雨 水库 面积 灾害 地道桥 民警 高温 措施 建筑 气象 局部 局地 地下车库 下水道 网友 雨 全省 雨天 河 应急预案 洪涝灾害 气象局 街 范围 暴雨红色预警 积水深度 损失 事故 位置 地铁 易涝 窨井盖 雨势 极端天气 水利 下雨天 承载能力 深度
动词	内涝 排水 出现 开始 影响 进行 降雨 造成 发生 发展 淹没 解决 治理 管理 防汛 加强 建设 发现 救援 转移 看到 清理 改造 需要 应急 启动 登录 位于 形成 提醒 上涨 管理 存在 受灾 利用 涉水 防范 带来 检查 施工 通行 成为 预报 提升 监测 保障 绕行 推进 遇到 发挥 持续 倒灌 累计 搜救 引发 疏散 增强 治水 防止 塌方 降温 步行 倒塌 构建 加重
副词、形容词	相关 严重 及时 紧急 重要 突然 完全 具体 几乎 经常 低洼 普遍 整体 基本 主要 已经 平均 容易 明显 快速 突出

城市降雨关键词词典的构建是能够精准获取相关微博语料的保证，作为检索词可以帮助用户全面检索到研究的文本内容。本节详细介绍了关键词自动提取的各种算法和评价方法，依照研究的内容选择 TF-IDF 算法对城市降雨关键词进行自动化提取，结合 NLPIR 分词系统迭代获取新的关键词，将目前提取到的关键词按词性进行了分类，作为城市降雨微博关键词词典的基础，以此进行检索可有效保证城市降雨微博语料库的全面性。

3.3　基于微博降雨数据的郑州市模拟雨量站构建

3.3.1　研究数据采集

依据大数据关联分析方法，本节基于微博数据的城市模拟雨量站构建所需数据主要包括实测降雨数据和微博降雨数据，并分析两者的关联关系，因此选取历史降雨数据及历史微博降雨数据作为关联分析的样本数据和验证数据,对两类数据的详细介绍如下。

3.3.1.1　**降雨数据**

本书使用的降雨数据来自郑州市气象部门,为 2015—2019 年期间不同降雨尺度下共 15 场降雨数据,其中 10 场降雨为样本数据,5 场降雨为验证数据,对应降雨数据日期见表 3-3。研究统计郑州市市区 12 个雨量站(见表 3-4、图 3-9)降雨相关数据,数据信息包括降雨起止时间、单雨量站场次降雨量数据、单雨量站 10 min 降雨量数据、雨量站地理位置坐标数据等,以及通过普通克里金、反距离权重、经验贝叶斯等空间插值方法获取到的模拟雨量站位置的降雨量数据。

表 3-3　降雨数据日期

样本降雨数据日期	验证降雨数据日期
2015 年 5 月 1 日、2015 年 8 月 3 日、2016 年 7 月 14 日、2016 年 7 月 19 日、2016 年 8 月 25 日、2017 年 7 月 6 日、2017 年 8 月 12 日、2017 年 8 月 18 日、2018 年 8 月 18 日、2019 年 8 月 1 日	2015 年 7 月 22 日 2016 年 6 月 5 日 2017 年 7 月 29 日 2018 年 5 月 15 日 2018 年 9 月 18 日

表 3-4　郑州市雨量站信息

序号	站名	测站编号	经度	纬度	坐标系
1	华北水利水电大学	50606601	113.674 4	34.811 83	gcj02
2	郑州水文局	50606602	113.613 0	34.727 30	gcj02
3	郑州水利设计院	50606603	113.761 2	34.758 01	gcj02
4	十八里河	50606604	113.701 1	34.681 99	gcj02
5	高新区	50606605	113.567 1	34.811 63	gcj02
6	惠济区	50606607	113.308 9	34.802 75	gcj02
7	地震局	50606608	113.750 6	34.768 76	gcj02
8	郑州铁路局	50606609	113.655 7	34.736 30	gcj02
9	经济技术开发区	50606610	113.733 1	34.717 67	gcj02
10	河南省委	50606611	113.676 4	34.765 05	gcj02
11	老鸦陈	50606613	113.625 0	34.833 82	gcj02
12	河南省水利厅	50606600	113.688 7	34.772 53	gcj02

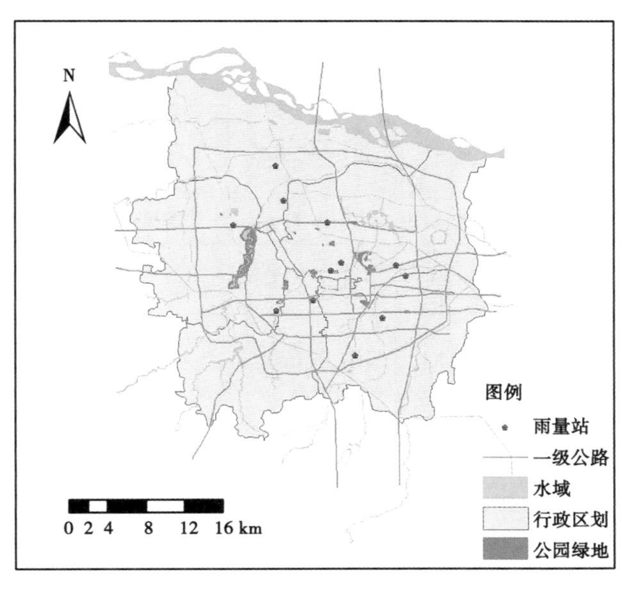

图 3-9　郑州市行政区划及雨量站分布

3.3.1.2　**降雨微博数据**

降雨微博数据从第 3.2.1 节“城市降雨微博语料库构建”中获取，根据网页版微博高级搜索界面设置对应选项。依据第 3.2.2 节“城市降雨关键词词典构建”选取相关关键词，雨量站点降雨起止时间设置对应降雨爬虫时间，地点设置为研究区河南郑州。

降雨微博数据分为两类，分为包含降雨信息的微博数据和不包含降雨信息但和降雨时间对应的微博数据。其中包含降雨信息的微博数据具体信息有用户 ID、降雨时间、降雨位置和降雨相关博文，爬虫结果示例如表 3-5 所示。不包含降雨信息的微博数据用于标准化处理，以消除人口分布不均匀带来的数据偏差，故选取降雨时段相同的其他时间的对应时段，降雨位置依旧设置为研究区河南郑州，主要区别为这部分数据的关键词设置为空，爬虫结果示例如表 3-6 所示。

表 3-5　郑州市包含降雨信息的微博数据

用户 ID	降雨时间	降雨位置	降雨相关博文
LTF-Breeze	2018 年 5 月 15 日 18:53	郑州 商都路	雨，你藏的有点深了
余不每-攵	2018 年 5 月 15 日 18:56	郑州 黄河科技学院	这雨来得快，去得也快！
撩婉婉婉雪儿	2018 年 5 月 15 日 18:57	郑州 郑州工商学院	暴风雨明天一定会来的
航行天宇	2018 年 5 月 15 日 19:46	郑州 航海西路街区	哈哈哈哈哈哈，好大的雨（我要哭了）
Sukura007	2018 年 5 月 15 日 19:53	郑州 商鼎路	我可以跑着穿过雨和雨之间的缝隙哦
不断向前 ing	2018 年 5 月 15 日 19:59	郑州 郑州大学	好大的雨！我没有伞，手机快没电了，耳机也没找到。想哭
⋮	⋮	⋮	⋮

表 3-6　郑州市不包含降雨信息的微博数据

用户 ID	时间	位置	博文
__Bing__	2018 年 8 月 17 日 08:41	郑州 金水区	惊喜。从睁眼开始一起过的第三个情人节,小哥哥说下班后还有惊喜,期待,开心??
浅夏 and 莉	2018 年 8 月 17 日 08:44	郑州 刘寨	早安
奈何一笑	2018 年 8 月 17 日 08:52	郑州 五洲公园	快和我一起为 Ta 种竹,助 Ta 闪耀吧~“一起种”公益林
用户牛犇	2018 年 8 月 17 日 08:53	郑州 阳光嘉苑	所有的节日都不是为了礼物和红包而生！而是为了提醒大家不要忘记爱与被爱！爱情和生活都需要仪式感!
米修米修张玉娥	2018 年 8 月 17 日 08:53	郑州 动物园	秋姑娘终于要来了~~~
⋮	⋮	⋮	⋮

3.3.2　研究数据处理

通过以上途径或者方法获取的降雨数据和微博数据为原始数据,这些数据由于需要应用到各种场景研究中,导致存在和本研究城市模拟雨量站构建过程中所需数据格式不匹配等现象,尤其是原始微博数据的噪声和干扰十分严重,需要依照第 3.2 节“城市降雨微博语料库及关键词词典构建方法”中数据处理方法对数据进行过滤,此外微博数据为非结构化数据,不能直接应用于试验,两类数据的具体处理方法如下。

3.3.2.1　降雨数据

降雨数据来自郑州市水情中心雨量站,其提供的数据格式为单雨量站 10 min 降雨,本研究需要的数据为 12 个雨量站各站点的场次降雨量和小时降雨量。从水文的角度出发,若降雨的时间间隔较短,可以作为一次降雨过程。修订通用土壤流失方程 RUSLE 中给出了划分标准:降雨间歇时间在 6 h 以上或连续 6 h 降雨量不足 1.2 mm,则视为二次降雨事件,否则看作一次降雨事件。本书依据此标准统计原始 15 场降雨并转化为场次降雨量和小时降雨量。

3.3.2.2　微博数据

(1)地理编码:降雨微博数据属于典型的非结构化数据,需要对其进行统计分析,但对传统的位置标签做统计难度系数高且耗时耗力,因此十分有必要将其转化为经纬度坐标进行地理编码。本书使用 xGeocoding 经纬度转化软件完成对位置标签的批量转化,xGeocoding 同时支持经纬度校验、异常点自主选定更改,有效提升了地理编码的精确率。使用此软件进行地理编码需要调用地图产品 API 获取 API Key,以高德地图为例,获取流程如图 3-10 所示,地理编码结果

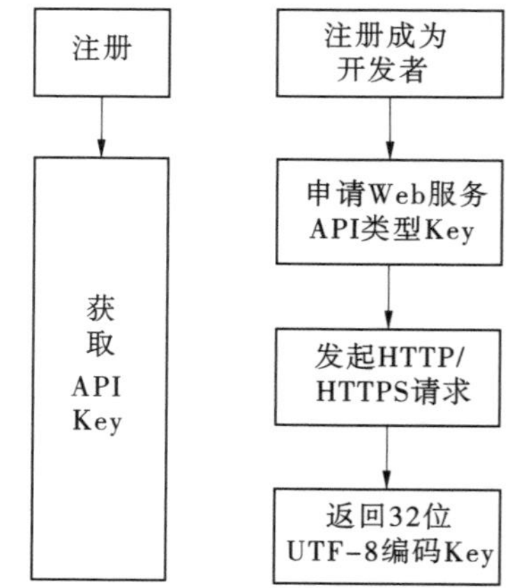

图 3-10　高德地图 API Key 获取流程

示例见表 3-7。

表 3-7　地理编码结果示例

地址	经度	纬度	地址类型	坐标系
郑州 翠园·锦荣世家	113.685 7	34.738 2	地产小区	gcj02
郑州 千叶日式料理	113.713 8	34.721 4	餐饮	gcj02
郑州 丹尼斯大卫城店	113.665 6	34.758 2	购物	gcj02
郑州 方特假日酒店	113.936 5	34.763 9	宾馆	gcj02
郑州 方圆创世	113.674 4	34.757 3	住宅	gcj02
郑州 郑州大学图书馆	113.639 2	34.742 8	教育	gcj02
郑州 风和日丽家园	113.612 1	34.771 3	地产小区	gcj02
郑州 二七纪念塔	113.666 5	34.752 3	旅游景点	gcj02
郑州 海汇中心	113.770 1	34.752 4	商务大厦	gcj02
⋮	⋮	⋮	⋮	⋮

（2）数据可视化：由于降雨微博数据含有经纬度标签，且为了方便直观地分析数据的空间分布特征及后续数据统计，本书使用 ArcGIS 10.2 软件实现带有地理编码信息微博数据的可视化，导入降雨相关微博位置数据，结果如图 3-11 所示。

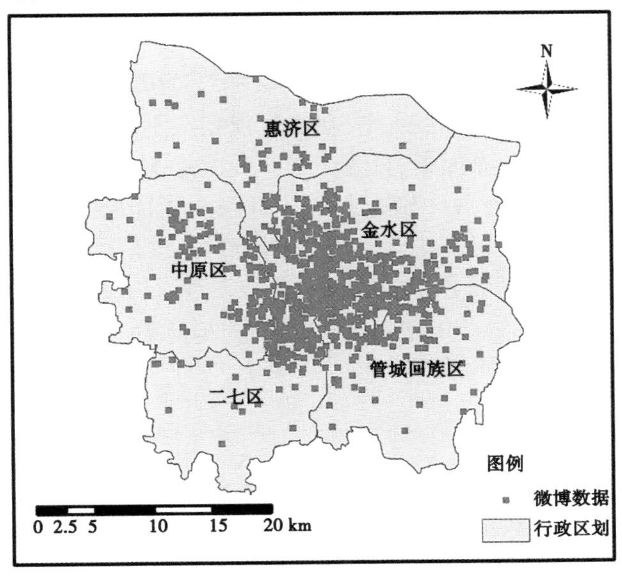

图 3-11　降雨微博数据的空间分布

3.3.3　郑州市模拟雨量站构建

3.3.3.1　雨量站缓冲区的建立

随着降雨量的变化,降雨相关的微博数量发生了同步变化,两者之间存在着较强的数据关联。城市雨量站一定距离范围内微博数量的变化从某种程度上可以反映该站点降雨量的变化。基于此,本书建立以郑州市 12 个雨量站为圆心,分别以 1.0 km、1.5 km、2.0 km、2.5 km、3.0 km、3.5 km 为半径建立缓冲区(见图 3-12),并统计不同半径缓冲区内的降雨相关微博数量,分析其与对应站点降雨量之间的相关性,选取最优缓冲半径建立城市雨量站缓冲区。

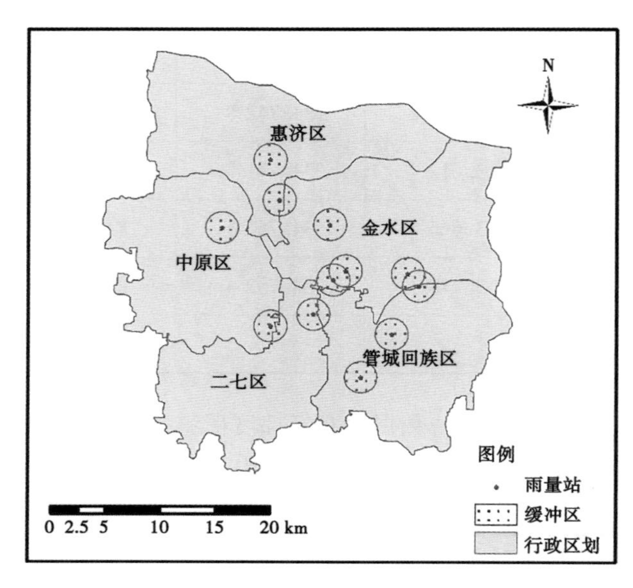

图 3-12　城市雨量站缓冲区示意图

微博数量标准化处理:经济发展水平、功能区规划的不同,造成了城市微博用户人口分布不均,如果不考虑人口分布因素,只统计缓冲区内降雨相关微博数量,那么分析其与站点降雨量之间的相关性就会不具有科学性,因此引入无降雨关键词的微博分布代替城市人口分布进行标准化处理,对应站点缓冲区内该部分无降雨关键词的微博数据数量用 N_2 表示,对应站点缓冲区内含降雨关键词的微博数据数量用 N_1 表示,同时缓冲区内数据点至对应雨量站点的距离也会产生影响,因此加入距离变量,最终提出微博数量标准化处理公式为:

$$N = \frac{N_1}{\frac{1}{z}\sum_{i=1}^{z} N_{2i} \frac{1}{m}\sum_{j=1}^{m} M_j} \tag{3-7}$$

式中:N 为标准化后的微博数量;z 为降雨对应年份内相同时段的时段数(研究取降雨前后共 5 个时段,即 $z=5$);m 为对应单站点缓冲区内的降雨相关微博数量;M_j 为缓冲区内降雨相关微博数据点到对应雨量站点的距离。

通过统计产品与服务解决方案 SPSS(statistical product and service solutions)软件分析

得出不同缓冲半径内标准化后的微博数量 N 与对应 15 场降雨过程雨量站降雨量之间的皮尔逊相关系数(见表 3-8)。由表 3-8 得出,不同缓冲半径情况下,两者之间系数在 0.43~0.60,具有弱相关性,当缓冲区半径为 2.0 km 时,微博数量 N 与场次降雨量之间的相关性最强为 0.594,但仍不具有强相关,实际研究价值较低,需要进一步分析研究。

表 3-8　郑州市区雨量站各缓冲半径缓冲区内微博数量 N 与降雨量相关性

缓冲区半径/km	皮尔逊相关系数	显著性
1.0	0.436**	0
1.5	0.481**	0
2.0	0.594**	0
2.5	0.508**	0
3.0	0.486**	0
3.5	0.475**	0

注: ** 表示在 0.01 水平(双侧)上显著相关。

由降雨微博数据空间分布图(见图 3-11)可以明显看出,微博数据的分布主要集中于中心建成区范围内,而边缘地区数据稀疏,这就可能导致在边缘雨量站缓冲区统计计算的过程中,微博数量数据轻微浮动引起计算结果数据剧烈振荡。根据郑州市人口密度图(见图 3-13)分析得到郑州市人口同样主要集中于中心建成区范围内,边缘地区人口密度相对较低,从而导致边缘地区降雨相关微博数据数量规模无法满足试验要求。而且在郑州市城市灾害脆弱性评估方面,Wu 等使用贝叶斯网络模型分析得出郑州市城市洪涝中高风险区也主要集中在老城区范围。本书模拟雨量站构建主要是为提高城市降雨插值精度及模型输出精度,在城市洪涝应用研究中,从灾时响应和灾后损失角度,相较低风险区对中高风险区的研究更有意义。因此,划定研究区域为郑州市中心老城区,对应边界为北三环快速路、西三环快速路、南三环快速路和中州大道(见图 3-14),区域范围内的雨量站分别为华北水利水电大学雨量站、河南省水利厅雨量站、河南省委雨量站、郑州铁路局雨量站、中原区郑州水文局雨量站。

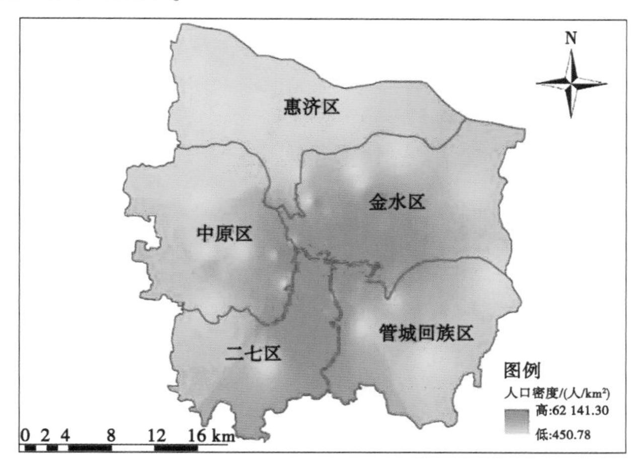

图 3-13　郑州市人口密度、洪涝灾害 1 年重现期脆弱性评估结果

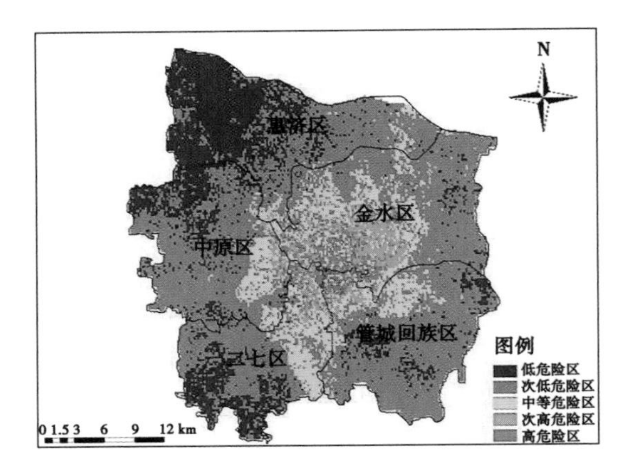

续图 3-13

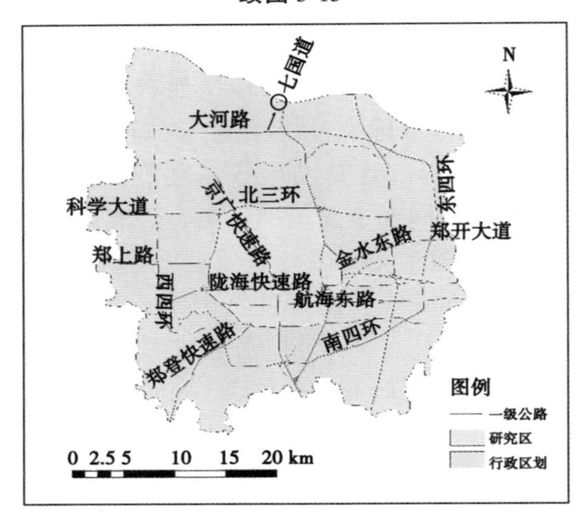

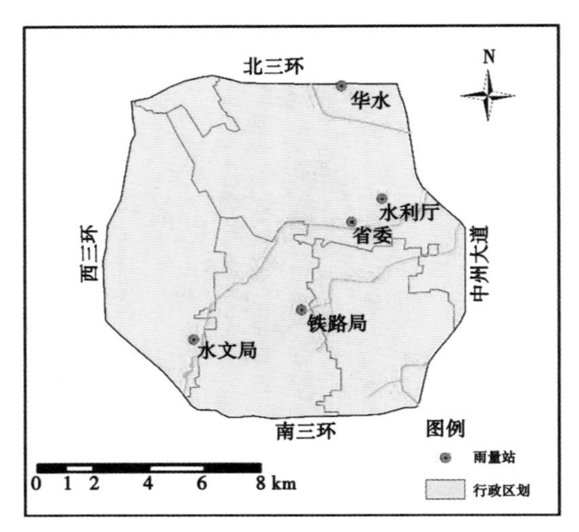

图 3-14　郑州市模拟雨量站构建研究区

对研究区内雨量站各缓冲半径缓冲区重新统计并计算,绘制微博数量 N 与站点降雨量之间的散点图如图3-15所示,从图3-15中可以看出在不同的缓冲半径情况下,两者之间都存在着较明显的正相关关系,降雨量随着微博数量 N 的增加而变大。计算两者之间的皮尔逊相关系数,得出的结果见表3-9,即在不同缓冲半径情况下,微博数量 N 与降雨量之间的皮尔逊相关系数在0.64~0.82,具有较强的相关性,其中当缓冲区半径为2.0 km时,微博数量 N 与降雨量皮尔逊相关系数最高为0.812,在0.01水平(双侧)上显著相关,因此选取2.0 km为缓冲半径建立研究区内城市雨量站的最优缓冲区。

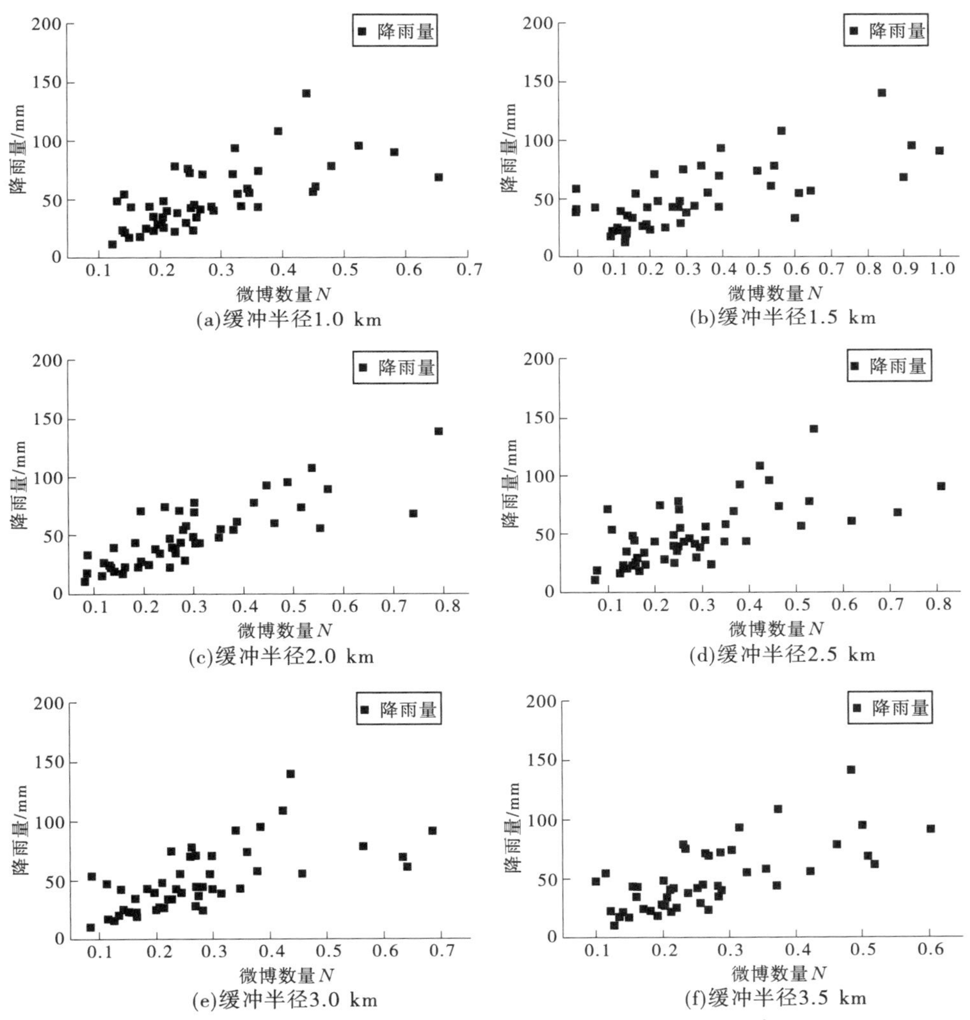

图3-15　各缓冲半径对应微博数量 N 与站点降雨量散点图

表 3-9　研究区各缓冲半径缓冲区内微博数量 N 与降雨量的相关性

缓冲区半径/km	皮尔逊相关系数	显著性
1.0	0.690**	0
1.5	0.691**	0
2.0	0.812**	0
2.5	0.647**	0
3.0	0.651**	0
3.5	0.701**	0

注：** 表示在 0.01 水平(双侧)上显著相关。

3.3.3.2　**降雨量与微博数量函数拟合与精度验证**

(1)函数拟合。

城市最优雨量站缓冲区内微博数量 N 与降雨量的散点图如图 3-16 所示，降雨量与微博数量 N 之间存在明显的正相关关系，且表现出线性相关，表明使用标准化后的微博数量可有效地反映雨量站的监测降雨量。因此，使用常用的线性拟合方法——最小二乘法，在最小方差情况下对 2.0 km 最优缓冲半径下微博数量 N 与降雨量进行线性拟合，最优拟合方程为：

$$Y = 135.450\,68X + 10.392\,34 \tag{3-8}$$

式中：X 为标准化后微博数量；Y 为降雨量。

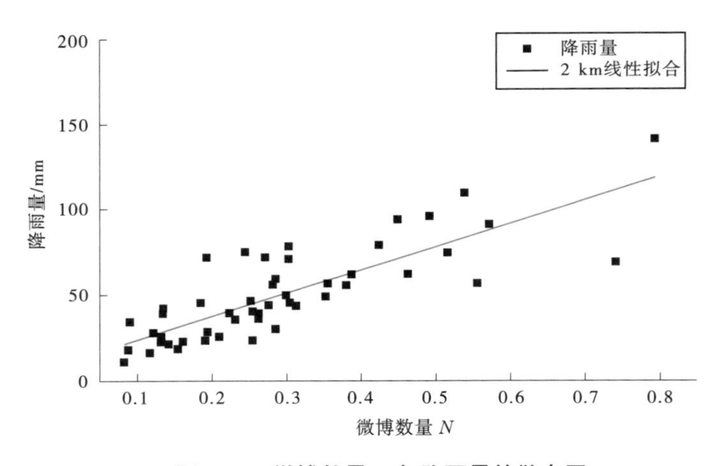

图 3-16　微博数量 N 与降雨量的散点图

计算得到最优拟合方程 $R^2 = 0.659$，模型预测值在一定程度上接近实际值。根据一元回归模型($y=a+\beta x+u$)，使用 t 值假设性检验对拟合方程进行检验，检验结果见表 3-10，从表 3-10 中可以得出：在 $\alpha=0.05$ 的情况下，截距和斜率对应 t 值>$|t|$，则原假设($H_0: a=0, \beta=0$)被放弃，估计的回归系数在 5%水平上显著。

表 3-10　t 值检验结果

α=0.05	t 值	标准误差	$\|t\|$值	概率>$\|t\|$
截距	10.392 34	4.753 88	2.186 07	0.033 83
斜率	135.450 68	14.211 36	9.531 16	$1.473\ 71\times10^{-12}$

(2)精度验证。

另选取 2015—2019 年 5 场降雨数据为验证集,对模型进行验证。统计验证每场降雨对应研究区 5 个雨量站 2.0 km 缓冲区内的相关微博数量,代入微博标准化处理公式(3-7)计算得到微博数量 N,分别代入拟合模型公式(3-8)得到各雨量站点模拟降雨量,对比分析模拟降雨量与站点实测降雨量之间的误差,结果如图 3-17 所示,验证数据中 5 场降雨对应雨量站的模拟降雨量与实测降雨量的平均相对误差在 14%~21%,2017 年 7 月 29 日降雨下两者误差最小为 14.6%,2016 年 6 月 5 日降雨下误差最大为 20.1%,单雨量站点模拟值与实测值接近,误差水平较低,研究具有可行性。因此,以上模型验证和误差分析证明,研究中降雨相关微博数量可以有效反映 2 km 缓冲半径缓冲区内城市雨量站的实际降雨量。

3.3.3.3　郑州市最优模拟雨量站数量及分布筛选

第 3.3.3.2 节"降雨量与微博数量函数拟合及精度验证"结果证明了站点降雨量与对应微博数量之间关联关系的可靠性,表明 2 km 缓冲半径最优缓冲区内降雨相关的微博数量 N 可以反映缓冲区中心点的降雨量,因此可以认为在研究区内其他某些点的降雨量同样能够由缓冲区内的降雨相关微博数量表示。基于此建立研究区内城市模拟雨量站,模拟雨量站的布置、筛选及精度验证分析内容具体为:

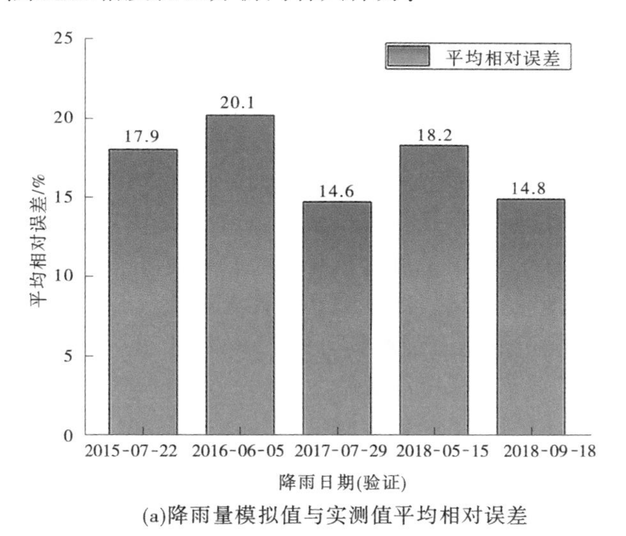

(a)降雨量模拟值与实测值平均相对误差

图 3-17　模拟值与实测值对比

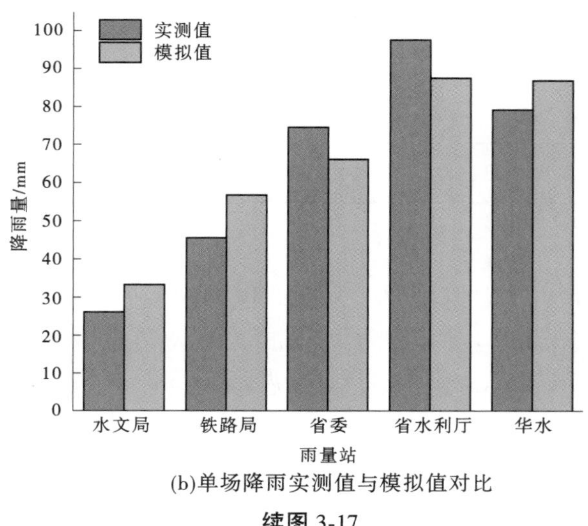

(b)单场降雨实测值与模拟值对比

续图 3-17

(1)模拟雨量站布置。

水文模型的降雨输入误差主要来源于雨量站密度及空间分布问题。传统雨量站网布置原则由水利部水文站网规划技术导则给出,在建议雨量站数目下,雨量站的空间分布要求建设空间均匀分布,即均匀度最大原则。在郑州市研究区内由于城市建设及其他各种因素的限制,传统的 5 个城市雨量站自东北向西南几乎呈线性排列,无法满足雨量站布置的均匀度要求,而且在获取城市面降雨插值数据时误差较大,其作为城市水文模型的最主要的输入之一会导致模型的不确定性增大。因此,本书在原有城市雨量站分布格局的基础上,以均匀度最大原则增加布置城市模拟雨量站,作为实际雨量站的补充,提升空间降雨插值精度及模型输入精度。而不同的雨量站空间分布同样会影响降雨插值精度,依次增加模拟雨量站数量并根据雨量站密度情况对应设置不同的分布类型,布置对应模拟雨量站空间分布图如图 3-18 所示,并通过降雨量插值误差分析确定最优的城市模拟雨量站分布格局及数量。

(2)模拟雨量站筛选。

模拟雨量站筛选包括筛选最优数量和最优分布,通过 GIS 内置三种常用不同的空间插值方法获取由传统雨量站降雨量插值数据和增加不同数量的城市模拟雨量站模拟降雨量插值数据,使用交叉验证的方法,依次剔除研究区某个雨量站,对该站点插值与雨量站实测值对比,通过误差分析筛选出误差最小且合理的模拟雨量站,将其作为最优模拟雨量站组合并以此构建研究区城市模拟雨量站。

在反映实测值与模拟值之间的偏差时使用均方根误差(RMSE)这一参数,对不同模拟雨量站数目插值结果进行分析,结果见图 3-19,从图 3-19 中可以看出:①使用克里金、反距离权重、贝叶斯等不同的插值方法,在模拟雨量站数量增加的情况下,插值误差 RMSE 均随之降低,说明添加模拟雨量站在不同的插值方法中都能有效地提高降雨量的插值精度;②起始仅依靠传统城市雨量站插值 RMSE 较大,说明在研究区内获取面降雨量,依靠传统雨量站雨量插值精度较低;③增加 2 个和 4 个模拟雨量站时不同分布类型误差不同,分布二相较于分布一误差有所降低,说明合理的雨量站分布可以提高雨量插值精度,其中分布二模拟雨量站分布更合理;④起始随着模拟雨量站数量的增加,RMSE 变化明显,当增加模拟雨量站数量达到阈值时,RMSE 变化稳定,说明雨量站在低密度情况下,添加模拟雨量站可以明显提高降雨插值精度,当雨量站密度较高时插值精度提升则不再明显。

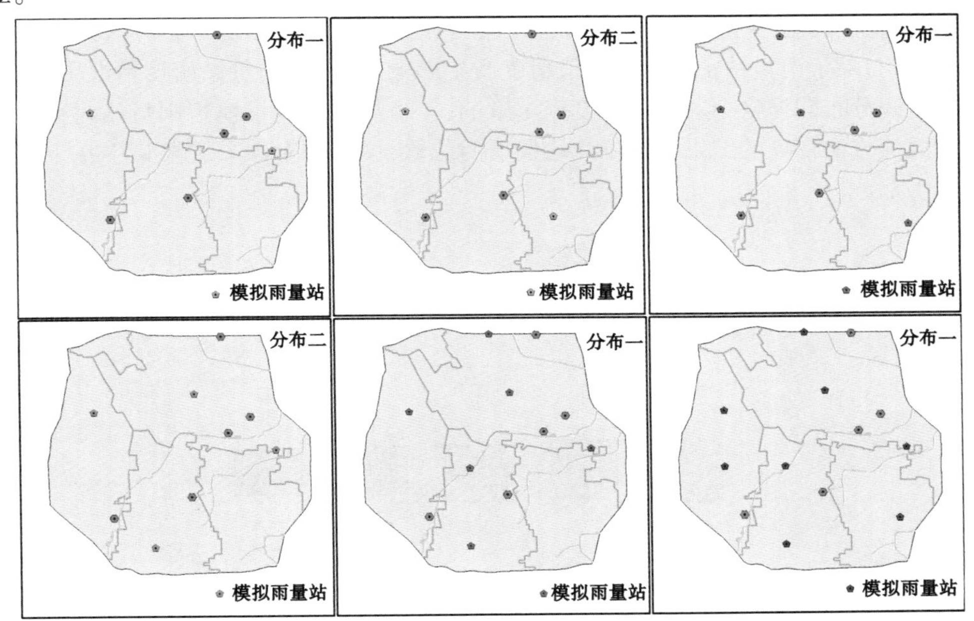

图 3-18　不同数量模拟雨量站空间的分布

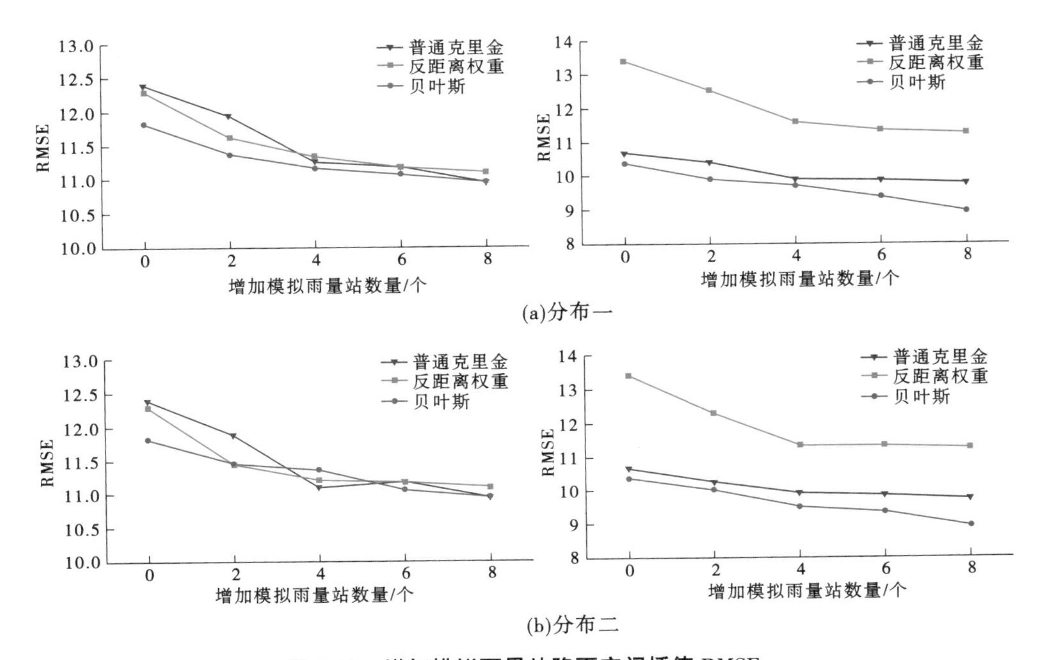

图 3-19　增加模拟雨量站降雨空间插值 RMSE

其次,对加入不同模拟雨量站数量获取得到的插值及实测值进行相对误差分析,从图 3-20 可以看出:①随着模拟雨量站数量的增加,不同插值方法得到的评价指标分布逐渐变窄且均值降低,说明可以通过增加模拟雨量站数目来降低插值的误差;②当模拟雨量站点数目达到一定阈值时,插值的误差水平趋于稳定,说明研究区域内过多的模拟雨量站对插值结果的提升不再有明显的帮助;③当增加模拟雨量站数目较少时,相同密度的雨量站网和插值方法,会产生不同的插值误差,但当数目达到一定程度时各方法差异不再明显。这说明,除了雨量站密度会对插值精度产生影响外,在低雨量站密度情况下,雨量站的不同空间分布同样也会对插值精度产生影响;④增加不同数量模拟雨量站时克里金和贝叶斯插值方法得到的结果在中位线均偏下的位置,说明相对误差主要集中在下半部即误差较小部分。

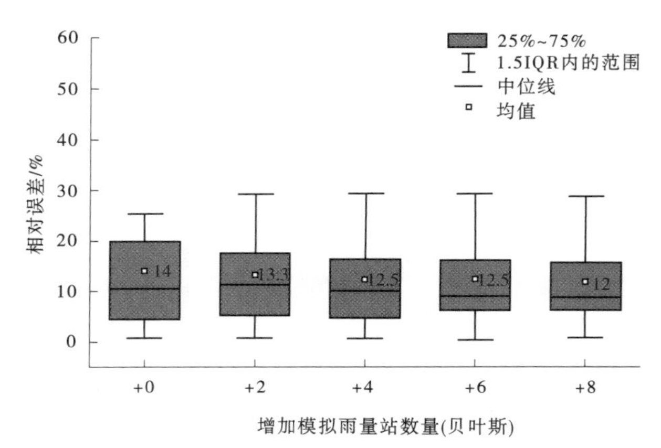

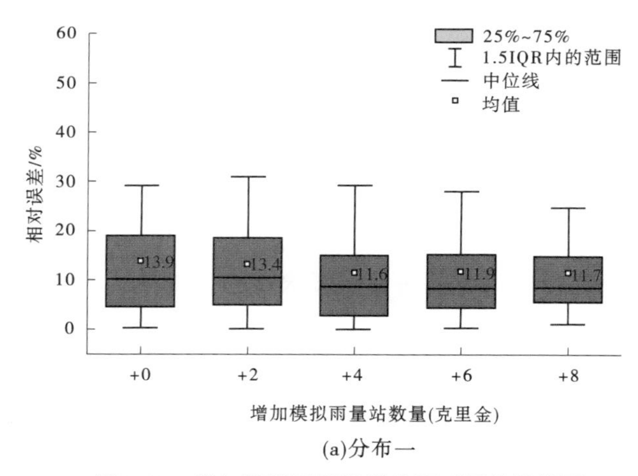

(a)分布一

图 3-20　增加模拟雨量站插值相对误差箱线图

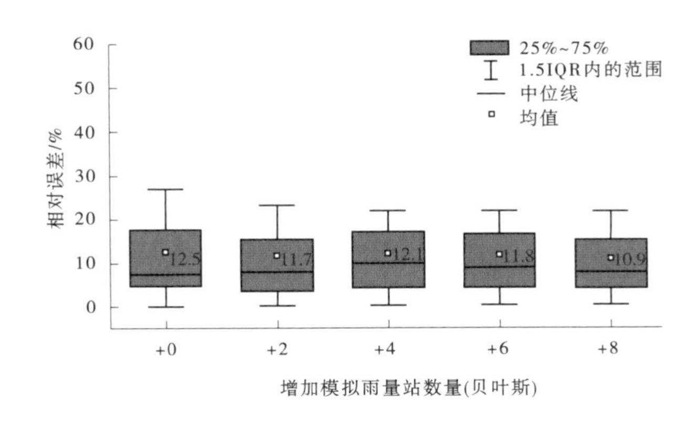

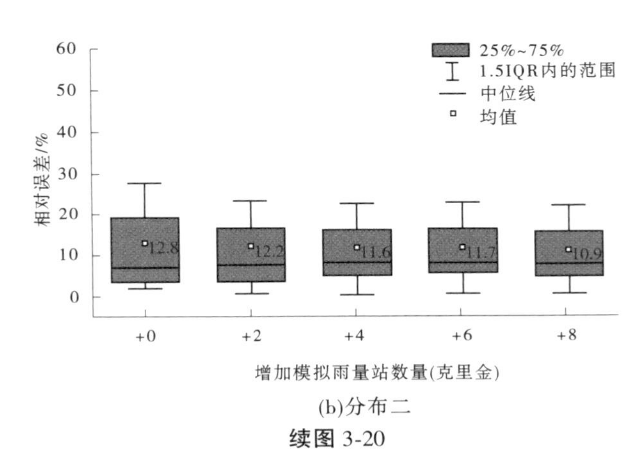

(b)分布二

续图 3-20

由上 RMSE 和相对误差综合分析可以得出:①在研究区内仅由传统雨量站插值获取到的面降雨量误差较加入模拟雨量站后得到的误差结果均较大,证明其密度较低且分布不合理;②加入相同模拟雨量站数量但是不同分布类型时,分布二误差相较分布一有所降低,说明模拟雨量站分布二更加合理;③当阈值为 4 个模拟雨量站时,插值得到的两种误差最优且之后再增加模拟雨量站数目时误差变化不再显著。为避免插值工作量过于巨大,不再增加更多数量的模拟雨量站,仅筛选构建 4 个模拟雨量站作为最优结果。

3.3.3.4　郑州市模拟雨量站有效性检验

以上通过分析站点实测降雨量与雨量站点内降雨相关微博数量的函数关联,并进行误差判别,证明了研究区模拟雨量站获取较高精度降雨插值的可靠性,并最终建立了郑州城区研究区内的模拟雨量站。为进一步验证其在水文模型中的有效性,使用以上模拟雨量站点模拟城市降雨过程并代入城市水文模型对结果进行分析。在城市水文研究中常使用一些暴雨洪水模拟软件,例如 SWMM、MIKE URBAN、Info-Works 等。SWMM(storm water management model,暴雨洪水管理模型)由于其原理明晰、操作简单而被广泛使用,且已经有学者对郑州城区范围构建了较完善的模型,包括郑州市区下垫面条件确定、管网概化、子汇水区划分及信息提取和模型参数校准等,所以在此基础上将模拟雨量站模拟的降雨数据代入已构建的 SWMM 模型验证。验证过程如下。

（1）模型构建。

收集研究区内雨水管网、土地利用、水文站流量、雨量站降雨等资料。对研究区内管网概化、子汇水区划分及信息提取和模型参数校准。基于 SWMM 模型构建郑州市研究区暴雨洪水模型，模型构建流程如图 3-21 所示。

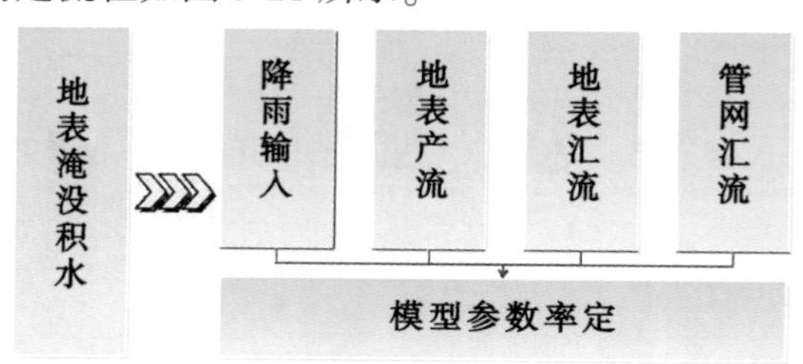

图 3-21　SWMM 模型构建流程

（2）模型输入。

研究旨在验证加入模拟雨量站后得到的降雨数据对 SWMM 模型输出精度的影响，在 SWMM 模型中，降雨数据以雨强作为参数输入，因此把研究区内传统雨量站降雨数据和模拟雨量站的降雨数据整理成降雨强度，分为两组分别作为模型输入，对模型控制变量，使模型其他参数保持一致。

（3）输出对比检验。

将模型输出积水点作为验证指标，对传统雨量站和增加模拟雨量站两组模型输出结果与实际积水点进行对比验证。其中实际积水点信息由第 3.2 节“城市降雨微博语料库及关键词词典构建方法”中的网络爬虫程序获取，设置自定义选项积水相关关键词、新闻媒体、降雨对应时段等。自动提取结果示例见表 3-11，经过人工筛选并对积水点位置进行经纬度转化后的结果如表 3-12 所示。

表 3-11　积水点信息网络爬虫结果示例

用户 ID	时间	积水点信息
郑州交通广播	8 月 18 日 19:42	京港澳高速：南三环站南向北下站车多排队；连霍高速：东三环北站下站车多排队；郑州西南绕城高速：轩辕故里站下站向龙湖方向匝道因有积水关闭……
郑说广播	8 月 18 日 19:29	目前郑州市区积水点：郑州西南绕城高速轩辕故里站下站向龙湖方向匝道因有积水关闭；京广快速陇海路西北角有积水；南三环机场高速下面西向东积水较深，有车辆抛锚……
郑说广播	8 月 18 日 16:01	受台风“温比亚”影响，郑州今天迎来一场暴雨，记者从市防汛办了解到，截至目前，郑州市排水系统一切正常，没有出现大面积积水的情况，不过，在桐柏路建设路路口东南角出现了深约 5 cm 的积水，但不影响车辆通行

续表 3-11

用户 ID	时间	积水点信息
郑州微娱乐	8 月 18 日 18:45	郑州市陇海路京广路积水较深,提醒过往车辆绕行。记者:晓华
郑州交通广播	8 月 19 日 10:40	截至目前,郑州积水点信息汇总:花园路东风路口积水较深,东西双向和由北向南方向车辆通行受到影响,交警正在现场积极疏导。因积水车辆无法通行的路段为:黄河路(嵩山路到沙口路)下穿隧道内东西双向、西三环向北延长线连霍高速桥下南北双向,桐柏路建设路口积水严重……
⋮	⋮	⋮

表 3-12　积水点信息格式化结果示例

积水点位置	经度	纬度	积水点描述
京港澳高速:南三环站	113.824 980	34.706 762	车多排队
连霍高速:东三环北站	113.784 712	34.834 499	车多排队
西南绕城高速:轩辕故里下站向龙湖方向匝道	113.727 140	34.642 694	有积水关闭
国基路花园路	113.688 123	34.825 270	积水到膝盖
龙子湖南路明理路交叉口	113.817 172	34.790 461	积水严重,需要绕行
华夏大道(四港联动大道)商都路	113.818 275	34.742 754	均有积水,深的地方可达五六十厘米
⋮	⋮	⋮	⋮

模型输出模拟积水点与实测积水点对比如图 3-22 所示,分析 SWMM 模型模拟的积水点情况,从积水点数量上看,研究区内实测积水点数量为 26 个,雨量站降雨输入模拟积水点为 19 个,加模拟雨量站降雨输入模拟积水点有 26 个,由于网络爬虫实测积水点为官方媒体统计,并不完全,所以模拟积水点比实测积水点多;雨量站降雨输入模拟积水点准确率为 42%,增加模拟雨量站降雨输入模拟积水点准确率为 69%,相较仅传统雨量站构建 SWMM 模型输出模拟积水点的准确率提升较明显;由于城市传统雨量站数量少且分布不合理,模型输入的降雨数据也为空间插值或者根据附近雨量站确定,与实际降雨空间分布都有差距,导致在原有雨量站以外区域模拟积水点准确率很低,而在加模拟雨量站后一定程度上弥补了雨量站数量少和降雨空间分布的缺陷,所以在原有雨量站以外区域模拟积水点的准确率有了改善,从而使整体积水点模拟准确率得到提高。

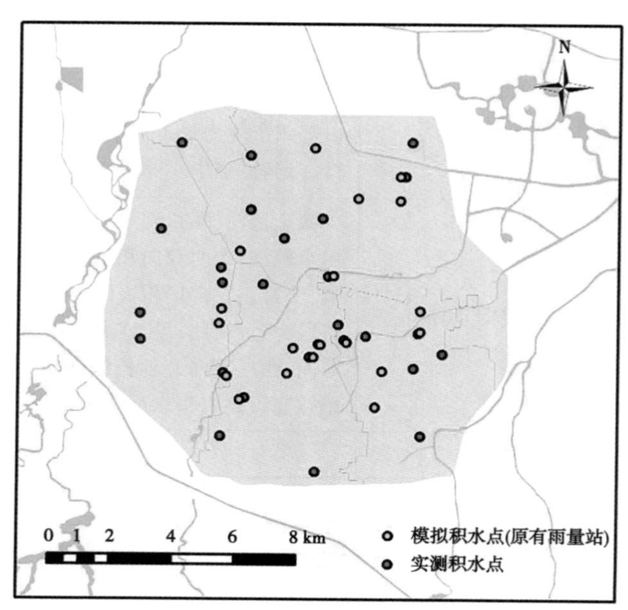

(a)原有雨量站模拟

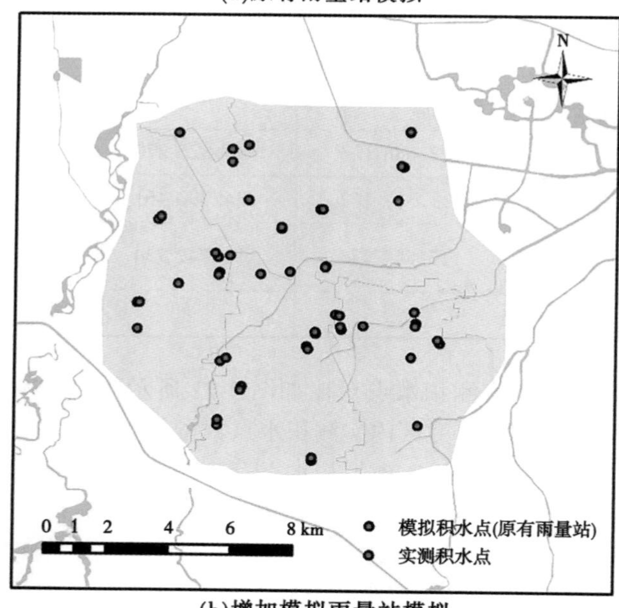

(b)增加模拟雨量站模拟

图 3-22　模拟与实测积水点

3.4　基于微博降雨和 IDF 曲线的郑州市致灾降雨阈值确定

3.4.1　郑州城区致灾降雨特征分析

致灾降雨是指自然降雨在发生的过程中或结束后,能够对城市交通、人类生命、财产或各种活动产生不利影响,并引起社会广泛关注和报道,具有骤发性强、预见期短和洪水集中迅速的特点。研究致灾降雨的特征和分布规律，能为城市防灾减灾、排水规划提供参考。利用郑州市 2011—2018 年实测雨量站点降雨资料，对城市较大降雨场次的峰值雨强特征和微博洪涝新闻特征进行分析，确定致灾降雨事件，借助郑州市 IDF 曲线，提出郑州市致灾降雨类型和阈值。

3.4.1.1　短时强降雨样本统计

以郑州市所有雨量站 2011—2018 年的降雨摘录数据为基础，统计各个站点的降雨场次信息，主要统计对象为 1 h 降雨量大于或等于 20 mm 且降雨历时小于或等于 6 h 的短时强降雨事件。由于降雨存在时空分布不均匀的特征，同一时段内不同雨量站点记录到的降雨数据也会参差不齐，对于这种情况，综合考虑到致灾降雨的骤发性，以及引起社会公众关注的往往是同时空降雨量最大的区域，因此在统计相同时段内不同站点记录的降雨信息时，只保留降雨量较大的降雨序列，得到 50 场较大降雨场次的短时强降雨样本数据。

3.4.1.2　短时强降雨年变化特征

统计 50 场短时强降雨样本逐年逐月发生的总频次，如图 3-23 所示，在 2012 年和 2016 年出现了两个峰值，且 2016 年峰值明显增高，最多达到了 11 次，而 2014 年最少，仅发生 3 次短时强降雨。随着城市的发展，2011—2018 年短时强降雨频次也呈稳步上升趋势。值得注意的是，城市化的发展对降雨的季节变化也产生了影响，使得短时强降雨不仅仅多发在夏季，在春秋季节发生的概率也在增加。如近三年来，5、6 月短时强降雨频次增加了 20%，9 月的短时强降雨频次也在增加。由此可见，郑州市短时强降雨年变化特征呈“升-降-升-降”的趋势，整体呈上升态势。

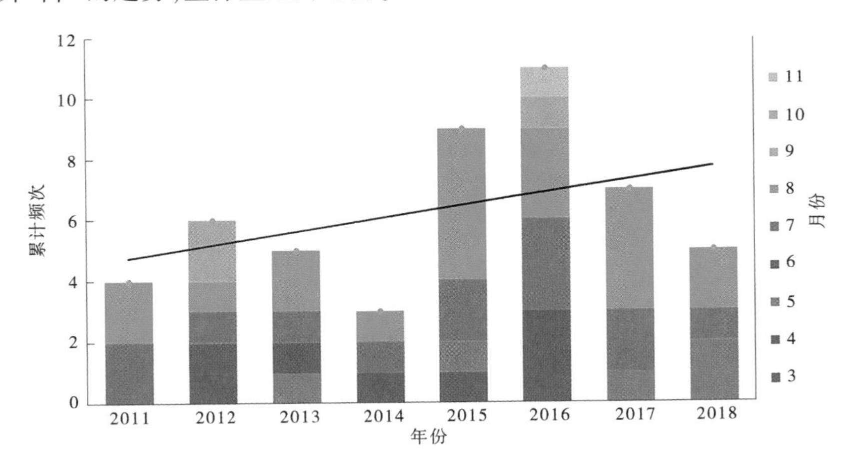

图 3-23　2011—2018 年郑州市短时强降雨年变化特征

3.4.1.3　短时强降雨月变化特征

对郑州市近十年短时强降雨进行统计发现，郑州市短时强降雨主要发生在盛夏季节，集中在 7、8 月，占总频次的 66%；其次是 5、6 月，占比 20%；9 月发生短时强降雨的频次较少，仅占 6%。如图 3-24 所示，8 月短时强降雨发生频次最多，且 1 h 降雨量大于或等于 50 mm 的降雨频次也最多，1 h 降雨量在 30～50 mm 的降雨频次略低于 7 月。0.5 h 最大降雨量曲线与 1 h 最大降雨量曲线整体趋势一致，但在 7 月和 8 月 1 h 最大降雨量较 0.5 h 最大降雨量增加较大，而 3 月和 11 月二者几乎一致，由此分析郑州市短时强降雨主要集中在全年西太平洋副热带高压最强、季风北上黄淮的 7—8 月，同时对郑州市居民经济生活造成的灾害最大、致灾性最强。

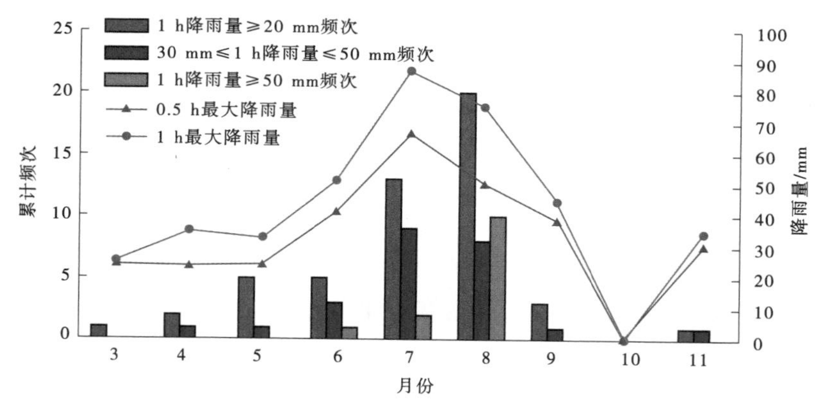

图 3-24　2011—2018 年郑州市短时强降雨月变化特征

3.4.1.4　短时强降雨日变化特征

对郑州市近十年短时强降雨进行统计发现，郑州市短时强降雨存在明显的日变化特征，如图 3-25 所示，短时强降雨主要出现在 14:00—18:00，16:00 前后是高峰时段，共发生 21 次，占总次数的 42%；其次是 20:00—24:00 和 10:00—14:00，各占总次数的 20% 和 16%；另外，在 2:00—10:00，出现次数较少，共占总次数的 8%。其中，无论是 1 h 降雨量大于或等于 50 mm 的降雨，还是 1 h 降雨量在 30～50 mm 的降雨频次峰值都发生在 14:00—16:00，其次是 16:00—18:00 和 20:00—22:00，由此可见，对于郑州这个平原城市来说，午后、傍晚前后及夜间出现短时强降雨的频率较大。

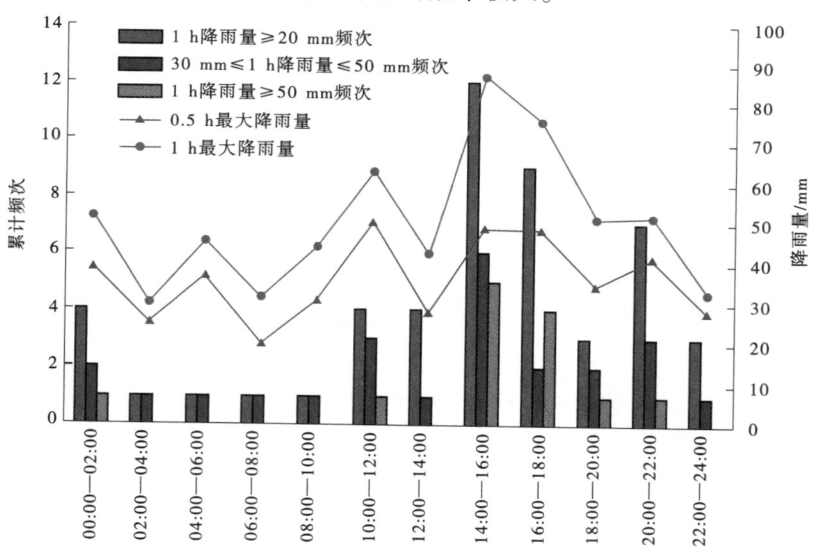

图 3-25　2011—2018 年郑州市短时强降雨日变化特征

在降雨强度方面，1 h 最大降雨量变化范围为 30～87 mm，24 h 内 1 h 最大降雨量共出现 4 次峰值，小时降雨从凌晨开始有逐渐上升的趋势，在 14:00—16:00 时段达到最大峰值 87 mm，次峰值出现在 10:00—12:00，16:00 h 之后又呈逐渐下降趋势。总体来看，最大小时降雨量表现出以 5~6 h 为周期的日变化趋势，而 0.5 h 最大降雨量变化范围为 20~50.5 mm，波动与 1 h 最大降雨量相比比较稳定，波峰没有明显的增减现象，从而导致在 14:00—18:00，1 h 最大降雨量与 0.5 h 最大降雨量形成明显的高差，由此分析 14:00—18:00 降雨强度较大，且降雨过后又值下班高峰，使城市变得更加拥堵，从而产生更多衍生性灾害。发生在夜间的降雨，即使频次较多，但由于道路车辆较少，同时城市排水系统不停运转，对人们生活造成的影响会相对减弱。

3.4.1.5　**洪涝新闻特征**

在致灾降雨发生之后，洪水的迅速集中导致路面积水严重，从而对城市交通和人民生活造成不同程度的影响，引起社会媒体关注。对此，网络新闻媒体迅速响应，有针对性地报道相关洪涝新闻，具有信息及时、准确、客观的特点。譬如，《人民日报》对于洪涝灾害新闻的叙事方法，在注重宣传抗洪救灾的同时。也重视对洪涝灾害的灾情、灾后的反思与总结等，因此利用洪涝新闻所反映出来的结构化特征和非结构化信息来研究致灾降雨的规律，具有一定的积极意义。

选取微博平台作为洪涝新闻信息的来源，主要利用网络爬虫技术获取指定降雨场次对应的微博新闻信息，为保证新闻信息的可信度和准确性，将爬取对象用户群体设定为已通过微博认证的新闻媒体，例如“大河报”“郑州交通广播”“郑州交巡警”等，设置抓取信息的地理区域为郑州市，时间节点设置为致灾降雨发生后的 12 h，可对降雨洪涝新闻实现全面的覆盖度。对于洪涝新闻的非结构化特征，重点关注新闻文本内容中关于灾情描述的词汇，如“积水严重”“交通拥堵”等，能有效表现出不同致灾降雨对城市产生的影响程度。对于城市来说，由极端降雨产生的致灾性，主要表现为路面大范围积水影响出行或其他衍生伤害，所以本书研究中将爬虫关键词设置为“积水”，针对上述的 50 场降雨，分别以降雨的发生时间为爬取新闻的时间输入，准确获取降雨前后的洪涝新闻，得到按既定格式输出的数据结果。对数据结果中重复转载的新闻信息进行剔除，保留清洗之后的新闻信息，再对信息进行结构化和非结构化特征提取。

其中，主要部分的代码如下所示：

```
def    getURL(self):
return self.begin_url_per + "? q=" + self.getKeyWord() + "&region=custom:" + self.getArea() + "&vip=1&suball=1&timescope=custom:" + self.timescope + "&Refer=g&page="
def    download(self,url,maxTryNum=4):
hasMore = True
......
keyword = "积水"    (技术关键词)
area = "41:1"    (河南省郑州市)
startTime = "2017-08-18-16:2018-8-19-12"
fileS='20180818weiboData.csv'
```

以 2017 年 8 月 18 日的场次降雨为例，格式见表 3-13。

表 3-13　爬虫获取微博新闻数据格式

媒体	时间	新闻内容
郑州交通广播	2017 年 8 月 18 日 17:48	陇海路与桐柏路……积水……
河南交通广播	2017 年 8 月 18 日 17:52	西三环建设路……积水……
郑州交巡警	2017 年 8 月 18 日 18:40	淮河路西三环……秦岭路……积水……

对网络爬虫得出的洪涝信息进行非结构化特征提取,得到所有洪涝新闻中出现的高频易涝点路段信息,并将其转化为经纬度信息,通过 GIS 平台进行可视化分析。如图 3-26 所示,现有易涝点仍处于本地区中等高程范围,郑州市东西部新建城区排水设计与当前城市化水平相符,未发生明显内涝情况。易涝点主要集中在郑州市中心城区,其中建设路、陇海路及桐柏路路段容易形成大范围积水,严重影响车辆通行速度,尤其当面临上下班高峰期时,雨天路滑,能见度减小,容易造成交通事故,进一步影响车辆通行甚至会导致交通系统瘫痪,给市民生活带来严重困扰。但老城区易涝点实际地势高程与郑州区域地形较低点仍有一定距离,具备可改造升级的更新空间,可以逐步重新设计排水路线,增大排水能力。对于低地势地区,不具备排水路线或排水能力有限,则应提前预备弹性空间,尤其预防出现上游排水通畅后下游排水管道负荷增大、未排出的积水与周围湖泊水体连成一片,避免次生灾害的出现。因此,地势低处易涝点是提前规划的内容。另外,易涝点的分布并未涉及沿河路径,城区内原有天然路径的汇水仍正常进行,说明易涝点的形成可能是由于局部高地阻隔或坡度较缓所致,使雨水不能快速流向下游。及时排出多余积水还需要充分利用本地高程差从而形成有效的重力排水效果。

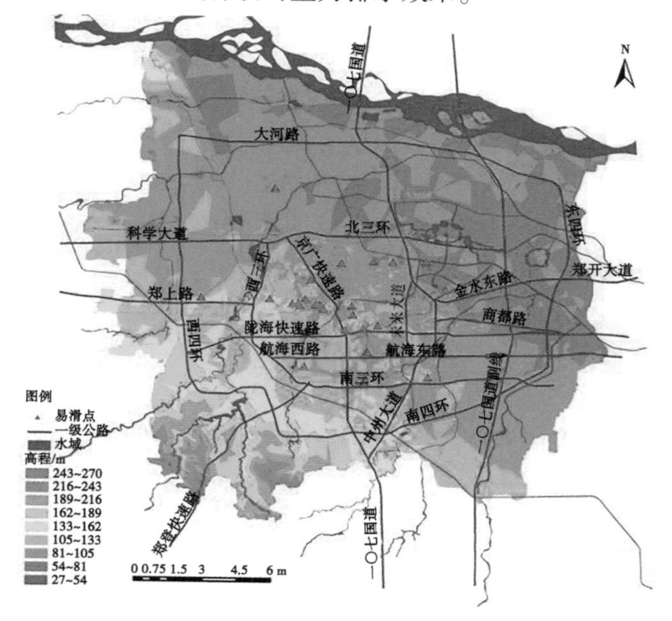

图 3-26　易涝点可视化展示

对网络爬虫得出的洪涝信息进行非结构化特征提取,得到50场降雨分别对应的新闻数量,与降雨量之间建立相关拟合关系,如图3-27所示,随着降雨量的增加,微博新闻数量也呈线性增加趋势。当某场降雨1 h最大降雨量小于30 mm时,对应的微博报道也较少;随着降雨量的增加,相关新闻报道也随之增加;当降雨量达到30 mm时,新闻报道量会产生突变点。以此为据,统计了1 h降雨量大于30 mm的降雨场次,见表3-14,即将此34场降雨场次初步判定为致灾降雨事件,进一步进行峰值雨强特征分析。

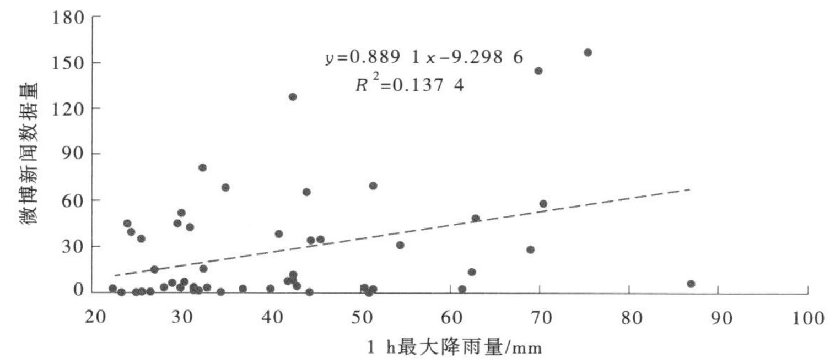

图3-27　1 h最大降雨量与微博新闻数据量相关性统计

表3-14　34场初步判定致灾降雨事件表

降雨日期(年-月-日)	降雨时刻	降雨量/mm	降雨日期(年-月-日)	降雨时刻	降雨量/mm
2011-07-26	14:50—15:50	87.0	2015-08-29	15:30—16:30	40.0
2011-07-21	12:30—14:30	53.0	2016-06-05	20:10—23:10	65.0
2011-08-11	01:30—04:30	65.0	2016-06-14	01:20—04:20	70.0
2011-08-16	07:00—08:20	34.5	2016-07-09	15:10—18:40	41.5
2012-04-24	11:00—17:00	56.0	2016-07-19	14:00—18:00	91.0
2012-07-04	14:10—20:10	36.0	2016-08-01	16:30—18:00	68.5
2012-08-27	04:00—10:00	52.5	2016-08-05	15:10—16:20	72.5
2013-06-06	21:00—21:40	43.0	2016-08-19	18:50—21:30	67.5
2013-07-14	01:50—04:10	31.0	2016-11-08	10:30—12:40	40.5
2013-08-07	16:40—18:10	95.0	2017-07-06	13:00—18:10	35.0
2013-08-11	08:00—09:20	52.0	2017-07-18	14:20—16:10	43.5
2014-06-19	15:00—16:30	33.0	2017-08-07	14:40—15:40	42.0
2014-07-29	17:00—18:00	43.0	2017-08-12	14:50—17:30	64.5
2015-07-07	09:50—10:40	37.0	2017-08-18	16:00—18:00	80.5
2015-07-22	18:00—19:00	44.5	2017-08-19	00:50—04:30	58.0
2015-08-03	14:30—20:10	58.5	2018-08-01	11:20—12:10	63.0
2015-08-26	17:40—18:10	30.5	2018-08-10	21:30—22:10	31.5

3.4.1.6　峰值雨强特征

峰值雨强特征是指某降雨场次在指定降雨历时的统计时段内最大累计降雨量,能有效反映降雨时程的分布特征和致灾规律。

在短时强降雨的基础上，结合降雨场次引起的社会关注度，对初步判断为致灾降雨的34场降雨样本进行峰值雨强特征分析，统计时段分别选取20 min、20 min至1 h和1 h以上，如图3-28所示，大部分降雨主要降雨时长集中在20 min或1 h之内，发生时间为6—8月，正值西太平洋副热带高压脊西升北抬影响黄淮流域之时，从而造成郑州暴雨频发。

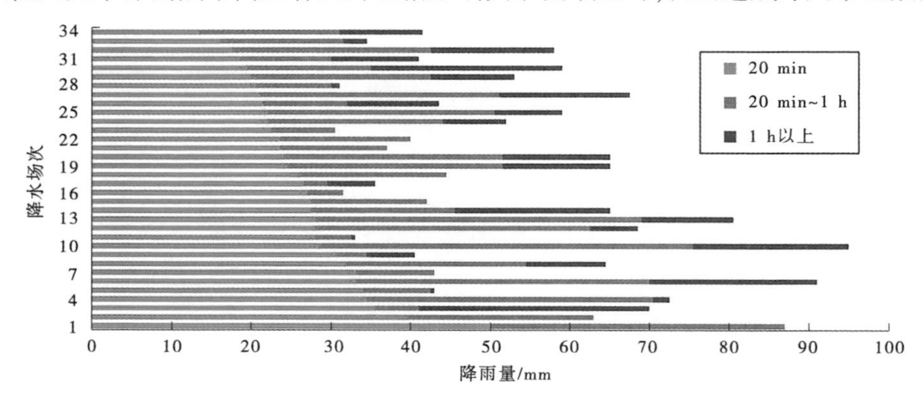

图3-28　2011—2018年郑州市34例降雨事件峰值雨强统计

现有资料未发现持续6 h以上的强降雨，降雨时长主要集中在1 h以内，分析1 h最大降雨量与总降雨量之间的相关性，结果如图3-29所示，1 h最大降雨量与总降雨量之间的相关性较大，R^2值为0.801 6，说明1 h降雨量特征可有效代表场次降雨特征。此外，图3-28中发现最大20 min降雨占比也较高。因此，在选择城市致灾降雨特征研究时，选用最大1 h降雨量代表场次雨量是合理的，而最大20 min降雨量可用来代表场次降雨雨强特征。

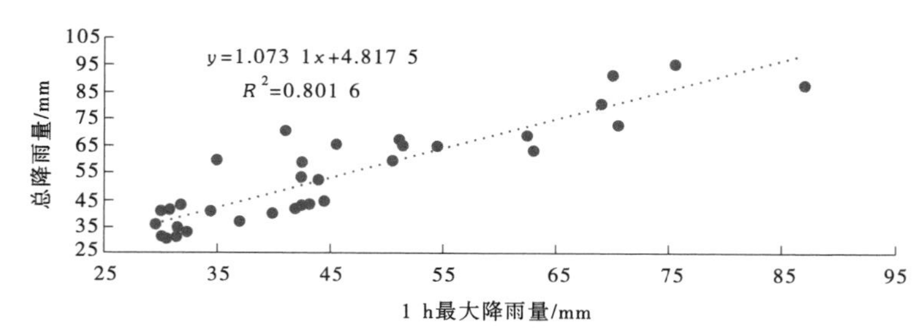

图3-29　1 h最大降雨量与总降雨量相关性统计

3.4.2　划分高强度降雨区域

3.4.2.1　IDF曲线

IDF（intensity-duration-frequency）曲线是指强度-历时-频率曲线，是基于暴雨强度公式确定的，能有效反映降雨事件的雨强和雨量特征，因此选用IDF曲线来划分高强度降雨区域，从而区分致灾降雨事件的致灾特征。

暴雨强度公式是城市排水系统规划与设计的基本依据之一，它对城市的排水排涝及防洪工程有着重要的指导意义，研究所需郑州市暴雨强度公式选用许拯民在2014年的推求结果，采用年最大值法选样，降雨历时范围为5～1 440 min，设计重现期为2～100年，总

公式为

$$i = \frac{32.9(1 + 0.956\lg P)}{(t + 24.8)^{0.929}} \tag{3-9}$$

式中：P 为设计重现期；t 为降雨历时。

基于此公式，计算并绘制郑州市 IDF 曲线，利用 IDF 曲线有助于充分考虑城市致灾降雨的整体特征，克服单个降雨过程散乱的不足，总结致灾降雨的特征规律，增加城市防洪预警的经验。

3.4.2.2　高强度降雨区域

划分高强度降雨区域，旨在从致灾成因角度区分短时强降雨的降雨过程特征和暴雨致灾特征，本书研究以郑州市 2 年一遇曲线和 50 年一遇曲线为例，认为填充区域为高强度降雨区域，如图 3-30 所示。

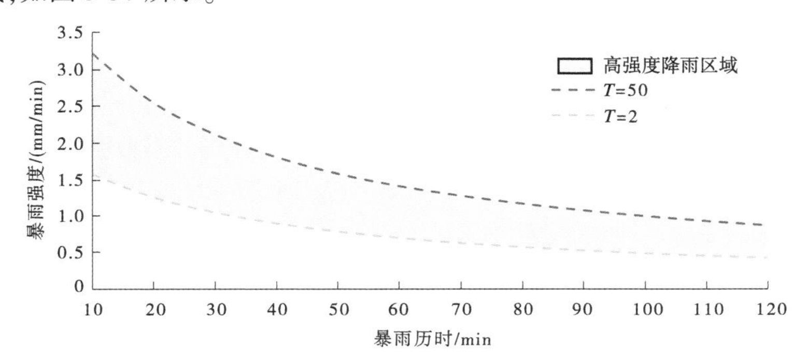

图 3-30　郑州市 IDF 曲线与高强度降雨区域图

3.4.3　致灾降雨与 IDF 曲线对比

在初步判定为郑州市致灾降雨事件的 34 场降雨过程中，指定 10 min 为降雨历时步长，降雨历时依次为 10 min、20 min、30 min、…以此递增至此场降雨总历时结束，统计其选定历时内的最大平均雨强，继而以雨强为纵坐标，以历时为横坐标，点汇得到场次降雨的强度-历时曲线，将所有同类型致灾场次降雨的强度-历时曲线绘制在同一坐标系下，与郑州市标准 IDF 曲线进行总体的对比分析，结果如图 3-31 所示。

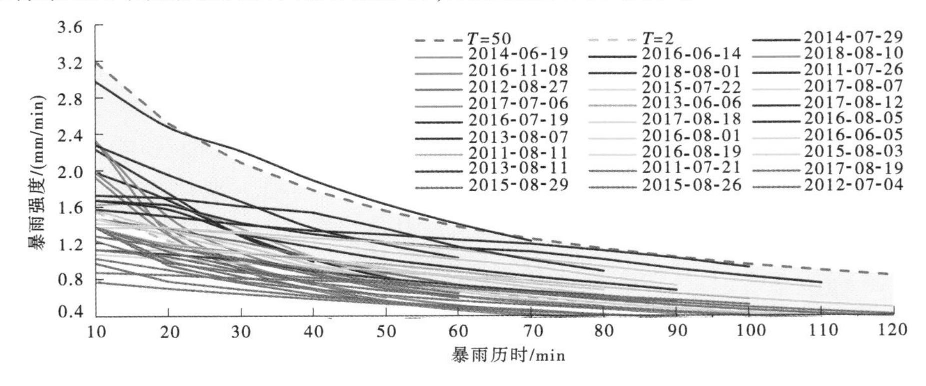

图 3-31　郑州市 34 例降雨暴雨强度-历时曲线对比图

通过对比,发现在通过洪涝新闻信息初步判定的 34 场致灾降雨中,其暴雨强度-历时曲线由于降雨特征的不同,从而与高强度降雨区域呈现出不同的嵌入形态,可分为四大类,如表 3-15 所示。

表 3-15　不同致灾降雨与高强度降雨区域的嵌入形态特征

类别	嵌入形态特征	
	0~20 min	20~60 min
一	嵌入	未嵌入
二	未嵌入	嵌入
三	嵌入	嵌入
四	未嵌入	未嵌入

其中,第一类降雨的暴雨强度-历时曲线用红色表示,其特征主要表现为在 0~20 min 之间嵌入高强度降雨区域,但 20~60 min 会滑出高强度降雨区域;第二类降雨的暴雨强度-历时曲线用黄色表示,其特征主要表现为在 0~20 min 未嵌入高强度降雨区域,但随着降雨历时的增加,会在 20~60 min 嵌入高强度降雨区域;第三类降雨的暴雨强度-历时曲线用深蓝色表示,其特征主要表现为在 0~60 min 一直保持完全嵌入高强度降雨区域的状态;第四类降雨的暴雨强度-历时曲线用灰色表示,其特征主要表现为在 0~60 min 从未嵌入过高强度降雨区域。

3.4.4　致灾降雨类型及阈值

对于上述不同致灾降雨与高强度降雨区域的嵌入形态特征结果,从成因角度进行致灾降雨类型划分和阈值确定。

分析第一类降雨,如图 3-32 所示,发现此类降雨强度-历时曲线从左边嵌入高强度降雨区域,整体曲线走势较陡。在 20 min 历时内,暴雨强度总体高于 2 年一遇的降雨标准,而在降雨历时达到 20 min 时,本类型致灾降雨最大 20 min 降雨量为 25~50 mm。随着降雨历时的增加,部分降雨曲线降落迅速,逐渐滑出高强度降雨区域。由此可见,此类型强降雨强度集中在 20 min 前后,且多为单峰雨型,具有骤发性的特点,同时结合前述郑州市致灾降雨峰值雨强特征描述,可考虑将 10 min 降雨量作为定量预警,20 min 降雨量作为确认致灾降雨预警的重要指标。即当某场降雨 10 min 降雨量在 15 mm 以上,可作为致灾降雨预警提示;当 20 min 累计降雨量达到 25 mm 及以上时,确认为致灾降雨,否则警报解除。因此,认为此类型降雨致灾原因为雨强集中导致,分类为雨强致灾类型降雨。

分析第二类降雨,如图 3-33 所示,与雨强致灾类型相比,整体曲线走势明显变缓,说明雨强分布相对均匀,有较长时间强度大于 1 mm/min 的降雨。此类降雨暴雨强度-历时曲线在 20 min 之前未进入高强度降雨区域,且 10 min 暴雨强度未达到两年一遇降雨标准,但随着降雨历时的增加,降雨量也持续性增加,20~60 min 平滑嵌入高强度降雨区域,暴雨强度也逐渐达到 2 年一遇降雨标准甚至更高。由此可见,此类型致灾降雨强度均匀分布,多为均匀雨型,具有持续性的特点,60 min 降雨量变化范围为 40~51. 5 mm,同时结合前述郑州市致灾降雨峰值雨强特征描述,当某场降雨在 60 min 内降雨量达到 40 mm

时,可作为致灾降雨预警提示,由此认为该致灾降雨类型是雨量致灾。因此,认为此类型降雨致灾原因为持续性均匀降雨量累积导致的,分类为雨量致灾类型降雨。

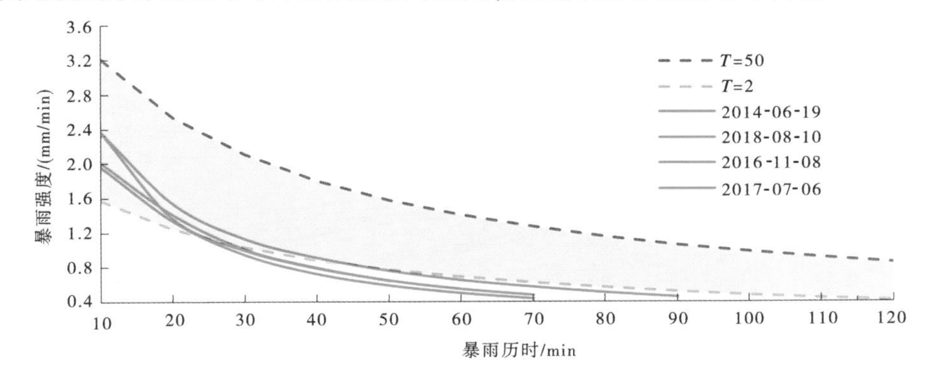

图 3-32　雨强致灾类型降雨与 IDF 曲线对比

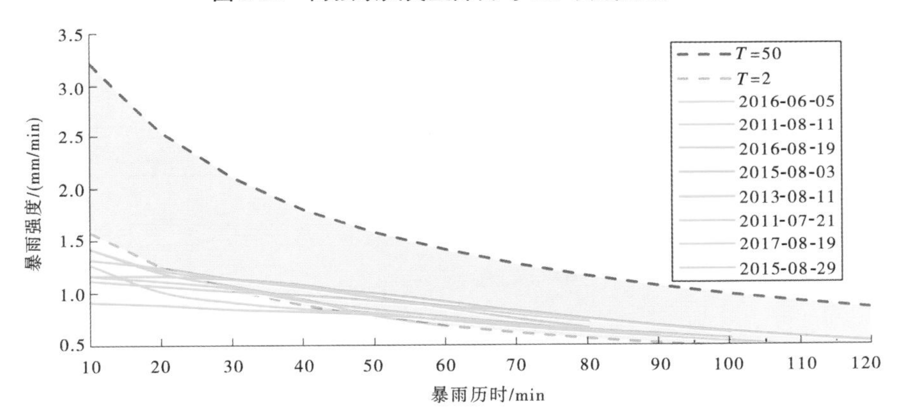

图 3-33　雨量致灾类型降雨与 IDF 曲线对比

分析第三类降雨,如图 3-34 所示,发现此类降雨强度-历时曲线完全嵌入高强度降雨区域,整体曲线走势或陡或缓。部分降雨嵌入高强度降雨区域后,急速下降,也有部分降雨嵌入高强度降雨区域后,持续保持强度大于 1.4 mm/min 的降雨,且历时较长,降雨标准都高于 2 年一遇降雨标准,甚至能达到 50 年一遇的降雨标准。由此可见,此类型降雨综合了雨强致灾降雨和雨量致灾降雨的双重特征,不仅暴雨强度集中,而且持续时间较长,60 min 降雨量变化范围为 41.5~83.5 mm,结合前述郑州市致灾降雨峰值雨强特征描述,认为该致灾降雨类型是双致灾。因此,此类型降雨致灾是持续性高强度降雨双重作用下导致的,分类为双致灾类型降雨。

分析第四类降雨,如图 3-35 所示,发现此类型降雨整体曲线走势与雨量致灾类型降雨较为接近,雨强分布比较均匀,但均未嵌入高强度降雨区域,说明总累计降雨量较小,1 h 降雨量变化范围为 30~38.5 mm,同时结合前述对应场次降雨的洪涝新闻特征,得到的网络新闻量较少,引起社会关注度较低,对城市影响较小,因此认为此类降雨不具备致灾性,分类为不致灾类型降雨。

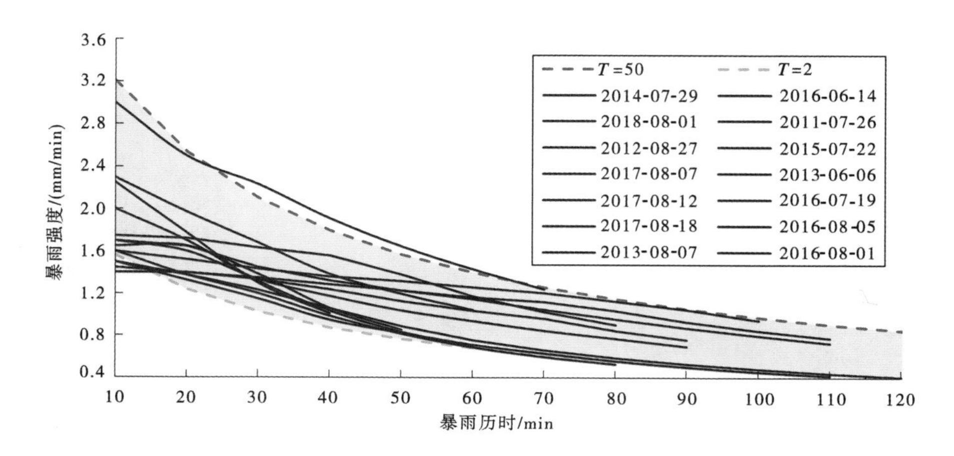

图 3-34　双致灾类型降雨与 IDF 曲线对比

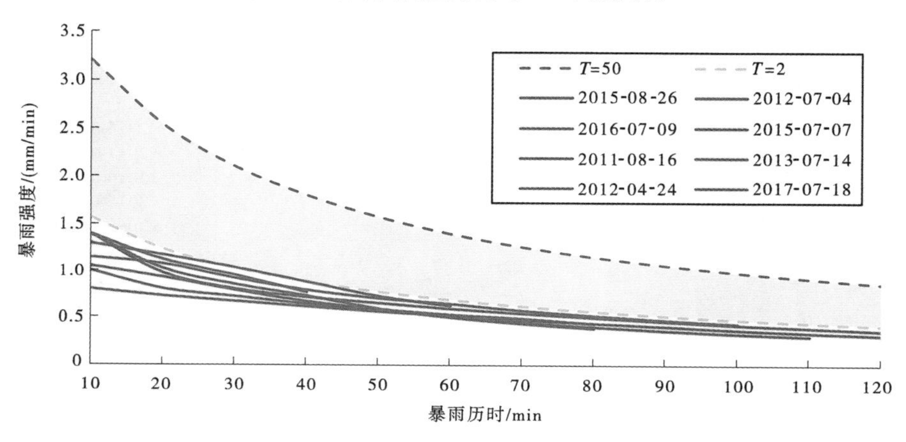

图 3-35　不致灾类型降雨与 IDF 曲线对比

综上所述,可将郑州市具有致灾性的降雨从成因角度分为四类,即当某场降雨最大 20 min 降雨量大于或等于 25 mm 且最大 60 min 降雨量小于 40 mm 时,划分为雨强致灾降雨;当某场降雨最大 20 min 降雨量小于 25 mm 且最大 60 min 降雨量大于或等于 40 mm,时划分为雨量致灾;当某场降雨最大 20 min 降雨量大于或等于 25 mm 且最大 60 min 降雨量大于或等于 40 mm 时,划分为双致灾;当某场降雨最大 20 min 降雨量小于 25 mm 且最大 60 min 降雨量小于 40 mm 时,划分为不致灾,将不同类型对应的致灾降雨阈值进行量化总结,如表 3-16 所示。

表 3-16　致灾降雨类型及阈值

致灾类型	致灾阈值
雨强致灾	$P_{max}(20\ min) \geqslant 25\ mm \cap P_{max}(60\ min) < 40\ mm$
雨量致灾	$P_{max}(20\ min) < 25\ mm \cap P_{max}(60\ min) \geqslant 40\ mm$
双致灾	$P_{max}(20\ min) \geqslant 25\ mm \cap P_{max}(60\ min) \geqslant 40\ mm$
不致灾	$P_{max}(20\ min) < 25\ mm \cap P_{max}(60\ min) < 40\ mm$

第 4 章　城市暴雨洪涝灾害数据管理本体模型

随着大数据时代的到来,城市洪涝灾害过程产生的数据呈爆炸式增长,这些数据量大、来源广泛、结构多变,传统的方法无法应对海量数据的处理。本章主要运用本体理论与方法,从时间关系、空间关系及语义关系三方面,解析城市洪涝灾害数据间的相互关系,建立城市洪涝数据整合管理本体模型,解决目前城市洪涝数据分布散乱、格式不统一等问题,以实现数据集成、共享和统一管理。

4.1　本体模型概述及构建框架

4.1.1　本体模型概述

本体(Ontology)的概念起源于哲学,形象地说本体拥有一个金字塔形结构:它是由"是什么(What)""什么时间(When)""在哪里(Where)"这样的数据构成每一个"本体"知识,每一个"本体"都具有自身的分类学(Taxonomy)对象和组分学(Partonomy)对象,如图 4-1 所示。

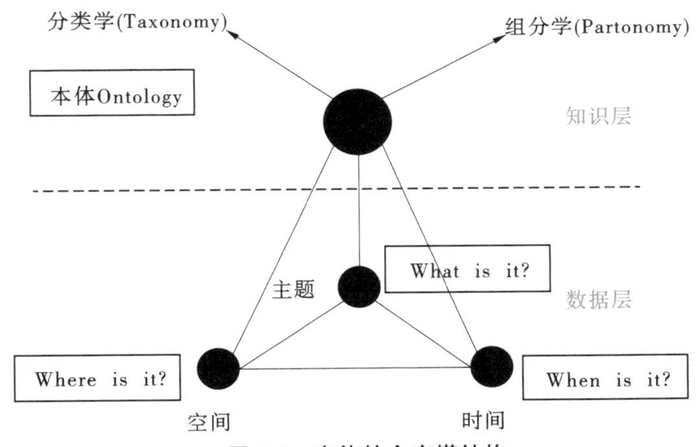

图 4-1　本体的金字塔结构

由图 4-1 可以看出,本体在结构上可以分为知识层和数据层。其中,知识层是用以描述数据所在领域内的知识体系,便于更加科学地进行数据管理。数据层是将数据以一定的属性信息进行管理的架构,便于数据的高效利用。因此,采用本体理论方法进行城市要素对暴雨洪涝灾害的影响机制模型构建,具有以下优势:①能够采用统一的语义描述规则进行研究所涉及的多源异构数据整合管理,实现多源异构数据的有效利用;②在满足多源异构数据整合管理的基础上,同时融入城市要素对暴雨洪涝灾害损失的影响关系,提高数据整合模型的科学性;③以语义描述规则建立的本体模型具有较好的开放性,能够有效实现与其他模型的耦合,便于数据的重复利用,为进行城市要素对暴雨洪涝灾害损失的影响关系量化提供基础。

在城市要素对暴雨洪涝灾害的影响机制本体模型结构中,知识层以影响机制的组成部分为知识概念体系,即城市要素和暴雨洪涝灾害损失。在此基础上,建立城市要素和暴雨洪涝灾害损失的关系,一方面包括城市要素对暴雨洪涝灾害损失的影响关系,另一方面依据数据层的时空属性,包括城市要素和暴雨洪涝灾害损失的数据关系。因此,基于城市要素对暴雨洪涝灾害的影响机制,结合城市暴雨洪涝灾害风险管理对数据保障的要求,提出融合影响关系和数据关系的城市要素对暴雨洪涝灾害的影响机制本体模型构建方法。

4.1.2　城市暴雨洪涝本体模型的构建框架

用于构建本体的方法和语言是否适当直接影响所构建的本体模型质量。本体的概念提出以来,陆续出现了多种构建本体的方法和语言。按照构建方式的不同,将已有的构建方法主要分为三类:①人工构建法,如 IDEF5 法、骨架法等。这类方法主要用于企业、化学领域本体构建,为本体构建方法提供了具体的流程、框架和模型,但这些方法都没有循环迭代流程;②半自动化构建方法,如七步法、五步循环法等。此类方法均支持本体的循环迭代过程,其中七步法是基于本体的可视化软件 Protege 开发,应用较为广泛,是目前最主流的方法;③本体重用方法,如 KACTUS 法、SENSUS 法等。此类方法是在已有本体的基础上进行调整和扩充,目的是提高本体的重用率。但随着本体在科学领域研究中的不断应用,不同研究目标对本体的功能需求不同,构建本体模型的方法也未趋于统一,且目前尚未形成成熟的城市要素对暴雨洪涝灾害的影响机制本体模型的构建方法。基于此,采用相对成熟和主流的七步法进行城市要素对暴雨洪涝灾害的影响机制本体模型的构建。

在构建语言上,构建本体的语言众多,多数语言都是基于 XML(extensible markup language)发展起来的,其中应用较为广泛的有 RDF(resource description framework)和 OWL(web ontology language)。但 XML 会被数据的不同组成方式所影响,RDF 语言本身不提供定义性质和概念关系的机制,OWL 在拓展 RDF 的基础上提供概念关系及属性的定义。能够基于 OWL 语言创建本体模型的软件主要有 OntoEdit、OilEd 和 Protege。但 OntoEdit 和 OilEd 相比较 Protege 而言,缺乏综合性和用户友好性。此外,Protege 还可以通过自动生成来定义本体结构,促进知识的获取。因此,选择 OWL 语言进行本体模型构建,采用斯坦福大学开发的 Protege 软件,建立概念定义完全、层级分明,包含影响关系和数据关系的城市要素对暴雨洪涝灾害的影响机制本体模型。

由于城市要素对暴雨洪涝灾害损失的影响关系复杂,指标数据众多,涉及不同时间、空间、结构和来源等,且城市洪涝暴雨灾害及其关联城市要素研究方面现无可重用的本体模型。因此,基于城市要素的暴雨洪涝灾害影响关系和数据关系特性,提出了城市要素对暴雨洪涝灾害的影响机制本体模型构建方法,构建过程如图 4-2 所示。

根据图 4-2,城市要素对暴雨洪涝灾害的影响机制本体模型构建流程主要包括以下七个步骤:

(1)需求分析。基于城市要素对暴雨洪涝灾害损失的影响关系建立和数据整合管理的目标,确定城市要素对暴雨洪涝灾害的影响机制本体模型的构建需求,是在实现城市要素和暴雨洪涝灾害损失指标数据整合管理的基础上,融入城市要素对暴雨洪涝灾害损失的影响关系及其数据关系。

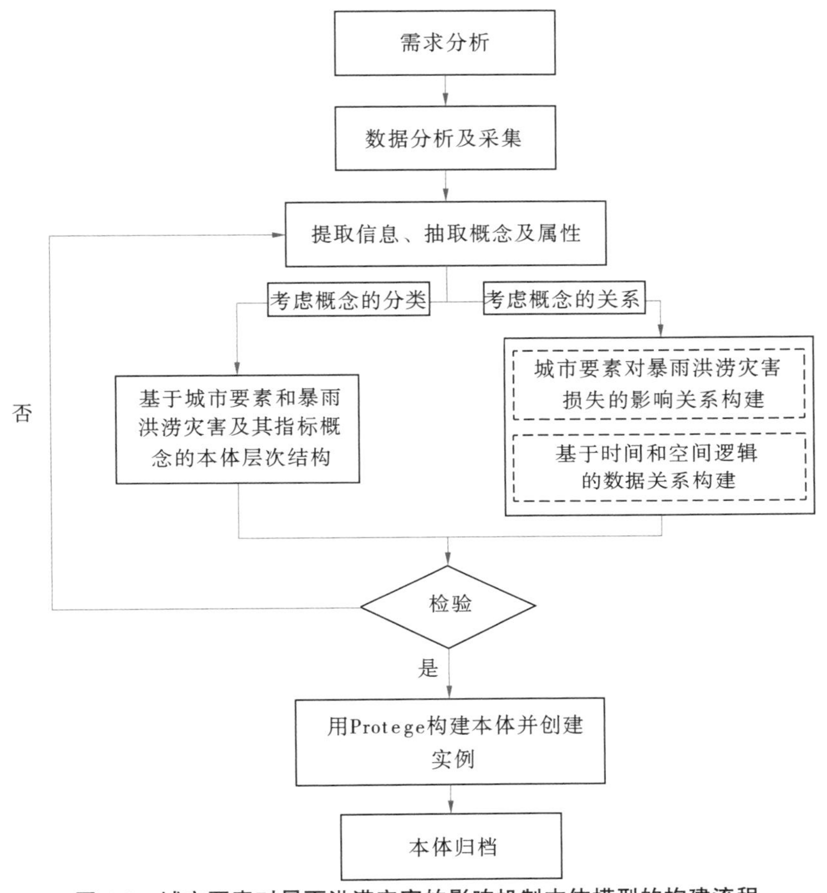

图 4-2　城市要素对暴雨洪涝灾害的影响机制本体模型的构建流程

(2)数据分析及采集。收集市域和街区尺度的城市要素和暴雨洪涝灾害损失指标的数据及信息。

(3)提取信息、抽取概念及属性。依据城市暴雨洪涝灾害关联的城市要素辨识结果和指标体系,对城市要素和暴雨洪涝灾害损失的概念和数据属性(如时间、空间等)进行分析,定义本体模型的语义概念体系及概念属性。

(4)判断概念与概念之间的分类及关系。依据城市要素的构成情况和城市要素对暴雨洪涝灾害损失的影响机制内容,构建本体模型概念的层次结构;建立市域和街区尺度下的城市要素对暴雨洪涝灾害损失的影响关系,确定本体模型的语义关系;判断城市要素和暴雨洪涝灾害损失之间的数据关系,确定本体模型数据的时间关系和空间关系。

(5)本体结构检验。利用本体构建准则检验城市要素对暴雨洪涝灾害的影响机制本体是否符合标准,包括概念是否清晰、前后是否一致、是否具备可扩展性、是否符合编码偏好程度最小原则和极小本体约定五项准则。若不符合,返回概念和属性提取阶段,直至满足要求。

(6)本体模型构建:用 Protege 软件构建城市要素对暴雨洪涝灾害的影响机制本体模型。

(7)本体模型保存:对本体进行归档,便于后续重用。

4.2　城市暴雨洪涝本体模型的语义概念层次结构及属性

4.2.1　城市暴雨洪涝本体模型的语义概念层次结构

城市要素对暴雨洪涝灾害的影响机制本体的概念层次结构设计是将领域知识与数据建立关系的关键步骤。其层次结构是数据整合的上层框架,将来源广泛的数据归置到对应概念,通过为概念建立关系的方式将数据联系起来。因此,城市要素对暴雨洪涝灾害的影响机制本体的全面性、可重用性、可推理性是模型构建过程中需要考虑的重点。本体模型层次结构设定主要分为两个步骤:①提取构成本体模型的相关概念合集;②确定模型层数及各概念所处层级。

在城市要素对暴雨洪涝灾害的影响机制本体中,为实现模型的全面性,概念范围设定为城市要素对暴雨洪涝灾害影响机制的研究主体,即城市暴雨洪涝灾害形成过程关联的主要城市要素和灾害损失;为提高模型的可重用性,概念名称以城市要素和暴雨洪涝灾害损失及指标的常用名称为主,相关标识符号参考行业内相关标准确定;为兼顾模型可推理性,将模型结构设定为五个层级,如图 4-3 所示。

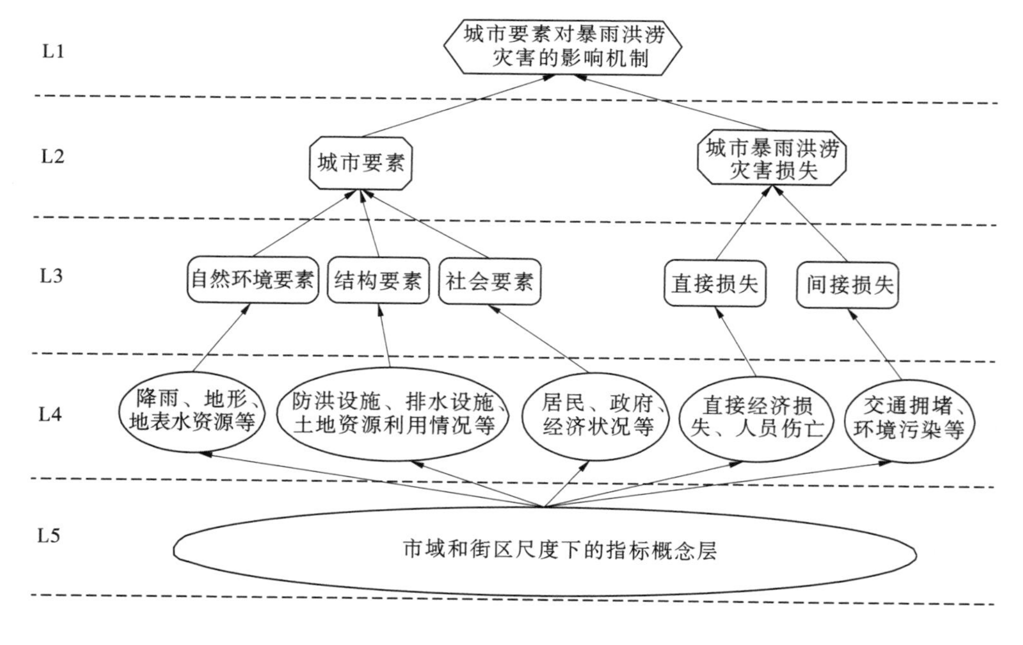

注:其中 L5 层在图 4-4 中详细描述。

图 4-3　城市暴雨洪涝灾害数据的本体层次结构

由图 4-3 可知,在城市对暴雨洪涝灾害的影响机制本体中,概念层级共五层,上下层级的概念属于隶属关系,每一层级的概念属于平行关系。其中,L1 表示城市要素对暴雨洪涝灾害的影响机制本体相关概念的扩展目标,是概念结构关系的最高层次;L2 表示城市要素对暴雨洪涝灾害影响机制的组成部分,包括城市要素和暴雨洪涝灾害损失两个部分;L3 和 L4 表示第 3 章“社交媒体中城市洪涝数据的挖掘方法与应用”中对城市要素和暴雨洪涝灾害损失的构成要素概念的进一步提取;L5 表示 L4 要素分别在市域尺度和街区尺度下的指标体系概念。由于 L4 和 L5 涉及概念较多,故在图 4-3 中未做详细描述。

以城市要素下的自然环境要素为例描述 L4 和 L5 层级结构,如图 4-4 所示。其中,L4 和 L5 中的概念是由城市暴雨洪涝灾害关联的城市要素及其指标名称构成的,L5 中概念是表征 L4 中相关概念的指标名称,包括市域尺度下的指标名称和街区尺度下的指标名称。

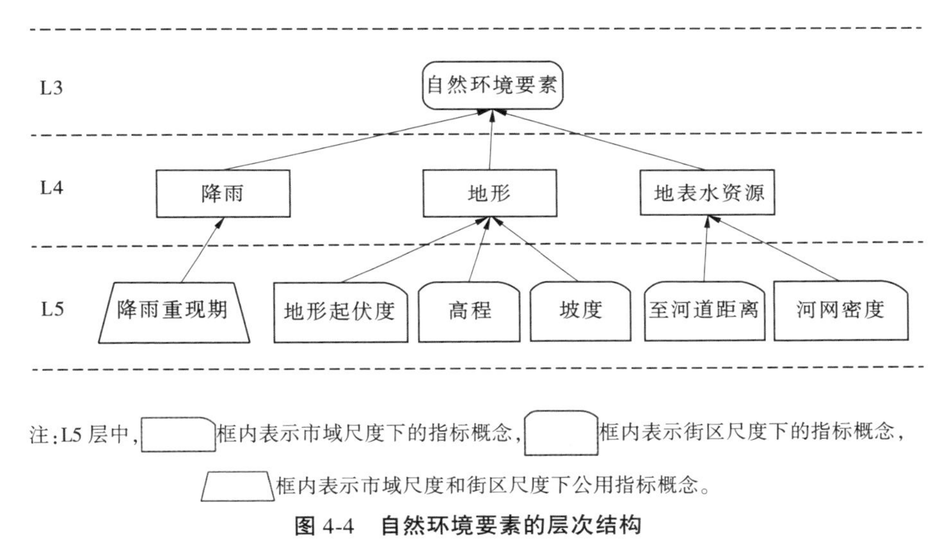

图 4-4　自然环境要素的层次结构

至此,构建了五个层次的城市要素对暴雨洪涝灾害的影响机制本体模型结构,形成了本体模型架构中的概念体系。

4.2.2　基于数据格式特点的本体模型的语义概念属性

在将数据归置到概念的过程中,面对格式类型多样的数据,如何进行规范化组织是需要进一步解决的问题。概念属性信息是城市要素对暴雨洪涝灾害的影响机制本体概念的重要内容,是对概念下属数据的具体描述。将具有描述性的数据格式作为概念属性,是本体模型构建过程中常采用的方法。考虑数据格式特性和城市暴雨洪涝灾害的时空异质性,将模型概念属性划分为数据标识信息、时间信息和空间信息,如表 4-1 所示。

表 4-1　城市要素对暴雨洪涝灾害的影响机制本体的概念属性

属性类别	属性名称	解释说明
数据标识信息	值	表示指标值
	类型	表示指标数据所属类型
	标题	表示某指标数据表格式数据的文件标题
	关键词	表示某指标网络数据爬虫涉及的关键词
	标识码	表示某指标图片数据的唯一标识码
	尺度	表示某指标图片、栅格数据的测量尺度
时间信息	年	表示数据采集时间
	月	
	日	
	时	
	分	
	秒	
	毫秒	
空间信息	省	表示数据对应地点
	市	
	区	
	经度	
	纬度	

从表 4-1 可以看出,由于城市暴雨洪涝灾害关联数据的多源异构性,将数据标识信息分为类型、标题、关键词、标识码、尺度五个部分,对数据格式属性进行了约束。同时,由时间信息属性和空间信息属性对数据进行时间和地点的限制性描述。通过属性信息界定各指标数据的构成模式,有助于数据的快速整合与查找。

4.3　城市暴雨洪涝本体模型的影响关系构建

本体模型的核心是概念,它所描述的是概念和概念之间的关系。在城市要素对暴雨洪涝灾害的影响机制本体模型中,概念为城市要素和暴雨洪涝灾害的概念体系,则概念间的语义关系可用城市要素对暴雨洪涝灾害的影响关系来表示。

4.3.1　市域尺度下城市要素对暴雨洪涝灾害的影响关系

市域尺度下城市要素对暴雨洪涝灾害的影响关系来源于市域尺度下城市要素各指标对灾害经济损失的影响情况,具体分析如下。

4.3.1.1　城市主要自然环境要素对暴雨洪涝灾害的影响关系

城市暴雨洪涝灾害关联的主要自然环境要素为天气、地形和地表径流，其在市域尺度下对应的指标分别为降雨重现期、地形起伏度和河网密度。其中，降雨重现期表示特定降雨强度的重现期，降雨重现期越大表示有越高的降雨强度。降雨是城市暴雨洪涝灾害的直接驱动要素，降雨强度直接影响着暴雨等级，越高的降雨强度会越容易造成超渗产流，提高单位时间的径流量，加速积水的形成，从而快速造成淹没损失，故降雨重现期对城市暴雨洪涝灾害经济损失有正向影响。一定降雨条件下，地形对产流、汇流过程起到决定性作用，其中地形起伏度（地形坡降）越大，产流、汇流越快，洪水过程线越"瘦高"，因而对于城市暴雨洪涝灾害的经济损失具有正向影响。通常情况下，河网密度越大，容纳城市洪涝水量的能力越大，排出城市洪涝的速度也越快，因而对于城市暴雨洪涝灾害经济损失具有负向影响。

4.3.1.2　城市主要结构要素对暴雨洪涝灾害的影响关系

城市暴雨洪涝灾害关联的主要结构要素为排水设施、防洪设施、土地资源利用工程、交通设施。排水管网密度决定了城市洪涝排出地面的速度和效率，与河网密度相似，其对于城市暴雨洪涝灾害的经济损失具有负向影响。防汛工程的物资投入水平对城市防汛减灾能力起到关键作用，投入水平越高，城市防灾、应灾能力越强，因而对于城市暴雨洪涝灾害的经济损失具有负向影响。建设用地占比、绿化覆盖率和道路面积占比等三个指标是影响城市下垫面情况的主要因素，与天然土地或者草地相比，建设用地和道路的蓄水能力和下渗速度更低，其产流和汇流过程更快，同等降雨条件下的洪水过程线峰值越高、出现时间越靠前，因而建设用地占比和道路面积占比对城市暴雨洪涝灾害的经济损失具有正向影响；而绿化用地则相反，其蓄滞降雨的能力更强，尤其不容易出现超渗产流，因而绿化覆盖率对城市暴雨洪涝灾害的经济损失具有负向影响。

4.3.1.3　城市主要社会要素对暴雨洪涝灾害的影响关系

城市暴雨洪涝灾害关联的主要社会要素为居民、政府、经济、文化、信息。通常情况下在城市尺度内，人均经济水平变化不大，因而该区域人口密度越大，区域内的经济量越大，同等城市洪涝条件下越容易产生更多的损失。但是人口密度越大，可投入的救灾能力越集中，也可有效降低经济损失。因此，人口密度对于城市暴雨洪涝灾害的经济损失兼具正向和负向影响。GDP 对城市暴雨洪涝灾害经济损失的作用与人口密度相似，在城市洪涝条件相似的情况下，GDP 水平越高的城市通常所遭遇的损失一般也越大，但是其投入防洪救灾的人员、设备也越多，防灾减灾能力更强，当损失率得到有效控制时，损失反而有可能更少，因此 GDP 对于城市暴雨洪涝灾害的经济损失也兼具正向和负向影响。人力投入水平和教育科研技术投入水平越高，防灾减灾能力越强，可有效降低经济损失，因而人力投入水平和教育科研技术投入水平对经济损失具有负向影响。

综合上述分析，市域尺度下城市要素对暴雨洪涝灾害的影响关系可分为三类：正向影响关系、负向影响关系及兼具正向和负向的影响关系。城市要素对暴雨洪涝灾害有正向影响关系的指标包括：降雨重现期、地形起伏度、建设用地占比和道路面积占比。城市要素对暴雨洪涝灾害有负向影响关系的指标包括：河网密度、排水管网密度、防汛工程物资投入水平、绿化覆盖率、人力投入和教育科研技术投入水平。城市要素对暴雨洪涝灾害兼具正向和负向影响关系的指标包括：人口密度和 GDP。基于此，构建市域尺度下城市要素对暴雨洪涝灾害经济损失的影响关系体系如图 4-5 所示。

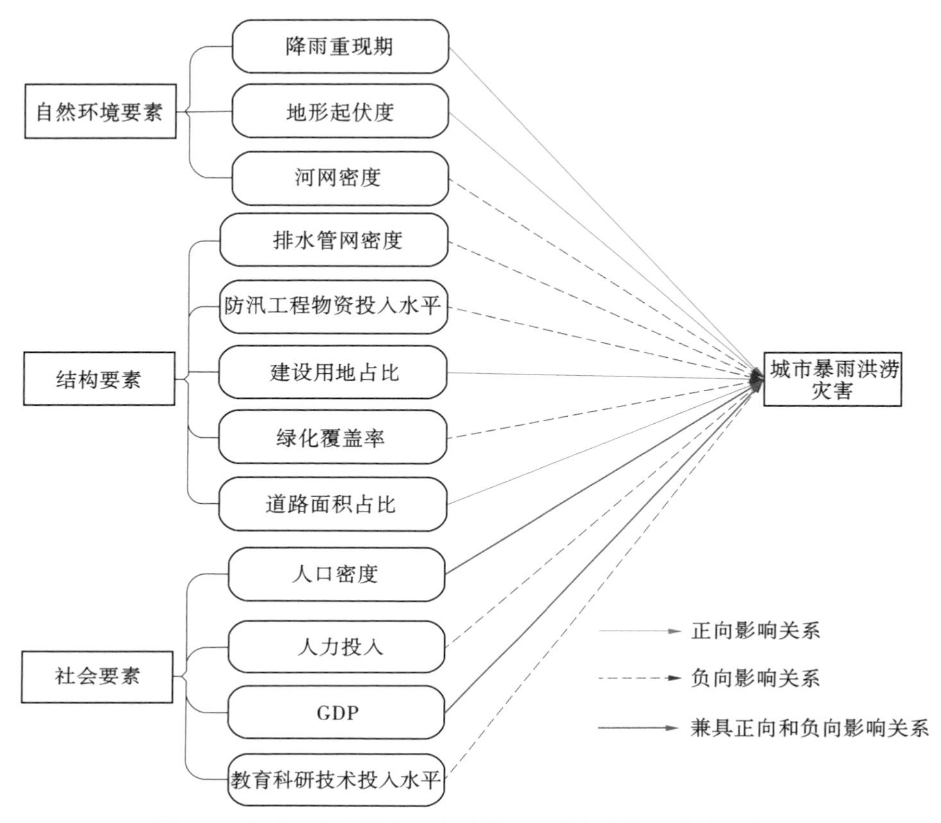

图 4-5　市域尺度下城市要素对暴雨洪涝灾害的影响关系体系

4.3.2　街区尺度下城市要素对暴雨洪涝灾害的影响关系

街区尺度下城市要素对暴雨洪涝灾害的影响关系来源于街区尺度下城市要素各指标对灾害经济损失和交通通行状况的影响情况，具体分析如下。

4.3.2.1　城市主要自然环境要素对暴雨洪涝灾害的影响关系

与市域尺度相一致，降雨重现期和坡度，会对洪涝过程和洪涝严重程度产生直接影响，进而影响经济损失和城市交通通行状况，不同的是降雨重现期对经济损失和交通情况起正向影响；而街区尺度下坡度越大，该区域内的积水越容易排出，所以对经济损失和交通的情况起负向影响。同一城市内，街区高程越高，距离河网越近，城市积水越容易排出，越不容易产生城市洪涝，因而高程和至河网距离对经济损失和交通的情况起负向影响。

4.3.2.2　城市主要结构要素对暴雨洪涝灾害的影响关系

与市域尺度中排水管网密度所起作用相似，排水口数量对经济损失和交通的情况起负向影响。与市域尺度中相一致，街区尺度中防汛工程物资投入水平对经济损失和交通的情况起负向影响。与天然土地或者草地相比，绿色用地的蓄水能力和下渗速度更高，会降低产流和汇流速度,从而减小经济损失和对交通的影响,起负向影响。而居住用地、商业用地、工业用地、公共服务用地和道路因硬化面积比例高,其蓄水能力和下渗速度慢,产流和汇流速度更快,从而加剧经济损失和对交通的影响,因而起正向影响。但在积水形成过程中,建筑物的存在能够改变地表雨水的原始路径和减少地表雨水总量,从而延缓地表雨水的过快汇集,进而降低雨水流动速度。因此,居住用地、商业用地、工业用地对城市暴雨洪涝灾害的经济损失和交通通行状况还具有负向影响。

4.3.2.3　城市主要社会要素对暴雨洪涝灾害的影响关系

与市域尺度中完全一致,人力投入和教育科研技术投入对经济损失具有负向影响,而区域人口密度和地均 GDP 对于经济损失及交通的情况则兼具正向和负向影响。

综合上述分析,街区尺度下城市要素对暴雨洪涝灾害的影响关系同样可分为三类:正向影响关系、负向影响关系和兼具正向和负向的影响关系。基于此,构建街区尺度下城市要素对暴雨洪涝灾害经济损失和交通通行状况的影响关系体系,如图 4-6 所示。在街区尺度下,城市要素对暴雨洪涝灾害有正向影响关系的指标包括:降雨重现期和道路面积占比。城市要素对暴雨洪涝灾害有负向影响关系的指标包括:高程、坡度、至河网距离、排水口数量、防汛工程物资投入水平、绿色用地占比、人力投入和教育科研技术投入水平。城市要素对暴雨洪涝灾害兼具正向和负向影响关系的指标包括:居住用地占比、商业用地占比、工业用地占比、公共服务用地占比、区域人口密度和区域地均 GDP。

4.3.3　基于影响关系的本体语义概念关系体系

依据市域和街区尺度下的城市要素对暴雨洪涝灾害的影响关系分析,提取城市要素对暴雨洪涝灾害的影响机制本体模型语义关系为:正向影响关系、负向影响关系、兼具正向和负向的影响关系。此外,由于城市要素对暴雨洪涝灾害的影响机制本体模型的层次结构,概念的上下层间有组成关系,因此将联系上下层间的语义关系设定为整体和部分关系,构建城市要素对暴雨洪涝灾害的影响机制本体模型语义关系体系如下:

(1)整体/部分(part-of)关系。在城市要素对暴雨洪涝灾害的影响机制本体模型中,概念划分层级结构就是将整体拆分成各个组成概念的过程,每一层级的概念都是其所属上层概念的部分,也是其所拆分的下层概念的整体。同时,各概念将继承其上层所属概念的部分属性和关系。如:城市要素是自然环境要素、结构要素和社会要素的整体,反之,三类要素都是城市要素的组成部分。

(2)正向影响(increase)关系。用以描述城市要素对暴雨洪涝灾害的影响机制本体中,城市要素概念对灾害概念的正向影响语义关系。

(3)负向影响(decrease)关系。用以描述城市要素对暴雨洪涝灾害的影响机制本体中,城市要素概念对灾害概念的负向影响语义关系。

(4)兼具正向和负向影响(compound)关系。用以描述城市要素对暴雨洪涝灾害的影响机制本体模型中,城市要素概念对灾害概念的兼具正向和负向的影响语义关系。同时,各类型要素对灾害概念也同样兼具正向和负向影响的语义关系。

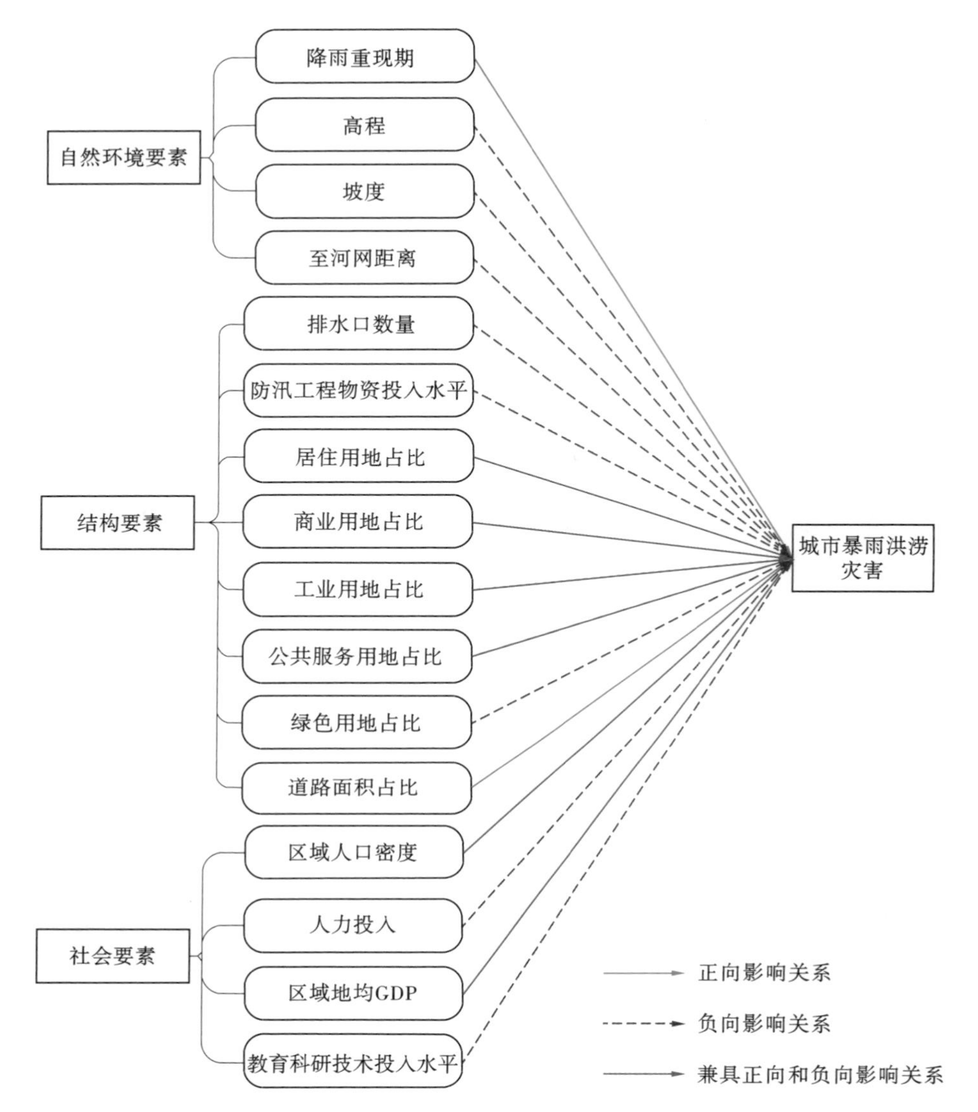

图 4-6 街区尺度下城市要素对暴雨洪涝灾害的影响关系

4.4 基于时间和空间逻辑的城市暴雨洪涝本体模型的数据关系构建

由于城市要素对暴雨洪涝灾害影响机制本体模型的指标概念层下对应的是相关数据,因此数据关系也是城市要素对暴雨洪涝灾害影响机制本体模型概念关系必须考虑的一部分,以便于数据的整合管理。由于城市要素和暴雨洪涝灾害损失指标数据都附带时空属性,因此将数据关系划分为基于时间逻辑的数据关系和基于空间逻辑的数据关系。

4.4.1　基于时间逻辑的模型数据关系

在城市要素对暴雨洪涝灾害的影响机制本体模型中,时间是每个数据必不可少的属性,建立数据间的时间逻辑关系,对于数据信息管理利用和推理有着至关重要的作用。

4.4.1.1　数据的时间逻辑关系

时间包括时间点和时间段两种表示方式,其中时间段是一系列连续的时间点的集合。为厘清数据间的时间逻辑,需分别从时间点和时间段的逻辑关系进行分析,包括:基于时间点逻辑的数据关系、基于时间段逻辑的数据关系及基于时间点和时间段逻辑的数据关系。

(1)数据的时间点逻辑关系。

将时间点 T_1 和 T_2 映射在时间轴上,得出两个时间点之间主要有 T_1 在 T_2 之前、T_1 在 T_2 之后、T_1 和 T_2 在同一时刻的三种关系,如表 4-2 所示。

表 4-2　基于时间点逻辑的数据关系

时间点图示	时间点关系	数据关系
T_1　T_2　t	T_1 在 T_2 之前	早于(before)
T_2　T_1　t	T_1 在 T_2 之后	晚于(after)
T_2　T_1　t	T_1 和 T_2 在同一时刻	同时(equal)

因此,数据的时间点逻辑关系有:早于(before)、晚于(after)和同时(equal)。

(2)数据的时间段逻辑关系。

将时间段 D_1 和 D_2 映射在时间轴上,得出两个时间段之间除了有上述时间点表现的三种关系外,还有 D_1 结束时 D_2 刚好开始、D_1 和 D_2 之间有部分重合、D_1 属于 D_2 中的一部分,如表 4-3 所示。

表 4-3　基于时间段逻辑的数据关系

时间段图示	时间段关系	数据关系
D_1　D_2　t	D_1 在 D_2 之前	早于(before)
D_2　D_1　t	D_1 在 D_2 之后	晚于(after)
D_2　D_1　t	D_1 和 D_2 在同一时刻	同时(equal)
D_1　D_2　t	D_1 结束时 D_2 刚好开始	相接(meet)

续表 4-3

时间段图示	时间段关系	数据关系
	D_1 和 D_2 之间有部分重合	相交(overlap)
	D_1 属于 D_2 中的一部分	包含(contain)

因此,数据的时间段逻辑关系:早于(before)、晚于(after)、同时(equal)、相接(meet)、相交(overlap)和包含(contain)。

(3)数据的时间点和时间段逻辑关系。

将时间点 T_1 和时间段 D_1 映射在时间轴上,得出时间点和时间段之间除了有上述(1)(2)部分表现的部分关系外,还有 T_1 刚好在 D_1 开始的时刻、T_1 刚好在 D_1 结束的时刻,如表 4-4 所示。

表 4-4　基于时间点和时间段逻辑的数据关系

时间点和时间段图示	时间点和时间段关系	数据关系
	T_1 在 D_1 之前	早于(before)
	T_1 在 D_1 之后	晚于(after)
	T_1 属于 D_1 中的一部分	包含(contain)
	T_1 刚好在 D_1 开始的时刻	开始(start)
	T_1 刚好在 D_1 结束的时刻	结束(finish)

因此,数据的时间点和时间段逻辑关系有:早于(before)、晚于(after)、包含(contain)、开始(start)和结束(finish)。

综上所述,基于数据时间逻辑关系包括:早于(before)、晚于(after)、同时(equal)、相接(meet)、相交(overlap)、包含(contain)、开始(start)和结束(finish),共八种。

4.4.1.2　基于时间逻辑的城市要素和暴雨洪涝灾害损失指标的数据关系

在城市要素对暴雨洪涝灾害的影响机制本体模型中,指标数据的时间关系源于城市暴雨洪涝灾害的形成过程。依据城市暴雨洪涝灾害系统的构成,城市暴雨洪涝灾害损失是在降雨和城市地表环境系统共同作用下产生的,因此城市要素对暴雨洪涝灾害的影响机制本体模型指标数据关系包括同时(equal)关系。依据城市暴雨洪涝灾害链的模式,以输入变量(降雨)为开始,以输出变量(灾害损失)为结束,且输入变量(降雨)发生在输出变量(灾害损失)之前,输出变量(灾害损失)发生在输入变量(降雨)之后。因此,城市要素对暴雨洪涝灾害的影响机制本体模型指标数据关系包括开始(start)、结束(finish)、早于(before)和晚于(after)关系。依据城市要素和暴雨洪涝灾害损失的尺度效应及指标构建情况,市域尺度指标以年为时间尺度,街区尺度以单次灾害事件为时间尺度,同一城市要素和洪涝灾害损失指标的年度数据在时间上包含了单次灾害事件数据。因此,城市要素对暴雨洪涝灾害的影响机制本体模型指标数据关系具有包含(contain)关系。

综上所述,基于时间逻辑的城市要素对暴雨洪涝灾害的影响机制本体模型的数据关系包括:同时(equal)、开始(start)、结束(finish)、早于(before)、晚于(after)关系和包含(contain)关系。

4.4.2　基于空间逻辑的模型数据关系

与建立模型数据的时间逻辑关系不同,在城市要素对暴雨洪涝灾害的影响机制本体模型中,概念的空间语义关系的设计目的是便于描述城市要素和暴雨洪涝灾害损失指标数据的空间位置。空间逻辑关系一般包括拓扑关系、方向关系、距离关系三种类型。在建立空间关系时,常用点、线、面来表示空间对象。采用面来表示城市暴雨洪涝灾害的灾害源(降雨)和灾害区域。各城市要素采用点(实体点)和线(道路、河流等)来表示。

4.4.2.1　数据间的拓扑关系

空间拓扑关系常用来表示空间对象之间的相切、相交、重叠、相离等关系。城市要素对暴雨洪涝灾害的影响机制本体的概念主要存在点与点、点与线、点与面、线与线、线与面,以及面与面的空间拓扑关系,如表 4-5 所示。构建数据间的拓扑关系示例,如表 4-6 所示。

表 4-5　拓扑关系构建对象

空间拓扑关系构建对象	解释
点与点	城市要素中两个实体点的拓扑关系,如两栋建筑物之间的拓扑关系
点与线	城市要素中实体点与道路、河流等线状实体的拓扑关系
点与面	城市要素中实体点与灾害源和灾害区域之间的拓扑关系
线与线	城市要素中道路、河流等线状实体间的拓扑关系
线与面	城市要素中道路、河流等线状实体与灾害源和灾害区域之间的拓扑关系
面与面	灾害源与灾害区域之间的关系

表 4-6　拓扑关系

对象	示例	空间关系表述
点与点		相离(disjoint)
		重叠(coincidence)
点与线	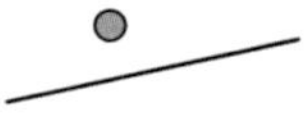	相离(disjoint)
		包含(within)
点与面	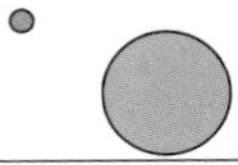	相离(disjoint)
	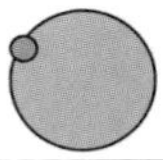	相切(touch)
	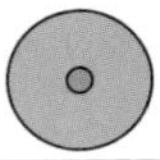	包含(within)
线与线	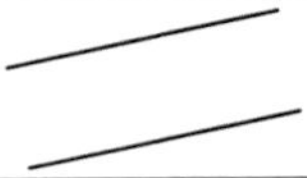	相离(disjoint)
		相交(cross)
		包含(within)
		重叠(coincidence)
线与面	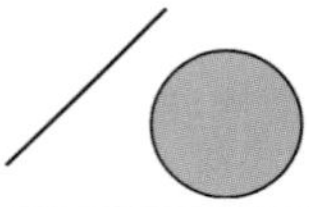	相离(disjoint)
	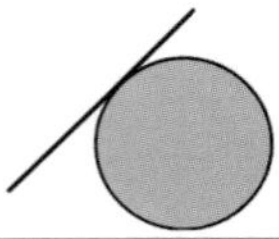	相切(touch)
	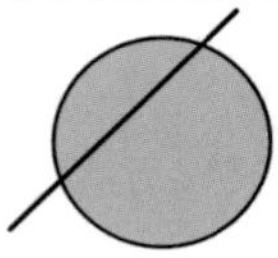	相交(cross)
	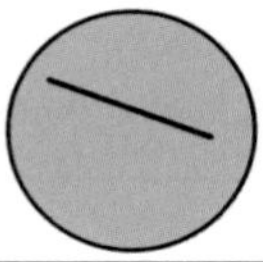	包含(within)

续表 4-6

对象	示例	空间关系表述
面与面		相离(disjoint)
		相切(touch)
		相交(overlap)
		包含(within)
		重叠(coincidence)

因此,空间拓扑关系包括相离(disjoint)、重叠(coincidence)、包含(within)、相切(touch)和相交(cross)五种。

依据城市暴雨洪涝灾害的形成过程,城市洪涝是由降雨与一定区域内的城市要素共同作用产生的,因此在空间上,降雨区域和洪涝相关的城市要素分布区域具有重叠或相交的关系。此外,城市洪涝发生损失的区域通常在降雨范围内,降雨区域在空间上包含暴雨洪涝灾害损失区域。因此,城市要素对暴雨洪涝灾害的影响机制本体模型的数据空间拓扑关系包括重叠(coincidence)、相交(cross)及包含(within)关系。

4.4.2.2　基于灾害源和灾害区域的空间方位关系

在城市要素对暴雨洪涝灾害的影响机制本体模型的空间方位关系设计中,主要关注灾害源和灾害区域与城市要素数据表述的方位关系,即面与点、面与线的空间方位关系。虽然城市要素中有部分实体采用线表示,但在方位观察中,观察参考点一般用点表示。

方位关系的描述包括方位和角度两个方面。常见的方位定义包括两种类型:一种是全球系统背景下定义的方位描述体系,如东、南、西、北、东南等;另一种是根据与观察点的方向来定义的方位描述体系,如前、后、左、右、左前等。因为城市要素的实体中包含线状实体,为了更加清晰地表述其方位关系,选择全球系统背景下定义的方位描述体系来描述城市要素对暴雨洪涝灾害的影响机制本体中的空间方位关系。角度即为目标点与观察点的方位夹角度数,如东偏南 30°。

由于设计的空间方位关系是面与点的关系,在确定其空间方位时,需在面上取一个目标点,以目标点和观察点的连线来确定方位和角度。多数研究在面上取其中心点的位置为目标点。但城市暴雨洪涝灾害的灾害源和灾害区域的任何一个点都具有灾害特性,因此选择与面上距离观察点最近的一个点来确定其方位关系，如图 4-7 所示。

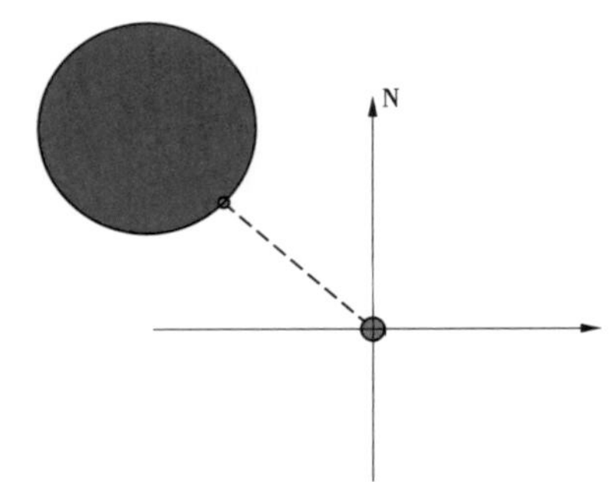

图 4-7　城市要素对暴雨洪涝灾害的影响机制本体的空间方位关系设计

4.4.2.3　基于灾害源和灾害区域的空间距离关系。

空间距离关系是在空间方位关系上进行的空间距离量化的操作。空间距离关系的描述包括非常近、近、适中、远和非常远。以城市为研究区域，采用空间距离关系描述城市暴雨洪涝灾害和城市要素地点数据的距离情况。

4.5　城市要素对暴雨洪涝灾害的影响机制本体模型

基于建立的城市要素对暴雨洪涝灾害的影响机制本体的层次结构、概念属性、影响关系和数据关系类型，采用 OWL 语言，运用 Protege 软件构建城市要素对暴雨洪涝灾害的影响机制本体模型。由于模型包含五个层次的概念关系，结构复杂，因此使用 OntoGraf 以城市要素中社会要素的关系体系为例，展示城市要素对暴雨洪涝灾害的影响机制本体模型的部分架构，如图 4-8 所示。

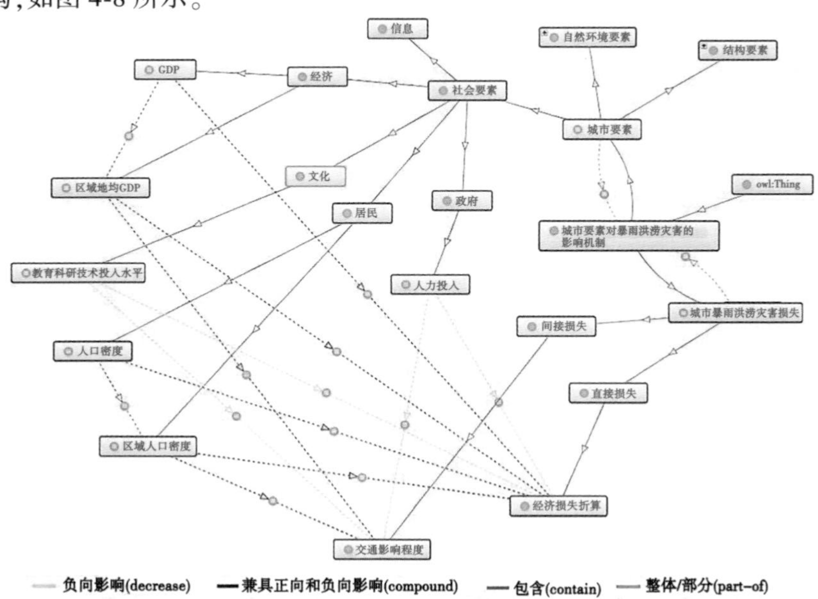

图 4-8　城市要素对暴雨洪涝灾害的影响机制本体模型架构(以社会要素关系体系为例)

图 4-8 展示了城市要素和暴雨洪涝灾害损失及指标的概念体系，蓝色实线表示城市要素对暴雨洪涝灾害影响机制的层次结构关系。其中，图右上角的“自然环境要素”和“结构要素”矩形框上的符号“+”表示其下属结构未展开。指标层的各矩形框下都存储了与其相关的数据。两个矩形框间的虚线连接线表示概念间的数据关系和影响关系，虚线上的箭头表示关系方向。以区域地均 GDP 指标为例，其属于社会要素中经济要素的指标，因此与矩形框“经济”通过蓝色实线连接；其对洪涝灾害经济损失折算和交通通行状况兼具正向和负向影响，因此与矩形框“经济损失折算”和“交通通行状况”通过绿色虚线连接；区域地均 GDP 属于街区尺度指标，其在时间尺度上属于单次灾害事件发生时的数据，市域尺度以年为单位记录城市的经济情况，在时间上市域尺度指标 GDP 对街区尺度指标地均 GDP 具有包含(contain)关系，因此矩形框“区域地均 GDP”与“GDP”间通过蓝色虚线连接。以此类推，完成城市要素对暴雨洪涝灾害影响机制本体模型的构建。

城市要素对暴雨洪涝灾害影响机制的本体模型建立了城市要素和暴雨洪涝灾害损失间的关系，同时实现了城市要素和暴雨洪涝灾害损失指标的多源异构数据的有效管理，为基于深度学习的城市洪涝预报、城市要素对暴雨洪涝灾害损失的影响关系量化及城市洪涝风险评估提供了关系结构和数据支撑。

第5章 基于深度学习的城市洪涝预报技术

城市洪涝预报预警是城市洪涝防治和防灾减灾的重要手段,而积水点的淹没过程预测是城市洪涝预报预警的基础。如何对城市洪涝进行积水预测和预报预警,特别是针对各个积水点的精细化预报预警,以最大程度减少洪涝造成的生命、财产和经济损失,已经成为当前亟待解决的一个科学问题。随着水利信息技术和人工智能的快速发展,基于深度学习模型的洪涝预报预警研究备受各国学者关注,为城市洪涝淹没过程预报预警提供了新的研究范式和思路。GBDT 算法是决策树(decision tree)和梯度提升(gradient boosting)算法结合的一种集成深度学习算法,本章主要阐述基于 GBDT 算法的城市暴雨洪涝淹没过程预报预警模型的构建方法。

5.1 降雨积水洪涝过程的时空特征分析

本节从城市洪涝形成机制角度剖析降雨和积水的关系,明确研究区及数据获取途径,结合空间自相关理论探讨针对每个积水点构建独立的淹没过程预测模型的可行性,在此基础上构建本章研究框架。

5.1.1 降雨积水洪涝过程的机制分析

城市洪涝是气候变量和下垫面条件(包括降雨、地形、河网、土地利用类型和管网等多种因素)综合作用的结果,其中降雨是洪涝发生的驱动因素。分析城市洪涝过程形成机制是城市洪涝淹没过程模型构建的理论基础和必要条件之一。

气候变化对城市洪涝的影响是显著的。全球气候变化已经成为不争的事实,气候变化的影响是广泛且复杂的,包括海平面的上升、降雨模式的变化、全球和区域水文循环的变化及温度的变化等,气候变化所带来的后果已经成为当今人类社会所面临的最严重的挑战之一。全球气候变暖造成世界整体温度上升、蒸散发量增加及大气水分含量增加,从而导致降雨模式发生改变。研究表明,在过去的几十年间,全球大部分区域的降雨变化明显增加,自 1961 年以来中国东北、西北、西藏大部和东南部年降雨量呈现较强的增加趋势,诸多学者研究表明,未来极端事件的频率和强度还有明显的增加趋势。在城市地区,全球气候变暖的影响更加突出,由于加剧了城市的热岛现象,改变了城市的小气候,增加了城市地区降雨事件的强度和洪涝灾害的风险。因此,全球气候变化带来的频发的极端降雨事件是城市洪涝的主要因素之一。

城市化改变了城市的水文过程和洪涝的形成机制。城市化的发展在全球已经是普遍且连续的现象,城市化的建设改变了下垫面的土地利用类型,建筑、道路等不透水地面的面积显著增加,而林地、草地等原本粗糙的透水地面的面积明显降低,直接导致降雨时下渗量的减少和汇流速度的加快,雨水到达地面后大部分被截流汇集,使得城市洪水的过程线由原来的矮胖型变成瘦高型。此外,城市化改变了城市天然的排水系统,城市排水系统主要由排水管网和城市景观河流组成,管道排水能力往往和河道的排水能力不相匹配,使得在极端降雨情景下雨水不能及时经管道汇入河道而形成积水;城市化的建设也改变了城市的排水路径,使得城市排水系统具有较高的脆弱性。不仅如此,大量科学试验和观测表明,城市化加剧了城市热岛效应和雨岛效应,因此即便在较小的平均降雨量下仍然可能在城市个别区域产生强降雨事件,增大城市洪涝灾害发生的频率和强度。

随着城市洪涝问题在全球城市中呈现普遍性和频繁性的特点,城市洪涝问题近年来逐渐引起了气候学家、水文学家、自然灾害学家等相关学科专家的广泛关注,针对城市洪涝的机制、特点和对策,国内外诸多学者进行了大量的研究,张建云等从流域产汇流角度分析了气候变化和城镇化对洪水过程的影响,认为城市洪涝是气候变化和城镇化引起的暴雨频率和强度逐渐增多增强、产汇流速度加快、天然排水系统破坏等多种因素综合作用的结果。宋晓猛等从水循环系统角度分析了城市洪涝成因及驱动机制,认为降雨变化和产汇流特性的变化是城市洪涝灾害频发的根本原因。在个案研究方面,国内学者先后对北京、上海、广州、武汉等大中城市开展了针对城市洪涝相关问题的深入分析,对城市洪涝的成因和机制形成了初步共识,即暴雨是城市内涝的直接原因,下垫面条件改变导致的产汇流特性变化是城市内涝发生的重要因素。因此,对于固定的积水点,由于城市下垫面和管网等年内改变幅度相对较小,降雨和积水过程可能存在一定的内在关系。

5.1.2　数据获取

5.1.2.1　历史降雨数据

从郑州市气象局获得了 12 个雨量站的自动雨量计记录的 10 min 分辨率的降雨测量数据(见图 5-1)。以 2014—2018 年 19 次具有 10 min 时间分辨率的历史降雨事件作为模型的样本数据。这些事件分别发生在 2014 年 8 月 7 日、2014 年 8 月 30 日、2014 年 9 月 14 日、2014 年 9 月 17 日、2015 年 8 月 3 日、2015 年 8 月 26 日、2015 年 9 月 4 日、2016 年 7 月 14 日、2016 年 7 月 19 日、2016 年 8 月 25 日、2017 年 5 月 22 日、2017 年 7 月 18 日、2017 年 8 月 12 日、2017 年 8 月 25 日、2018 年 5 月 15 日、2018 年 6 月 26 日、2018 年 7 月 13 日、2018 年 8 月 10 日和 2018 年 8 月 19 日。

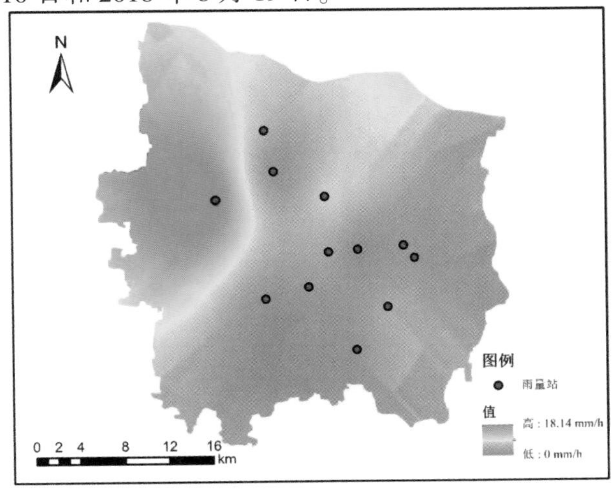

图 5-1　降雨量插值

在得到雨量站降雨时程分布数据的基础上，采用克里金空间插值方法，依据各个雨量站的降雨数据进行空间插值，从而得到各个积水点的降雨资料，结合 GIS 的空间处理和分析功能，获得了各个积水点在降雨过程中的降雨时程分布数据。如图 5-1 所示，对一场降雨某时间间隔内各雨量站的降雨数据进行空间插值，得到该时间间隔内郑州市降雨的空间分布数据，以此得到各个积水点的降雨数据，通过对各时间间隔内的降雨数据进行空间插值分析，得到了场次降雨中各个积水点降雨的时程分布数据，再对每场降雨重复上述步骤，最终得到各个积水点在 19 场降雨事件中的降雨时程分布数据。

5.1.2.2　降雨预报数据

降雨预报数据为未来两小时的降雨预报数据，空间分辨率为 2 m，时间分辨率为 1 min，降雨预报数据通过调用彩云科技的 API 获取。如图 5-2 所示，调用 API 获取降雨数据的具体流程可分为三个部分，首先是基于业务要求发起请求，由于 API 通道有限，因此在没有业务需求时不进行 API 调用请求，当需要获取降雨预报数据时，统计积水点信息，将降雨预报数据请求封装为签名后发起 HTTP 请求；在发起请求后，彩云科技的 API 系统首先会验证签名的正确性，如果签名错误将以异常值返回，只有正确的签名信息才会进行处理业务，然后将请求结果返回；在 API 请求的结果返回之后，需要对数据进行格式转化、清洗等处理操作，过滤掉降雨预报数据为 0 的返回值，将处理后的降雨预报数据独立存储。

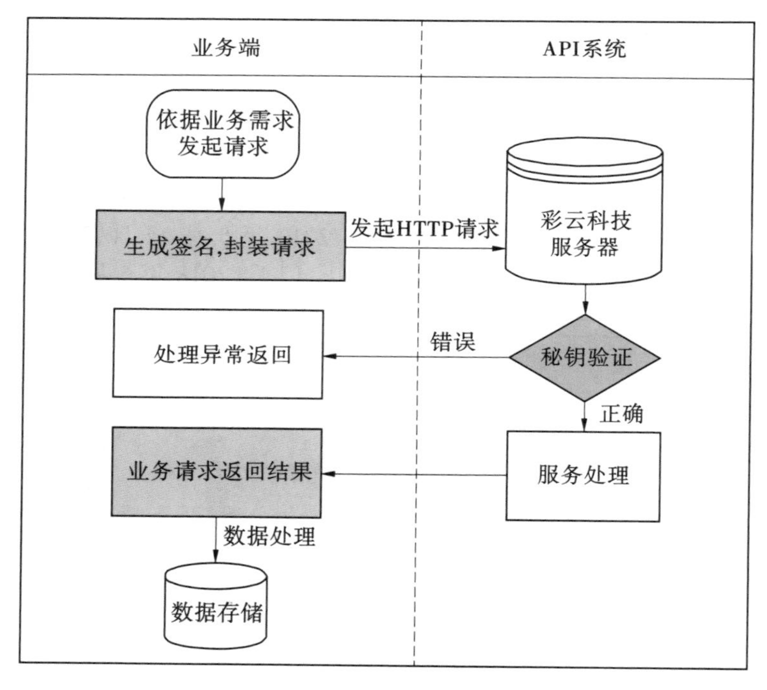

图 5-2　API 数据获取流程

5.1.2.3　洪涝数据

从郑州市城市管理局获得洪水淹没城区的位置和淹没过程数据的历史洪水记录，这些记录从道路的监测设备中收集得到，并存储在城市灾害数据库中。选取城市灾害数据库中 50 个积水点的积水过程数据作为样本数据。

5.1.3　降雨积水的时空特征分析

通过对各雨量站的月降雨量进行统计，可以得到降雨的时间分布特征；降雨的空间分布特征可通过对各个雨量站的降雨数据进行空间插值得到。积水点的时空分布特征则可由积水监测设备直接获取。

根据郑州市 2009—2018 年月降雨量数据，绘制了郑州市汛期（6—9 月）和非汛期的年降雨量分布特征图。如图 5-3 所示，郑州市汛期降雨量自 2013 年以来整体呈增加的趋势，汛期降雨量的增加可能会导致更大的城市洪涝灾害风险，给城市洪涝防治工作带来更大的挑战。

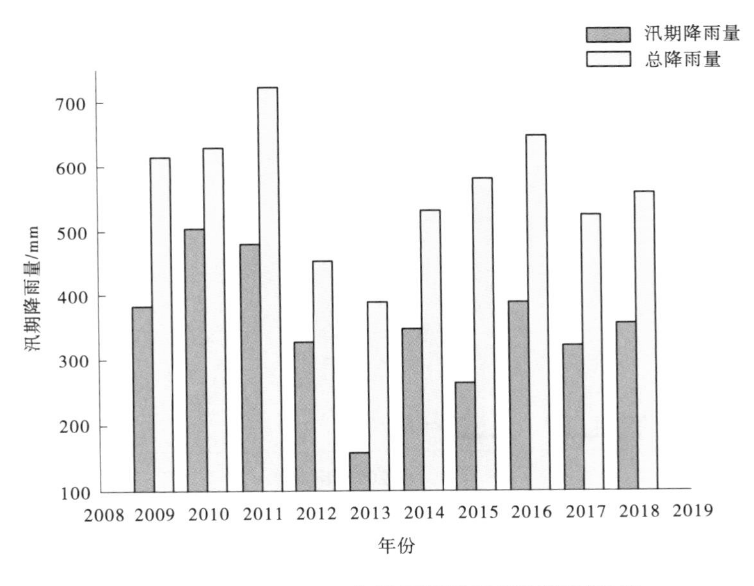

图 5-3　2009—2018 年降雨量及汛期降雨量变化

降雨量的空间分布情况通过对各雨量站降雨量数据进行空间插值得到。如图 5-4 所示，通过利用 ArcGIS10. 2 对各雨量站的年降雨量数据进行空间插值，得到了郑州市 2017—2018 年郑州市年降雨量等值面图。降雨量的空间插值方法有反距离加权插值、样条函数插值、普通克里金插值等多种插值方法，普通克里金插值方法作为最优的无偏估计方法，进行插值计算时在空间点位上的误差较小，因此选择克里金法进行降雨插值计算。如图 5-4 所示，郑州市降雨量的空间异质性较大，郑州市西北部和中部偏南地区降雨量偏低，而中部中心地区降雨量明显偏大，这些地区是郑州市中心城区，城镇化建设十分完善，因此高度的城镇化建设可能导致热岛效应逐渐加剧，从而增加了洪涝灾害的风险。

积水点的时间分布特征也就是积水点的积水过程曲线，指的是积水点的积水深度随时间变化的过程，不同场次降雨、不同积水点的时间分布特征不同，如图 5-5 所示为郑州市 2018 年 7 月 18 日某积水点的涨消过程。

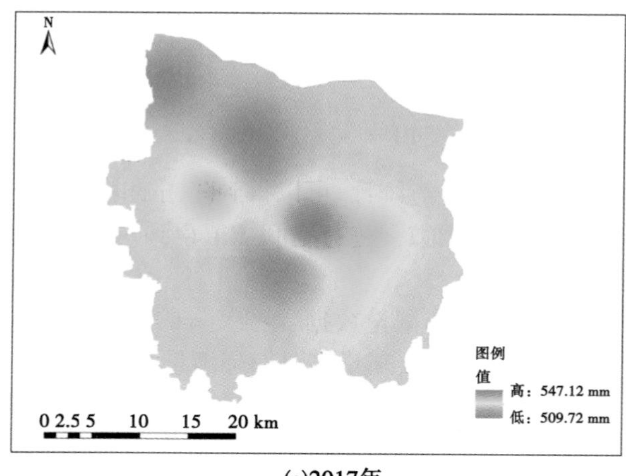

(a)2017年

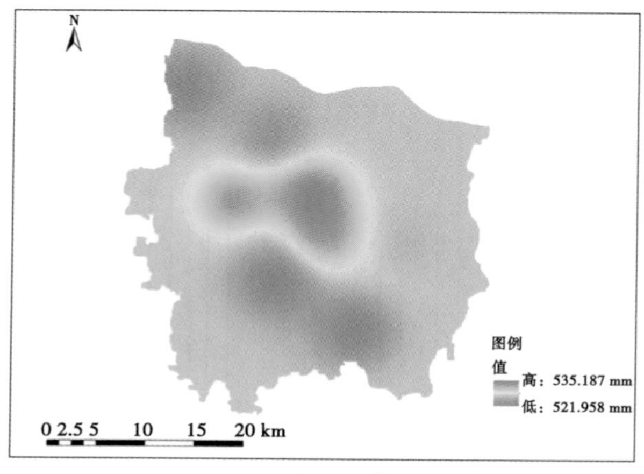

(b)2018年

图 5-4　郑州市年降雨量空间分布

根据郑州市市政部门的统计结果,郑州市积水点的空间分布如图 5-6 所示,郑州市积水点在中部和东部地区比较集中,原因可能是郑州市中部地区的城市建设相对较早,排水管网老化现象较为严重,导致中部地区积水点较多;东部地区也有较多积水点,原因可能是郑州市东部地区目前正在快速建设中,城市排水管网尚处于正在建设和未建设状态,导致暴雨发生时部分地区容易出现积水。

5.1.4　降雨和积水点的空间自相关分析

地理学第一定律指出,空间上分布的事物都是相互联系的,但近距离的事物较远距离的事物关系更为密切。空间自相关是基于地理学第一定律提出的,指的是一个区域分布的地理事物的某一属性和其他事物的同种属性之间的关系。若空间上相邻物体的某一属性具有相似的趋势和取值,则相邻物体具有空间正相关;反之,若空间上相邻物体的某一属性具有相反的趋势和取值,则相邻物体具有空间负相关。

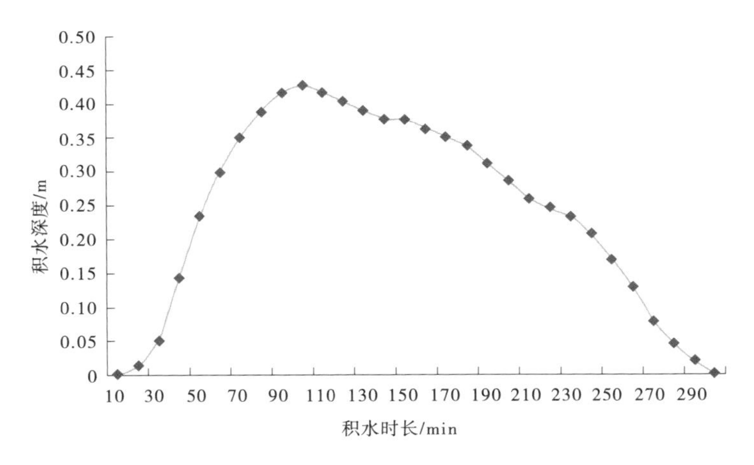

图5-5 郑州市2018年7月18日某积水点的涨消过程

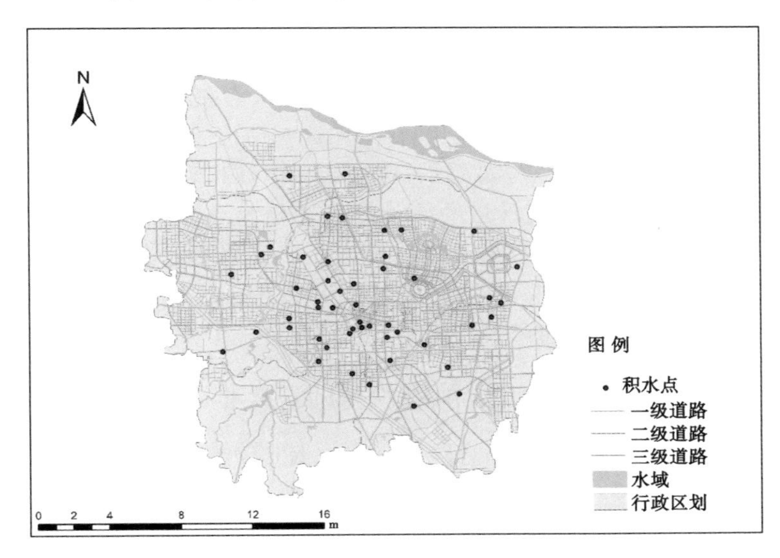

图5-6 郑州市积水点

降雨是大气中的水汽凝结后以液态水的形式落到地表的现象,因此降雨的空间分布通常具有较强的空间自相关性。积水点的空间自相关性指的是各积水点的积水过程是否独立;空间自相关性高,则其他积水点积水过程的改变将对相邻积水点的积水过程产生较大影响,原因可能是不同积水点之间存在较强的水力联系,相反,积水点的空间自相关性低,则表明积水点的积水过程彼此独立,每个积水点的积水过程受周围积水点的积水过程的影响较小。用一次降雨过程分析降雨和积水点的空间自相关性。

空间自相关通过分析物体的位置和属性描述统计物体的空间自相关性,常用的统计分析模型有Moran′s I统计和Geary′s C比值,其中Moran′s I统计是最直观也是最常用的空间自相关分析方法,因此采用Moran′s I统计进行降雨和积水点的空间自相关分析。

Moran′s I系数表征的是相邻对象某一属性的空间分布关系,取值为-1~1,正值表示相邻对象的某一属性空间分布具有空间正相关,负值表示相邻对象的某一属性空间分布具有空间负相关，取值越接近0，说明相邻对象间某一属性的空间自相关性越小，取值为0则说明不存在空间相关。Moran′s I 系数的计算公式如下：

$$I = \frac{n_a \sum_{i=1}^{n_a} \sum_{j=1}^{n_a} w_{ij}(y_i - \bar{y})(y_j - \bar{y})}{\left(\sum_{i=1}^{n_a} \sum_{j=1}^{n_a} w_{ij}\right) \sum_{i=1}^{n_a} (y_i - \bar{y})^2} \tag{5-1}$$

式中：n_a 为样本点或格数；y_i 或 y_j 为 i 或 j 点区域的属性值；$\bar{y}$ 为所有点的均值；w_{ij} 为衡量空间对象 i 和 j 之间关系的权重矩阵。

Moran′s I 系数假设空间对象的分布是随机的，然后通过 Z 值得分检验假设是否成立，一般认为，其正态统计量的检验得分 Z 值大于1.96时，拒绝原假设，即认为在95%的概率下，空间对象存在显著的正相关。

利用芝加哥大学空间数据中心 Luc Anselin 团队开发的空间统计分析软件 GeoDa 分析降雨和积水点的空间自相关性。通过对一次降雨过程和降雨积水数据进行统计分析，降雨的莫兰散点图如图5-7(a)所示，Moran′s I 系数为0.184，降雨的空间分布具有空间正相关，其正态统计量 Z 值得分为4.23，大于1.96，因此认为在95%概率下，降雨存在显著的空间正相关，该结果验证了降雨具有空间自相关这一结论。

积水点的莫兰散点图如图5-7(b)所示，Moran′s I 系数接近于0，为-0.001，说明积水点的空间分布相关性低，其正态统计量的检验得分 Z 值为0.864 8，小于1.96，因此接受原假设，即认为在95%的概率下，积水点的空间分布不相关，这一结果说明了各积水点的空间分布是随机的，不具有空间自相关性，即每个积水点的降雨和积水过程也相互独立，因此针对每个积水点构建降雨和积水过程关系模型在理论上是可行的。

5.1.5 城市洪涝积水点淹没过程预报预警的总体框架

积水点淹没过程预报预警需要结合降雨预报数据和预报预警模型对每个积水点进行预报预警，因此积水点淹没过程模型的构建是预报预警的基础和核心，但由于 GBDT 算法无法直接构建降雨过程和积水过程的关系模型，需要用降雨的特征指标数据表征降雨的时程分布，构建降雨指标和积水指标的关系模型，因此模型构建之前需要分析探讨影响积水深度预测的敏感性指标，给出最适宜进行积水深度预测的指标方案。

样本数据的处理是积水点淹没过程预测模型构建的基础，如前文所述，GBDT 算法无法直接构建降雨和积水过程的关系模型，因此需要探究可实现淹没过程预测的样本数据过程化处理方法，通过对样本数据过程化处理，利用 GBDT 模型对其进行训练和验证，构建积水点淹没过程预测模型。

降雨预报数据的获取和处理是积水点淹没过程预报预警的关键，降雨预报数据的分辨率直接影响了积水过程预测结果的精细化程度，因此需要寻找具有较高分辨率的实时降雨预报数据，将其进行处理后输入到积水点淹没过程预测模型中，按照预报预警等级划分方法实现针对每个积水点淹没过程的实时预报预警。

通过以上的分析论述，提出针对每个积水点淹没过程预报预警的总体框架（见图5-8）。以构建积水点淹没过程预测模型为导向，分析并提出影响积水深度预测的敏感

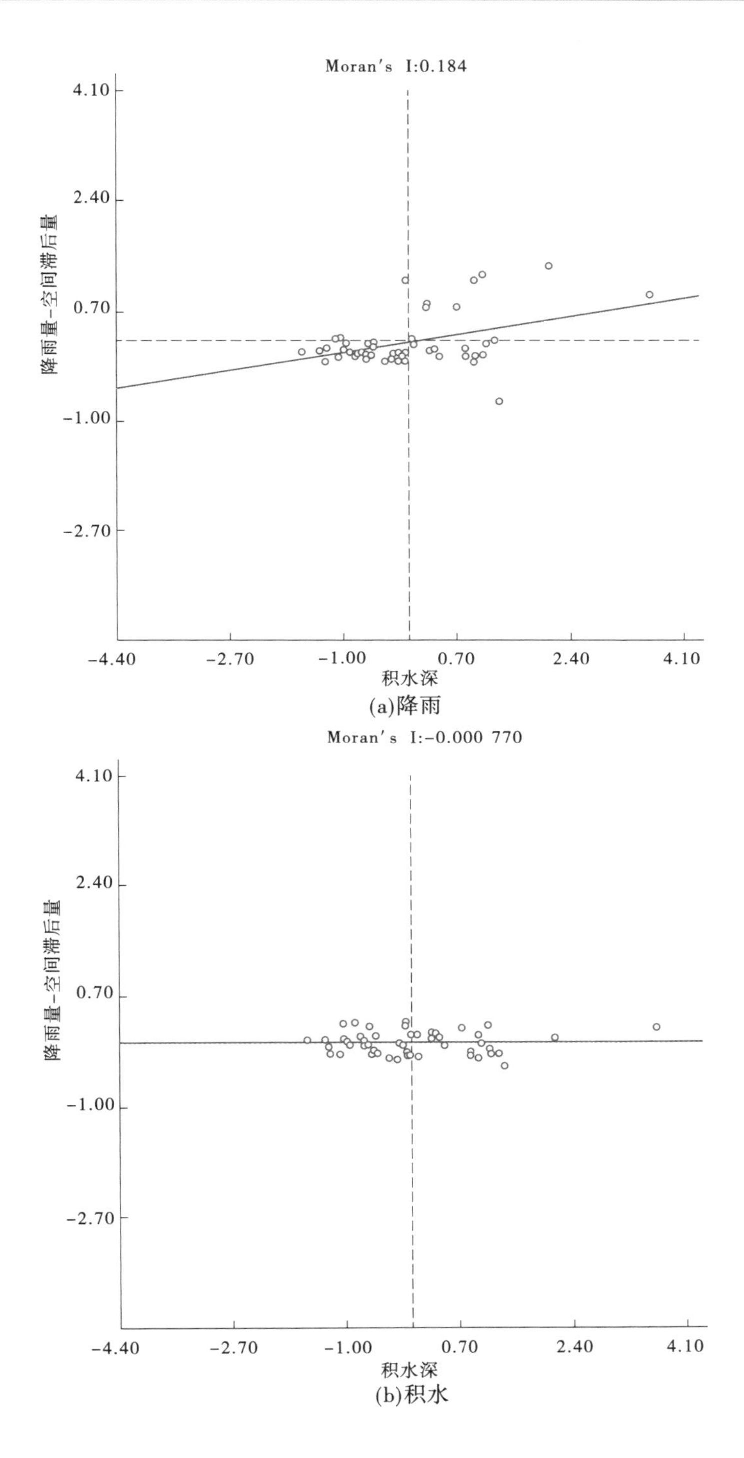

图 5-7　降雨和积水点的莫兰散点图

性指标;以此为基础,利用 GBDT 算法构建针对每个积水点的淹没过程预测模型,结合降雨预报数据开展积水点实时预报预警研究,以期更加准确、具体和及时地进行积水点预报预警。

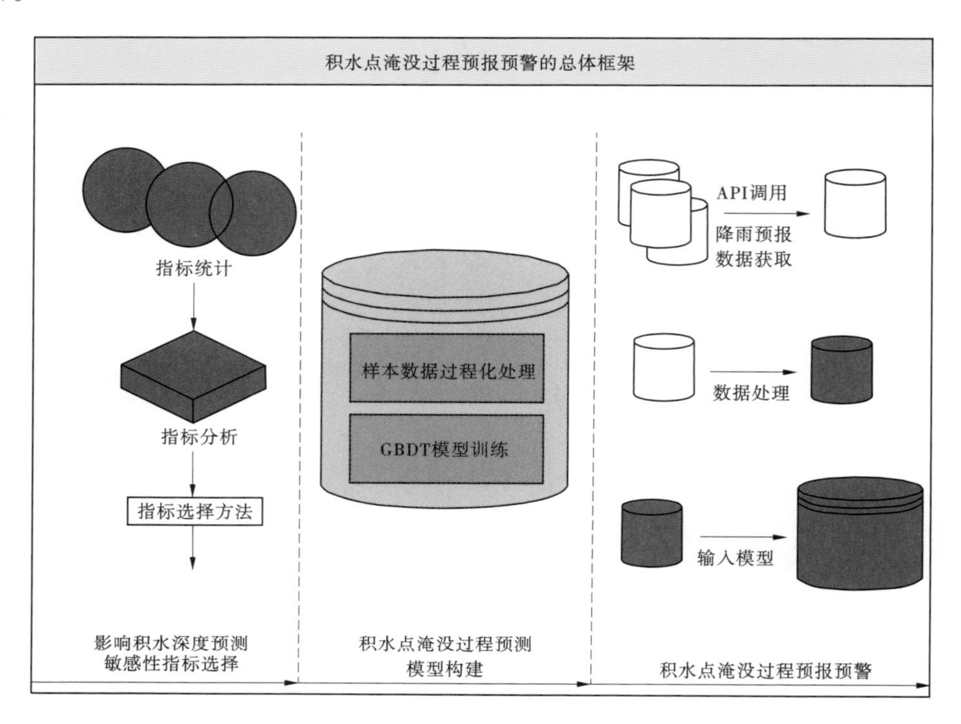

图 5-8　积水点淹没过程预报预警的总体框架

5.2　影响积水深度预测的敏感性指标辨识

基于场次降雨的时程分布数据和积水过程数据尝试构建降雨和积水过程关系模型,但基于 GBDT 算法的深度学习模型不同于水文模型,不能直接将降雨的时程分布数据输入模型,需要输入场次降雨的特征指标数据表征降雨时程分布数据,因此选择影响积水深度的雨型敏感性指标是构建降雨过程与积水过程关系模型的关键环节。

不同的指标及指标组合对积水深度预测可能产生不同程度的影响,基于此,依据所有的指标组合方案构建了降雨积水关系逻辑回归模型,利用平均相对误差和合格率综合评估各指标组合方案在积水深度预测上的精度差异,以此选择影响积水深度预测的雨型敏感性指标的最优组合方法,指标选择的具体流程如图 5-9 所示。

5.2.1　指标分析

指标统计分析是选择影响积水深度雨型敏感性指标的基础。近年来的研究发现,降雨量、降雨历时、降雨峰值、雨峰位置系数、雨强方差、峰值倍比等雨型敏感性指标对于积

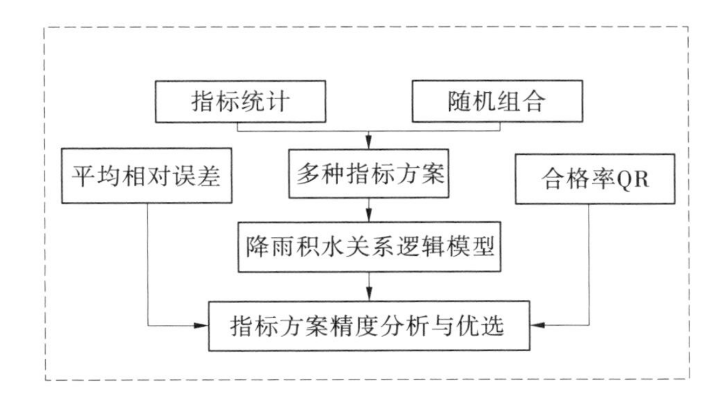

图 5-9　积水深度敏感性指标选择流程

水有着不同程度的影响,但对于固定的积水点,影响积水深度的重要因素是前期较大降雨出现的位置和持续时间,在现有的雨型敏感性指标中,降雨量、降雨历时、降雨峰值、雨强方差、峰值倍比均无法直接反应较大降雨出现的位置和持续时间,雨峰位置系数也仅能表征峰值降雨出现的位置,无法表征较大降雨的持续时间。基于此,提出了一个控制较大降雨出现的位置和持续时间的雨型敏感性指标——集中偏度,我们定义集中偏度指的是在一场降雨过程中较大降雨的时间分布相对降雨历时的偏离程度,其公式如下:

$$P_i = \mathrm{Rank}(p_i) \tag{5-2}$$

$$T_i = \mathrm{Rank}(t_i) \tag{5-3}$$

$$\mathrm{CS} = \frac{\sum_{i=1}^{n_b/5} |T_i - t_{pi}|}{n_b/5} \tag{5-4}$$

式中:p_i、t_i 为降雨过程线中的降雨强度和降雨历时;Rank 为排序函数,使用 Rank 函数对 p_i 和 t_i 进行降序排列得到 P_i、T_i;t_{pi} 为降雨强度 p_i 时所在的时间段;CS 为集中偏度;n_b 为场次降雨的总时段数。

由式(5-4)可知,集中偏度反映的是降雨峰值为前 20%的较大降雨出现的位置,集中偏度越小,较大降雨出现越靠后。

5.2.2　指标组合

不同的敏感性指标和不同的指标组合方案可能对积水深度产生不同程度的影响。其中,降雨量、降雨历时和降雨峰值通常被认为是影响积水深度的重要敏感性指标。因此,在对指标进行组合的过程中,将降雨量、降雨峰值和降雨历时作为共有指标,为了体现指标组合的随机性和科学性,采用随机组合法对位置系数、雨强方差、峰值倍比、集中偏度进行随机组合,获得了 15 种组合结果,每种组合结果加上降雨量、降雨历时、降雨峰值构成 15 种指标组合方案,以降雨量、降雨历时和降雨峰值作为空白对照组,合计 16 种指标组合方案,如表 5-1 所示。

表 5-1　积水深度预测敏感性指标组合方案

方案	降雨量	降雨历时	降雨峰值	位置系数	峰值倍比	雨强方差	集中偏度
方案 1	√	√	√	√	√	√	√
方案 2	√	√	√	√	√	√	—
方案 3	√	√	√	√	√	—	√
方案 4	√	√	√	√	—	√	√
方案 5	√	√	√	—	√	√	√
方案 6	√	√	√	√	√	—	—
方案 7	√	√	√	√	—	√	—
方案 8	√	√	√	√	—	—	√
方案 9	√	√	√	—	√	√	—
方案 10	√	√	√	—	√	—	√
方案 11	√	√	√	—	—	√	√
方案 12	√	√	√	√	—	—	—
方案 13	√	√	√	—	√	—	—
方案 14	√	√	√	—	—	√	—
方案 15	√	√	√	—	—	—	√
方案 16	√	√	√	—	—	—	—

注：√表示有；—表示无。

5.2.3　指标选择方法

逻辑回归是一种计算简单、物理意义明确的非线性多元统计模型，在众多的统计分析方法中，逻辑回归的显著优势是在评价各影响因子的过程中，可较好地解决因子间相互依赖的问题，这对指标方案的选择和评价非常有用。

因此，本书通过构建各指标组合方案的逻辑回归模型对各指标组合方案进行选择。首先计算每场降雨积水过程中各指标方案对应的指标值。对每种指标方案构建降雨和积水关系的逻辑回归模型，以指标方案中的敏感性指标值作为输入变量，以对应的积水过程中的积水深度作为输出变量，以 70%数据作为训练数据、30%数据作为验证数据。

针对 16 种不同指标方案分别构建降雨积水关系的逻辑回归模型，利用平均相对误差和合格率综合评价 16 个指标方案的精度差异，选择综合精度最高的指标方案作为影响积水深度预测的敏感性指标。平均相对误差是指预测值和实际值的绝对误差与实际值比值的平均；合格率是指预测合格的测试样本数量占总测试样本量的百分比。本书以相对误差绝对值不大于 20%认定为合格。合格率的计算公式为：

$$\mathrm{QR} = \frac{q_q}{t_q} \times 100\% \tag{5-5}$$

式中：q_q 为合格样本数量；t_q 为样本总数量。

合格率和平均相对误差表征了预测结果的整体误差水平,合格率越高、平均相对误差越小,预测结果整体误差越小。

5.2.4　指标选择结果分析

基于收集到的 19 场历史降雨和积水过程数据,计算降雨和积水过程中的降雨量、降雨历时、降雨峰值、位置系数、峰值倍比、雨强方差和集中偏度指标值。以 70%数据作为训练数据、30%数据作为验证数据、基于 SQL Server 2012 构建 16 种不同指标组合方案与积水深度的逻辑回归模型,通过将各指标值输入模型得到了各指标组合方案的积水深度预测结果(见表 5-2)。

表 5-2　各指标组合方案精度结果

类别	方案 1	方案 2	方案 3	方案 4	方案 5	方案 6	方案 7	方案 8
平均相对误差/%	15. 39	18. 44	22. 42	21. 82	27. 74	27. 75	38. 25	21. 30
类别	方案 9	方案 10	方案 11	方案 12	方案 13	方案 14	方案 15	方案 16
平均相对误差/%	37. 12	21. 69	16. 10	44. 69	51. 99	55. 29	15. 41	62. 76

由表 5-2 可以看出,16 种指标组合方案中,方案 1、方案 11 和方案 15 的积水深度预测结果的平均相对误差相对较低,分别为 15. 39%、16. 10%和 15. 41%。值得注意的是,这三个方案的指标中均包含集中偏度这一指标,在一定程度上说明了集中偏度对于积水深度的预测是必不可少的。为了分析不同降雨敏感性指标对积水深度预测的影响程度,定量分析了位置系数、峰值倍比、雨强方差、集中偏度对积水深度预测精度的提升效果,即分析方案 12、方案 13、方案 14、方案 15 相对方案 16 的积水深度预测精度提升效果。如图 5-10 所示,含有位置系数、峰值倍比、雨强方差、集中偏度的指标组合方案相对空白对照组的预测精度均有不同程度的提升,说明这些指标对于深度预测均有不同程度的影响,在积水深度的预测中是必不可少的;其中,集中偏度(即方案 15)对于积水深度预测精度提高最大,相对于没有集中偏度这一指标的预测结果,有集中偏度预测结果的平均相对误差由原来的 62. 76%降低到 15. 41%,说明了本研究提出的集中偏度这一新的降雨敏感性指标对提高积水深度预测具有较好的效果。

平均相对误差在一定程度上代表了各指标组合方案预测结果整体的精度差异,但平均相对误差受个别极值的影响较大。合格率是评价积水深度预测整体合格水平的参数,能够有效地避免个别极值对整体精度的影响。因此,为了更全面、更深入地分析和描述各指标方案的优劣,引入合格率对各指标方案的积水深度预测结果进行了精度分析(见图 5-11)。

从图 5-11 可以发现,合格率大于 85%的指标方案分别为方案 1、方案 4、方案 8、方案 11 和方案 15,这五个方案均含有集中偏度这一指标,在一定程度上说明了提出的集中偏度这一指标对于提升降雨积水关系模型的整体预测水平效果明显。而其中方案 1 的平均

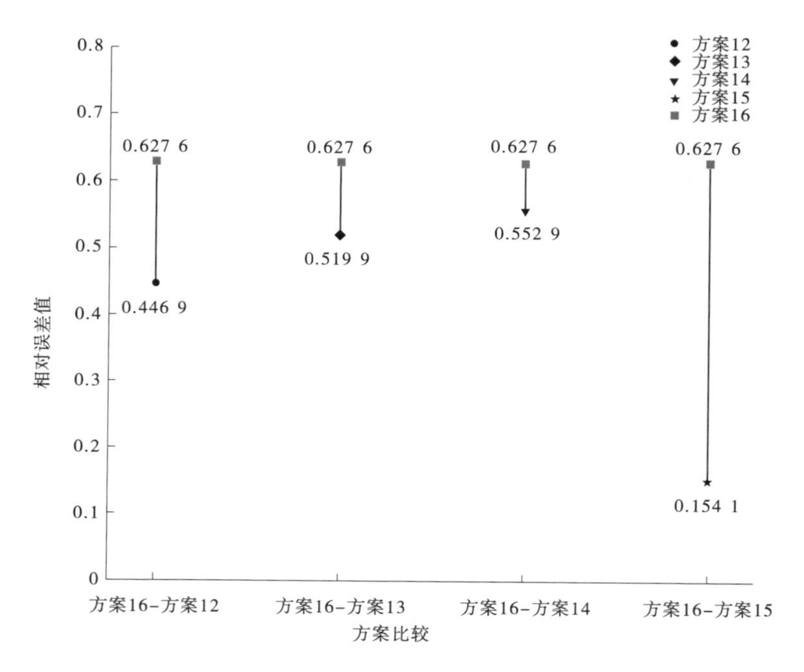

图 5-10　积水深度精度提升效果对比图

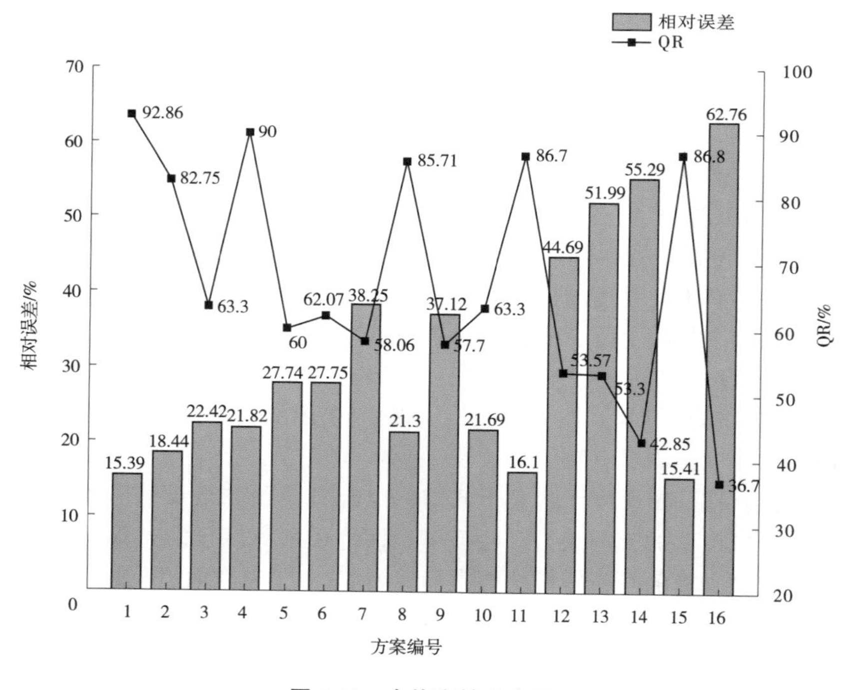

图 5-11　合格率精度分析

相对误差最低、合格率最高,说明方案 1 对积水深度预测结果精度最高,是最适宜作为积水深度预测的指标组合方案。

5.3　基于深度学习的城市洪涝积水点淹没过程的预测模型构建

5.3.1　基于GBDT算法的城市洪涝淹没过程模型构建

利用GBDT算法构建积水过程预测模型,GBDT算法是决策树(decision tree)和梯度提升(gradient boosting)算法结合的一种集成学习算法,GBDT是Boosting家族算法的一种,但是和传统的AdaBoost算法不同,AdaBoost算法在每一轮迭代的过程中,利用前一轮弱学习器的误差来更新样本权重值再进行一轮一轮地迭代。GBDT也是迭代,但是GBDT一般要求弱学习器是分类回归树(classification and regression tree,CART)模型,此外GBDT要求在迭代的每一步构建一个能够沿着梯度最大的方向降低损失的学习器,使得预测样本的损失尽可能小。关于GBDT算法详细的数学描述和参数寻优过程可在以往的研究中找到。

利用GBDT算法构建积水过程预测模型主要可分为以下三个部分:第一是数据的处理和准备,将收集到的降雨和积水过程数据进行拆分、重组和计算指标值;第二是将数据输入到GBDT模型,对模型进行训练,并将测试数据输入模型,输出模型预测结果;第三是利用统计评估指标对模型的性能进行分析。本书基于Python 3.7进行模型的训练和预测,软件运行环境为Windows 10,硬件系统中CPU采用的是Intel Xeon系列的E3-1505M v6,工作频率3 GHz,设备运行内存32 G。模型构建的流程如图5-12所示。

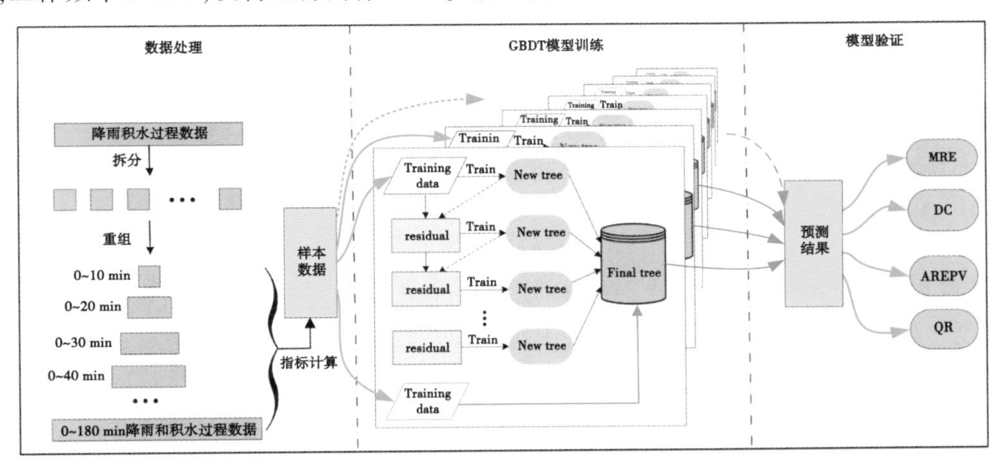

图5-12　基于深度学习的城市洪涝淹没过程的模型构建流程

5.3.1.1　数据收集与处理

降雨和积水是连续的过程,本书研究的目的是针对每一个积水点构建降雨过程和积水过程的关系模型,而GBDT模型无法将过程数据输入模型,模型的输入变量是降雨指标(包括降雨量、降雨历时、降雨峰值、位置系数、雨强方差、峰值倍比和集中偏度),输出变量是积水深度,使得传统建模方式仅能获得积水点处降雨指标与平均积水深度或最大积水深度的关系模型。为了将连续的降雨和积水数据输入模型,构建降雨过程和积水过程的关系模型,需要对降雨数据进行处理。因此,本书研究采用等距分割法对降雨过程和积水过程数据进行了分割重组,将降雨过程和积水过程数据分为若干组降雨过程和积水过程。如图 5-13 所示,将 180 min 降雨过程数据按时间分辨率(10 min)分为 18 段,则一场降雨分成了 18 段连续的降雨过程,将这 18 段降雨过程对应的降雨指标输入模型,则实现了将一场连续的降雨过程输入到 GBDT 模型;同理,积水的过程数据也进行类似拆分重组输入到 GBDT 模型中。

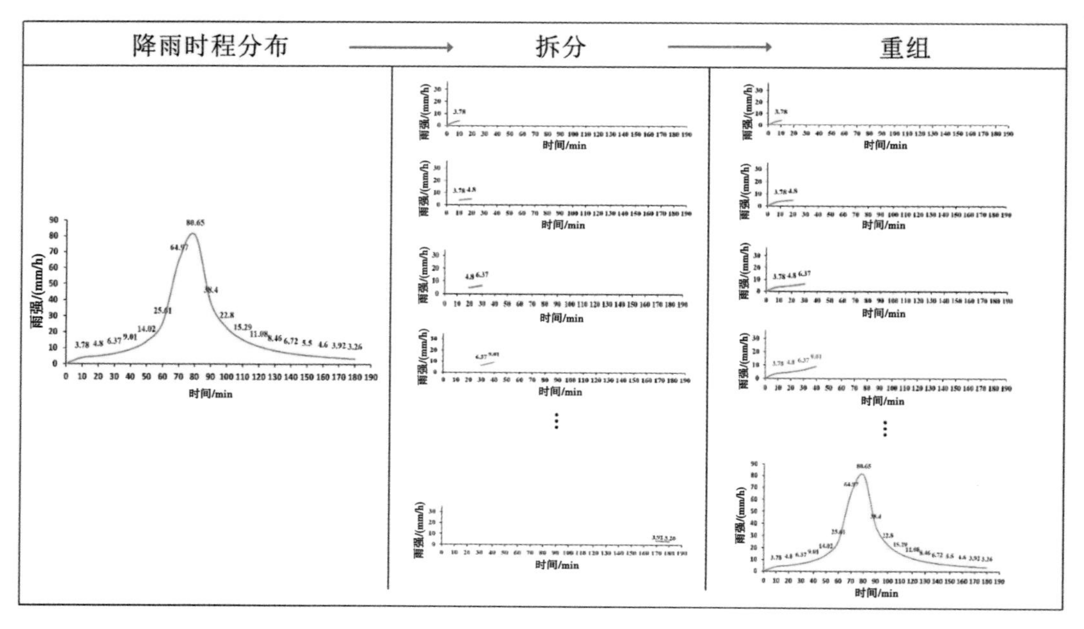

图 5-13　降雨数据预处理

通过对分离出的降雨序列进行积累和重组,得到了 18 组(0~10 min,0~20 min,0~30 min,…,0~180 min)降雨过程(见图 5-13)。同样地,也划分为相应的积水过程。经过拆分重组,一场降雨历时为 180 min 的降雨积水事件将变成 18 个降雨积水事件,在此基础上,计算每场降雨积水事件的指标值,则一场降雨积水事件经拆分重组后可获得 18 个样本数据。类似的,对 19 场降雨积水事件中每个积水点的降雨积水情况进行拆分重组,并计算拆分重组后的指标值,最后经过拆分重组获得了 27 230 个样本数据,如表 5-3 所示,每个样本数据包含输入变量(降雨量、降雨历时、降雨峰值、位置系数、峰值倍比、雨强方差、集中偏度)和输出变量(积水深度)。需要注意的是,我们对每个积水点的样本数据集单独存储,每个积水点包含 2 个独立的表格,分别为训练数据集表格和测试数据集表格,最后,将 50 个积水点共计 100 个独立的表格存储于 CSV 文件中构成了模型的样本数据集。

表 5-3　城市洪涝淹没过程预测模型的样本数据

编号	降雨量 /mm	降雨历时 /min	降雨峰值 /(mm/h)	位置系数	峰值倍比	雨强方差	集中偏度	积水深度 /cm
1	0.93	0	5.60	1	1	0.40	0.01	0.20
2	2.06	10	6.77	1	0.54	0.82	0.02	0.61
3	3.46	20	8.43	1	0.40	1.42	0.03	1.80
4	5.27	30	10.87	1	0.34	2.28	0.05	4.00
⋮	⋮	⋮	⋮	⋮	⋮	⋮	⋮	⋮
27 228	87.52	160	128.11	0.6	0.39	49.38	0.39	3.22
27 229	88.64	170	128.11	0.56	0.37	48.12	0.40	2.75
27 230	89.58	180	128.11	0.52	0.36	47.17	0.42	2.39

5.3.1.2　建模方式和模型结构

积水点位置不同,降雨和积水过程的关系也不同,因此针对每个积水点构建了相对独立的降雨积水关系模型,对于每个积水点,前 16 场降雨积水的样本数据作为训练数据,利用 GBDT 算法对模型进行训练,后 3 场降雨积水数据作为测试数据输入训练后的模型,运行模型得到测试数据的预测结果,最后将 50 个积水点的预测结果分别输出。

模型训练部分可以看作是一个三维结构,首先,整体可分为 50 层,每一层分别为每个积水点的积水过程预测模型,各个积水点的积水过程预测模型相互独立;此外,每个积水点的训练过程又可分为三层,分别为数据输入、模型训练和累加、模型输出及结果预测。GBDT 模型训练完整的数学描述和详细算法可在之前的研究中找到,在此不再赘述。

5.3.1.3　模型精度验证

统计评估方法是评价模型各属性预测能力及模型整体预测性能的有效方法,针对采用 GBDT 算法构建的降雨过程和积水过程关系模型,利用平均相对误差(MAD)、合格率(QR)、确定性系数(DC)和峰值平均相对误差(AREPV)四个统计指标评价各个模型的精度差异。其中,合格率和平均相对误差表征了预测结果的整体误差水平,合格率越高、平均相对误差越小,预测结果整体误差越小;确定性系数(DC)表征的是预测结果与实际积水过程之间的一致性,DC 值范围从 0 到 1,DC 越接近 1,模拟结果越好;峰值平均相对误差(AREPV)表征积水过程中最大积水深的预测精度,峰值平均相对误差越小,说明积水过程中积水最大值的预测精度越高。计算公式为

$$\mathrm{MAD} = \left(\frac{1}{n}\sum_{i=1}^{n}\left|\frac{y_{ci} - y_{oi}}{y_{oi}}\right|\right) \times 100\% \tag{5-6}$$

$$\mathrm{DC} = 1 - \frac{\sum_{i=1}^{n}[y_{ci} - y_{oi}]^2}{\sum_{i=1}^{n}[y_{oi} - \overline{y_o}]^2} \tag{5-7}$$

$$\mathrm{AREPV}=\sum_{j=1}^{m}\frac{h_{cj}-h_{oj}}{h_{oj}} \tag{5-8}$$

式中：y_c 为预测值；y_o 为实测值；$\overline{y_o}$ 为实测值的均值；h_{cj} 为积水点场次积水过程中预测积水深度最大值；h_{oj} 为场次积水过程中实测积水深度最大值；m 为降雨积水的场次。

5.3.2　模型预测结果分析

基于收集到的 50 个积水点 2013—2018 年共 19 场历史降雨和积水过程数据，通过对每场降雨过程按照图 5-13 所述进行拆分重组，得到共计 27 230 条样本数据，选择前 16 场共计 22 730 条数据作为训练数据，最后 3 场共计 4 500 条数据作为验证数据。每条样本数据包含降雨量、降雨历时、降雨峰值、位置系数、雨强方差、集中偏度、峰值倍比和积水深度。

基于 Python 3.7 构建 GBDT 回归预测模型，将前 16 场共计 22 730 条样本数据输入模型，采用控制变量法对模型的参数进行连续优化，以此确定迭代次数、叶节点最小样本量、采样比例、最大深度及学习率等参数（见表 5-4），根据表 5-4 确定的模型参数值对预测模型进行训练和预测，得到了每个测试样本的积水深度的预测结果（见表 5-5）。

表 5-4　城市洪涝淹没过程的预测模型参数

迭代次数	叶节点最小样本量	采样比例	最大深度	学习率
150	30	0.7	6	0.05

表 5-5　城市洪涝淹没过程的模型预测结果

样本数据编号	积水深度预测值/cm	积水深度实测值/cm	绝对误差/cm	相对误差/%
22 731	0	0	0	0
22 732	0.15	0.21	−0.06	28.57
22 733	1.50	1.81	−0.31	17.13
22 734	4.65	4.85	−0.20	4.12
⋮	⋮	⋮	⋮	⋮
27 228	3.60	3.22	0.38	11.80
27 229	3.30	2.75	0.55	20.22
27 230	3.00	2.39	0.63	26.36
均值	10.82	10.34	1.30	19.77

积水点积水过程预测结果的拟合程度是评价模型整体预测性能的重要指标，为验证模型在积水过程预测方面的效果，对得到的后三场 4 500 条验证数据样本的积水深度重组为 3 场降雨过程数据，量化分析每场降雨积水过程预测结果的合格率（QR）、确定性系数（DC）和峰值平均相对误差（AREPV）（见表 5-6），根据表 5-6 的结果，合格率达到 80%以上，确定性

系数达到 0.96,峰值平均相对误差为 5.48%,说明模型在积水过程预测方面可行。

表 5-6　城市洪涝淹没过程的预测模型性能

降雨场次编号	QR/%	DC	AREPV/%
#16	80.42	0.971 6	8.90
#17	83.65	0.960 2	3.84
#18	81.93	0.960 7	3.41
均值	82.00	0.964 2	5.48

注:QR、DC、AREPV 分别为 50 个积水点的合格率均值、确定性系数均值、峰值平均相对误差均值。

为更直观地了解模型的拟合效果,本书研究采用随机抽样的方法抽取了 3 个积水点(#16、#25、#34)绘制了积水过程模拟值和实测值的拟合曲线,如图 5-14 所示,随着降雨预测周期的延长,积水过程的预测结果的精度略有下降,但是误差都在可接受的范围内。其中,预测结果的拟合度在前 60 min 内表现最佳,且预测精度不会随着预测周期的延长而显著降低。这一结果主要归因于 GBDT 模型的训练和预测过程中没有误差积累,下一个时期的预测结果不依赖于上一个时期的预测结果。此外,值得注意的是,3 个积水点的峰值降雨预测结果与实测结果非常接近,绝对误差小于 2.5 cm,这表明 GBDT 预测模型对积水峰值的预测具有良好的适用性。

5.3.3　模型预报误差分析

利用构建的 GBDT 预测模型进行积水点淹没过程预测,其中影响精度的主要原因如下:

(1)积水数据质量不高:积水深度的获取是基于现场测量、图片识别、电子水尺、积水观测设备等方式获取得到的,受积水点水面波动的影响,积水深度的获取会出现一定的误差,对积水点淹没过程模型的预测效果造成一定的影响。

(2)数据量不够大:基于数据驱动的预测模型对训练数据集要求较高,利用 16 场历史降雨积水数据作为训练数据,训练数据集本身没有涵盖所有降雨积水情形,导致在预测时结果出现一定的偏差。

(3)积水点的降雨积水关系出现变化:虽然对于固定的积水点,下垫面条件年内变化较小,但也会发生小幅的变动,导致积水点的降雨积水关系发生小幅变化,因此在利用前期构建的降雨积水关系模型进行淹没过程预测时,精度会受到一定程度的影响。

5.3.4　城市洪涝降雨敏感性因素分析

为了让城市洪涝管理和决策人员进一步了解不同敏感性指标对积水深度的影响程度,以便在未来的城市洪涝预警和防治工作中尽可能减小洪灾造成的损失,有必要探究各个敏感性指标对积水深度的影响程度。基于此,本书研究利用 GBDT 算法对所有指标变量(降雨量、降雨历时、降雨峰值、位置系数、峰值倍比、雨强方差和集中偏度)对积水深度的影响程度进行了定量分析。基于 CART 决策树的 GBDT 算法在对模型训练的过程中,通过计算信息增益比可以直接输出各指标变量对积水深度的贡献程度。

假设模型建立了 L 棵决策树,GBDT 在进行特征重要度计算时,首先需要计算特征 J

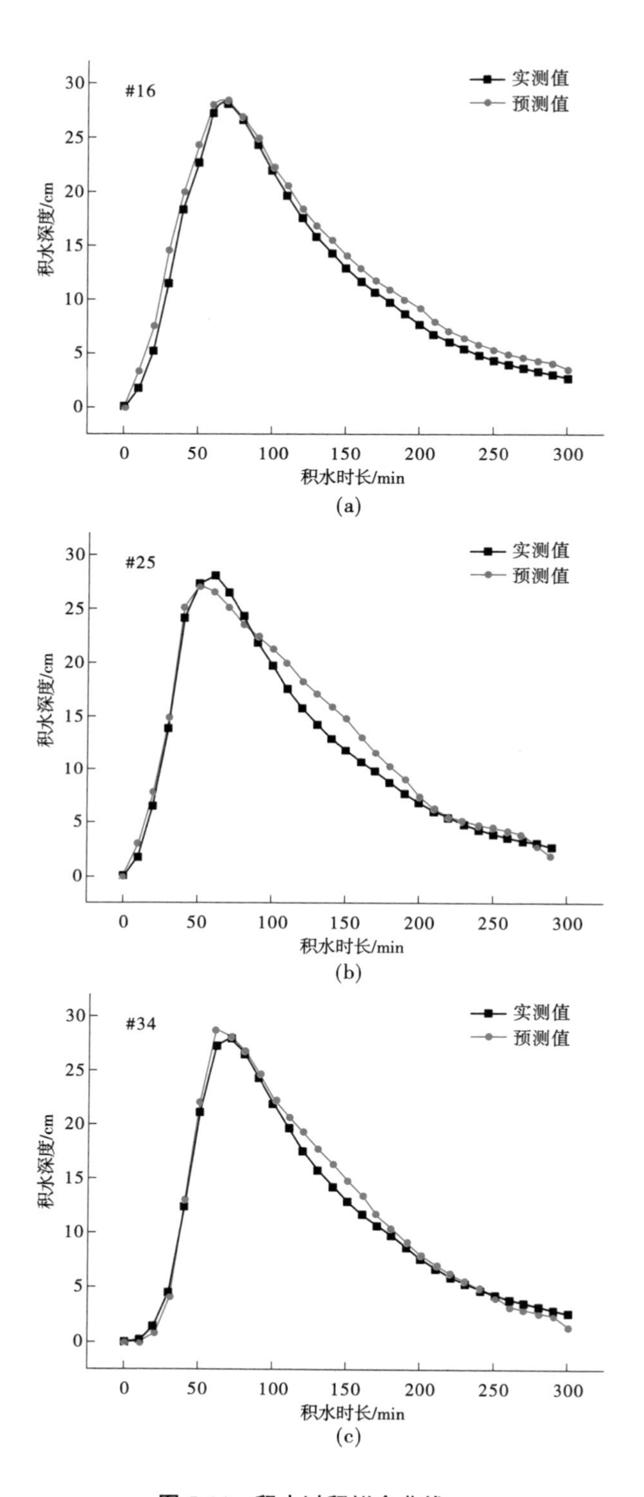

图 5-14　积水过程拟合曲线

在单棵树中的重要度：

$$\hat{J}_j^2(t)=\sum_{m=1}^{M-1}\hat{i}_m^2 l \quad (v_m=j) \tag{5-9}$$

式中：M 为树的叶子节点数量，$M-1$ 为树的非叶子节点数量；v_m 为与节点 m 相关联的特征；$\hat{i}_m^2$ 为特征 J 在节点 m 处分裂之后产生的平方损失。

在得到特征 J 在单棵树中的重要度之后，特征 J 的整体重要度则为特征 J 在单棵树中的重要度的平均值：

$$\hat{J}_j^2=\frac{1}{T}\sum_{t=1}^{T}\hat{J}_j^2(t) \tag{5-10}$$

如图 5-15 所示，降雨量（1.00）、降雨峰值（0.75）、集中偏度（0.71）对积水影响最大，说明城市内涝对强降雨更为敏感，造成这种原因的是城市的不透水面积占比大，雨水到达地表后大部分被截留，由于城市不透水地面的糙率相对林地、草地等透水地面明显降低，被截留的雨水快速汇流形成了积水，使得城市对于短时强降雨非常敏感。相反，峰值倍比（0.31）和雨强方差（0.13）对积水深度的影响较小，说明雨型的小幅波动对积水的影响较小。因此，城市洪水预报和洪灾预防应特别留意短时强降雨和极端降雨事件，同时有必要增大地表透水地面的面积，降低雨水的汇流速度，提高城市洪涝防治体系对强降雨事件的应对能力。

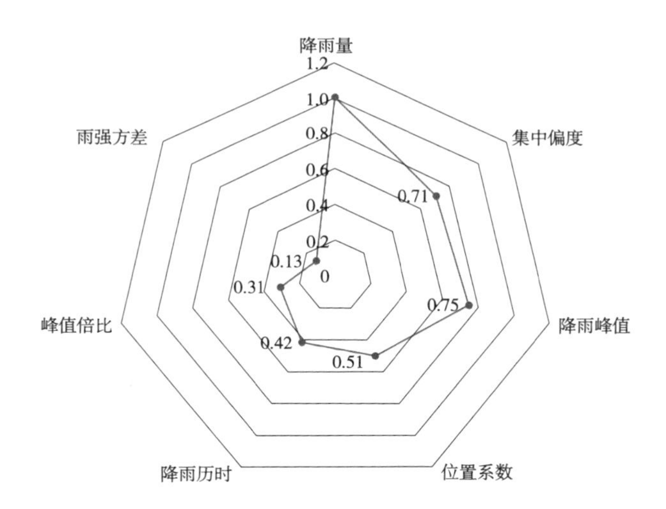

图 5-15　基于 GBDT 模型的指标贡献度分析

5.3.5　与时间序列预报模型比较

5.3.5.1　时间序列预报模型构建

时间序列是某一变量按时间先后顺序排列而成的数列，也是所研究系统历史行为的客观记录，它包含了系统结构特征及运行规律。时间序列的主要思想是根据预测变量本身或其他相关变量过去的变化规律来预测未来。在众多时间序列问题的研究方法中，由于神经网络具有逼近非线性函数的强大能力，因此其被广泛地应用于降雨预测、流量预报和积水预测等时间序列预测的研究中。

基于此,本书利用收集到的降雨和积水的时间序列数据,构建了神经网络时间序列模型,并将结果和 GBDT 算法进行了比较分析,利用时间序列方法建模的完整过程和数学描述参考之前的研究。

时间序列模型构建也就是利用神经网络进行模型的训练过程,神经网络模型是一个网状结构,分为输入层、隐含层和输出层,在利用神经网络模型进行训练的过程中,参数的选取是模型训练的关键步骤,神经网络模型参数的选取对模型的预测性能有着显著的影响,一般来说,隐含层的层数和节点数、迭代次数、学习率是神经网络模型的关键参数。

隐含层的层数和节点数是神经网络最重要的参数之一,隐含层层数和节点数越多,模型的拟合效果越好,但过大的层数和节点数可能会造成过拟合现象,从而降低模型预测的精度。同样,迭代次数的适量增加可以使得模型获得更高的拟合效果,但过高的迭代次数可能会造成过拟合现象,故针对隐含层的层数、节点数和迭代次数采用递增的优化方案。在进行参数优化时,先给定较小的隐含层的层数、节点数和迭代次数,然后控制隐含层的层数、节点数和其他参数不变,增加迭代次数,当随着迭代次数的增加模型精度不再提高时,停止增加迭代次数并确定了迭代次数的最终值,然后依次对其他参数进行优化得到最终的参数值。学习率则控制了神经网络模型的学习速度,取值为 0~1.0,较大的学习率会使得模型快速完成训练过程,但可能会导致系统不稳定,较小的学习率能使模型获得较好甚至全局最佳的拟合结果,但在学习率非常小的时候可能使得模型无法收敛。基于此,采用网格搜索的方法对学习率在 0.000 01~0.1 内进行寻优。

在确定模型参数的基础上,选取 70%的样本数据作为训练数据、30%的样本数据作为测试数据,利用神经网络算法对模型进行训练和测试,得到输入向量 $w(x)$ 和输出向量 $\varphi(x)$ 的映射关系函数。

积水点位置不同,降雨积水关系模型可能存在较大差异,本书选取 3 个典型积水点(#16、#25、#34)构建基于神经网络的时间序列预测模型,需要注意的是,由于每个积水点之间彼此独立,因此需要针对每个积水点构建独立的时间序列预测模型。基于此,本书利用开源数据挖掘软件 Rapid Miner 对每个积水点构建基于神经网络的时间序列预测模型(见图 5-16),模型可大致分为三个部分,分别为时间窗设置、神经网络模型构建和模型的验证及应用。

5.3.5.2 结果分析与比较

本书以 2013—2018 年 19 场降雨积水的时间序列数据作为样本数据,其中,前 16 场降雨积水的时间序列数据作为训练和测试数据,最后 3 场数据作为验证数据,利用神经网络模型进行了提前 10 min,20 min,…,60 min 的预测,如表 5-7 所示,基于神经网络的时间序列模型在单步预报上的精度较高,但随着预见期的延长,模型的平均相对误差显著增高,确定性系数显著降低,特别是当预见期超过 50 min 时,时间序列模型对积水深度预报的平均相对误差已经超过了 40%,基本不能满足实际应用的要求。反之,GBDT 模型的积水深度预测精度虽然在较短的预见期内预报精度低于时间序列模型,但随着预见期的增长,模型的预报精度没有出现明显的降低,从图 5-14 中也可以很直观地看到 GBDT 模型预见期在 180 min 时,其预报结果仍然基本满足实际要求。

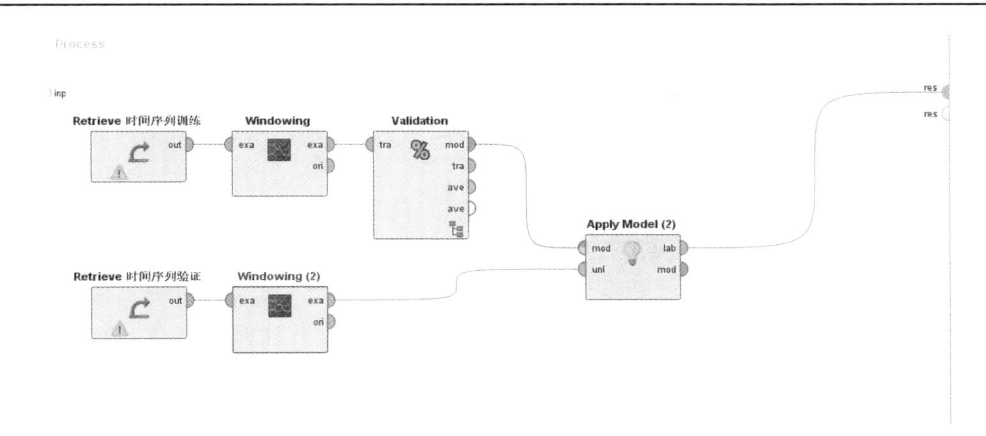

图 5-16　基于 Rapid Miner 的时间序列模型结构图

因此,由上述分析我们可以得到:①时间序列模型在单步预报上精度较高,但随着预见期的延长其预报精度显著降低,更适用于短时积水预测;②GBDT 模型在积水过程预测时预报结果的精度随着预见期的延长并没有显著降低,相对时间序列模型在较长预见期的积水过程预报上表现更优秀,模型鲁棒性和稳定性较强,适用于较长预见期积水过程的预报。

表 5-7　时间序列模型和 GBDT 模型预报结果对比

预见期/min	GBDT		时间序列	
	MAD/%	DC	MAD/%	DC
10	12.80	0.93	2.56	0.99
20	16.36	0.95	4.65	0.96
30	14.73	0.95	10.72	0.93
40	14.77	0.97	15.00	0.91
50	14.62	0.98	27.28	0.84
60	17.21	0.98	40.66	0.85

5.4　基于深度学习模型的城市洪涝积水过程的实时预报

5.4.1　数据准备

降雨预报数据的收集是积水点实时预警的基础和关键环节。随着近年来雷达降雨预报精度的提升,越来越多的降雨预报产品被用来进行降雨的实时预报。彩云科技是一个研究和应用人工智能技术、将人工智能应用于天气预报的科技公司,在 2014 年便推出了分钟级降雨预报产品及服务。基于此,通过调用彩云科技 API 获得了 2019 年 8 月 1 日降雨的分钟级降雨预报数据,降雨预报数据的预见期为 0~120 min,由于雨量站的实测降雨数据更新周期为 10 min,为保证数据对比的统一性,降雨预报数据的更新周期也取 10 min。因此,本书以降雨发生之前 10 min,20 min,…,60 min 共计 6 次更新的降雨预报数据作为预报预警的样本数据，每次更新的样本数据包含 50 个积水点的降雨预报数据。

由于 GBDT 预测模型本质上是影响积水深度敏感性指标和积水深度的关系模型，故在利用 GBDT 预测模型进行积水过程预测时，需要将降雨的时程分布数据转化为相应的指标变量输入模型，数据预处理的详细过程如下：

（1）降雨数据预处理。收集的降雨预报数据是降雨发生之前 10 min，20 min，…，60 min 共计 6 次更新的降雨预报数据，由于 120 min 的预见期可能不完全包含整场降雨过程，这可能使得积水过程的预测精度大幅降低，因此对于不是完整的降雨预报数据采用指数外推法获得完整的降雨预报数据；此外，积水事件和降雨事件通常存在一定的滞后现象，降雨开始时刻，雨水到达地表汇流到形成积水需要一定的时间，而在降雨停止时，地表雨水仍在汇集，积水完全退去往往会滞后一定的时间，因此为了获得完整的积水过程数据，当降雨事件停止时，仍然向 GBDT 模型中输入降雨预报数据，此时的降雨预报数据中降雨量仍然是雨停时刻的降雨量，仅仅改变了降雨事件的降雨历时，这样便得到了雨停后积水逐渐退去的过程曲线。

（2）数据拆分重组。将预处理的 50 个积水点在降雨发生之前 10 min，20 min，…，60 min 共计 6 次更新的降雨预报数据按照图 5-13 所示进行拆分重组，拆分重组的间距仍选 10 min，但需要注意的是，由于降雨预报数据的总时程有时并非 10 的整数倍，因此在对降雨预报数据按照 10 min 的间距进行拆分时，拆分后最后一组的时长可能并非 10 min，但其并不会对重组后计算指标值产生影响，故在拆分重组时默认最后一组的时长可以为 0~10 min 的任意时长。经过对 50 个积水点在降雨发生之前 10 min，20 min，…，60 min 共计 6 次更新的降雨预报数据进行拆分重组，共计获得了 2 112 个样本数据。

（3）指标值计算。对拆分重组后的 2 112 个降雨过程的样本数据分别计算指标值，具体包括降雨量、降雨历时、降雨峰值、位置系数、峰值倍比、雨强方差和集中偏度，经过对样本指标值的计算获得了 2 112 个样本数据。

（4）数据分类与存储。由于本书针对每个积水点构建了独立的积水过程预测模型，且每次降雨预报数据的更新都会得到不同的积水过程预测结果，因此需要对 50 个积水点在降雨发生之前 10 min，20 min，…，60 min 共计 6 次更新的降雨预报数据分别独立存储于 CSV 格式的文件中，共计有 300 个降雨预报数据的样本文件。

5.4.2　积水点预报预警

5.4.2.1　积水点积水结果

以 50 个积水点在降雨发生之前 60 min 的降雨预报数据作为预报预警的样本数据，通过将降雨预报数据的敏感性指标输入 GBDT 预测模型，得到了 50 个积水点的积水过程数据。

采用等距抽样的方法选择了 4 个积水点（#10，#20，#30，#40）绘制积水过程曲线，如图 5-17 所示，这些积水点的积水过程曲线和降雨过程曲线存在轻微的滞后现象，原因是降雨到达地表后汇流到管网中，开始下雨时雨水的汇流量没有超过管道的排水能力，不会形成积水，而当雨水汇集速度超过管网的排水能力时，排水管网被雨水充满，则会在雨水的汇集中心附近形成积水，使得积水点处积水过程线相对降雨过程线具有轻微的滞后现象;此外,图中部分积水在降雨结束时仍然存在积水,原因是前期雨量过大使得城市排水管网被充满,虽然不再有降雨的输入,但是地表汇流和下渗并没有结束,使得在雨停时部分积水点仍然存在积水,这种现象在城市的下穿隧道处尤为常见,为了尽快排出积水点处的积水,城市管理部门通常采用大流量泵抽水加速积水的排出。

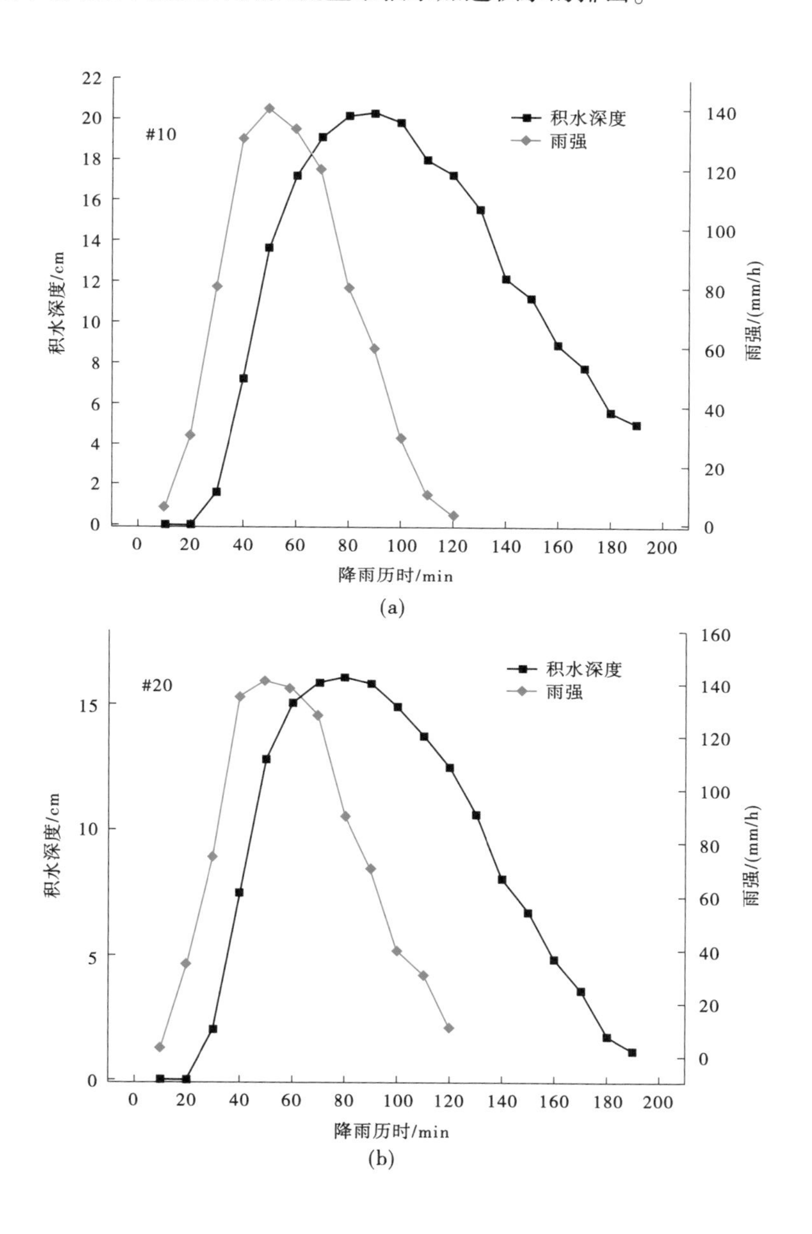

图5-17　积水点积水过程预测结果(部分)

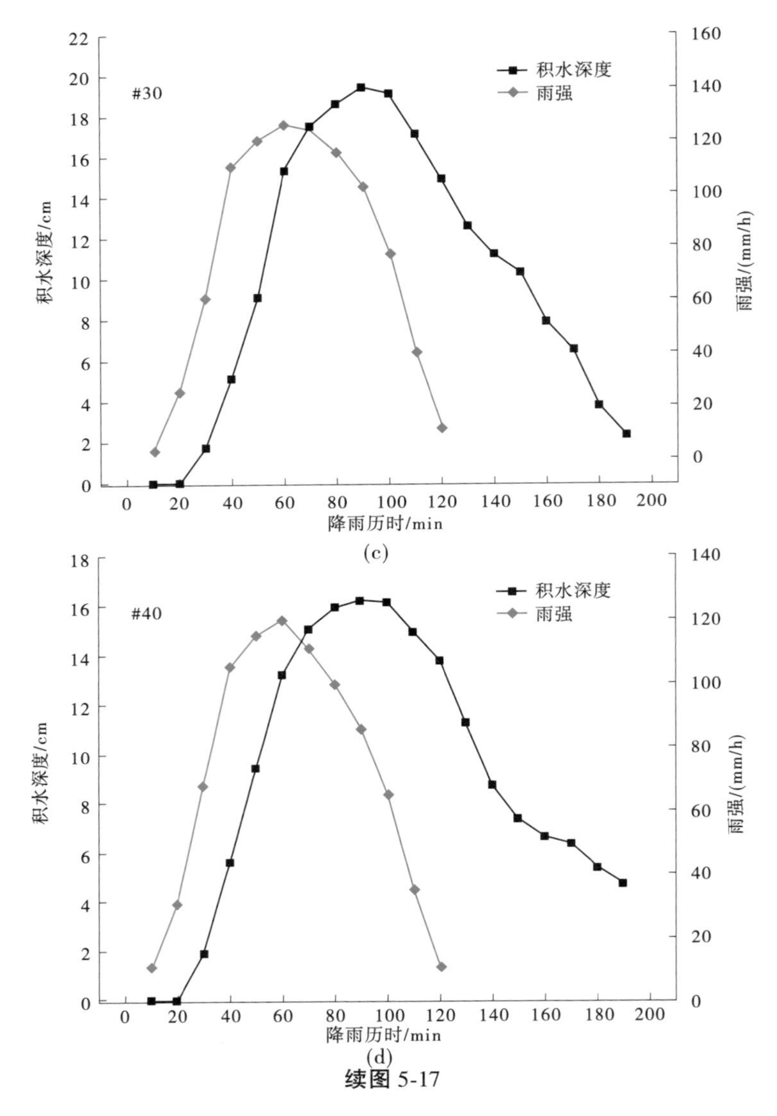

(c)

(d)

续图 5-17

5.4.2.2　预报预警等级划分标准

针对模型输出的各积水点积水深度数据，结合降雨预报数据绘制积水随时间变化的过程曲线。基于积水深度和积水时长的预警等级划分方法既能直接反映积水深度，也考虑了长时间的积水所带来的连续性影响，因此以积水过程中积水深度和积水时长作为预警等级划分依据，按照预报预警等级划分方法进行积水点积水预警等级划分。利用该方法进行预报预警等级划分的标准如下。

Ⅰ级：无内涝，没发现积水或积水最大深度在 3 cm 以下。

Ⅱ级：轻度内涝，积水点处有少量积水，积水最大深度为 3～10 cm，积水时长大于 15 min，对交通、生活、生产无明显影响。

Ⅲ级：中度内涝，积水点处出现积水，且积水最大深度为 10～25 cm，积水时长大于 30 min，对居民交通和生活造成一定影响，行人出行困难，但对生产无明显影响。

Ⅳ级：重度内涝，积水点处积水严重，积水最大深度超过 25 cm，对交通、生活及生产造成严重影响，容易造成车辆熄火、交通堵塞等，并且工厂、商店及居民家中有进水情况发生。

5.4.2.3　积水点预报预警

积水过程中的最大深度和积水的持续时间是决定内涝严重程度的关键指标，故以积水的最大深度和积水时长作为预警的衡量指标，参考预警标准对积水点进行分级预警。为了更直观地显示积水点的预警结果，本书利用 GIS 强大的空间处理和展示功能对积水点进行分级预警，具体预警流程如下：

（1）数据处理。基于获得的 50 个积水点的积水过程预测结果，选取积水过程中积水深度最大值和积水时长作为预警的衡量指标，将 50 个积水点的积水深度最大值和积水时长存储于 Excel 表格中。

（2）数据连接。GIS 和积水深度数据的关联是预警的关键环节，GIS 支持多种关联和连接功能，具体包括空间连接、关联和属性连接，其中属性连接可以直接在源表中进行扩展，将属性增加到原属性表中，可以直接在源图中显示目标属性的功能，这种属性连接功能操作方便且不易造成地理坐标不匹配的问题，基于此，本书利用 GIS 的属性连接功能将 50 个积水点的地理坐标和郑州市地图进行关联。

（3）预警及展示。根据积水点分级预警标准，利用 GIS 的空间展示功能绘制了积水点的积水等级图，如图 5-18 所示，郑州市积水较为严重的区域主要集中在郑州市的中部和东部地区，特别是陇海路、航海路沿线及中部老城区积水较为严重，原因是航海路、陇海路这些城市主干道下穿隧道较多，下穿隧道标高较低、地形坡度较大、汇水面积广，雨水到达地表后迅速汇集流向下穿隧道底部形成积水，因此积水严重的积水点大多出现在这些下穿隧道附近。相反，郑州市北部积水点的积水程度明显较轻，原因可能是郑州北部紧邻黄河湿地，地表透水面积比例较大，地形平坦，雨水到达地面后下渗截留量较大，导致汇流量和汇流速度均较小，所以积水点处的积水程度较轻。

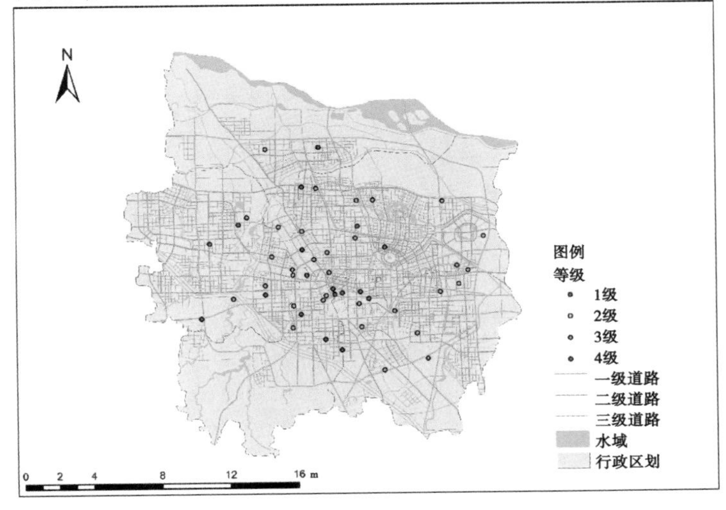

图 5-18　积水点预警等级图

5.4.3 积水点预报预警的实时修正

通过将拆分重组后的降雨发生前 60 min,50 min,40 min,…,10 min 的降雨预报数据输入模型,得到了 50 个积水点在降雨发生前 60 min,50 min,40 min,…,10 min 的积水过程数据。同理选取积水最大深度和积水时长作为预警衡量指标,结合 GIS 的空间处理和展示功能绘制了实时修正的积水点预警结果,如图 5-19 所示,随着降雨预报数据的不断更新修正,积水预警结果发生了一些变化,部分积水点的预警结果改变了一个等级,但值得欣慰的是,随着降雨预报数据从降雨发生前 60 min 更新到降雨发生前 10 min,各个积水点预报预警结果的变化均在一个等级之内,说明基于降雨预报数据进行积水点的实时预警是可行的。

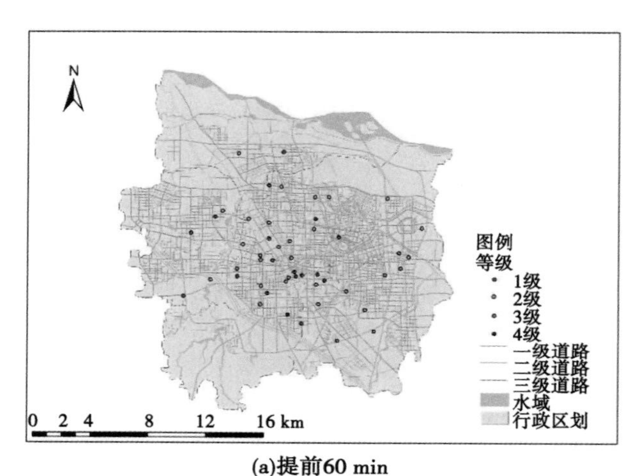

(a)提前60 min

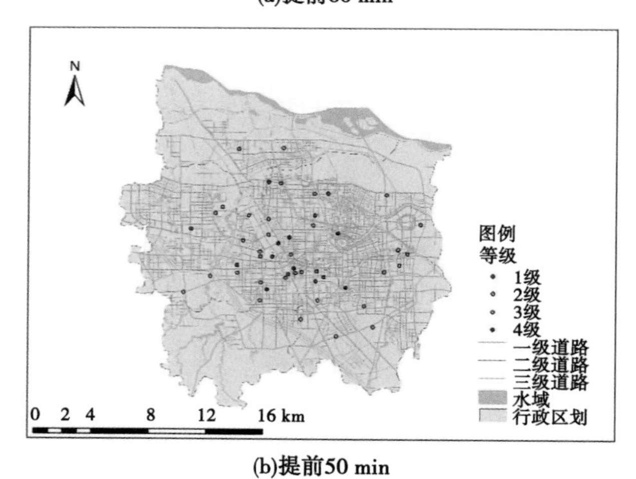

(b)提前50 min

图 5-19 积水点实时预警等级

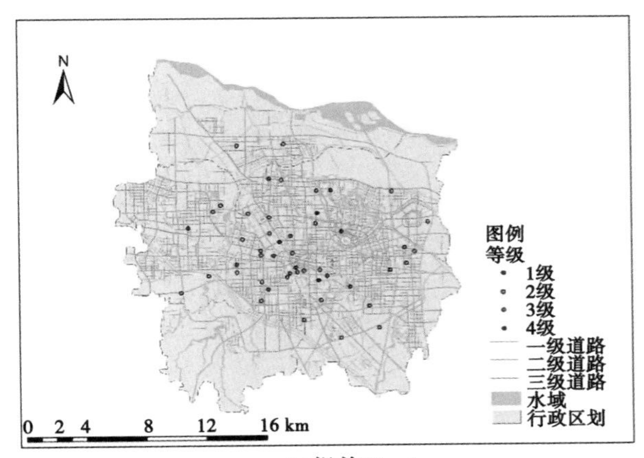

(c)提前40 min

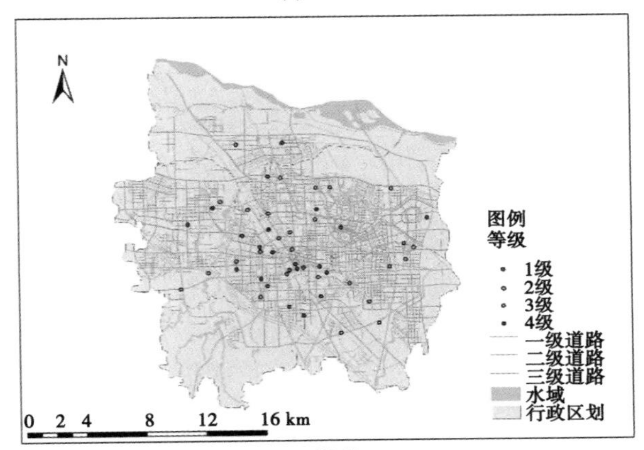

(d)提前30 min

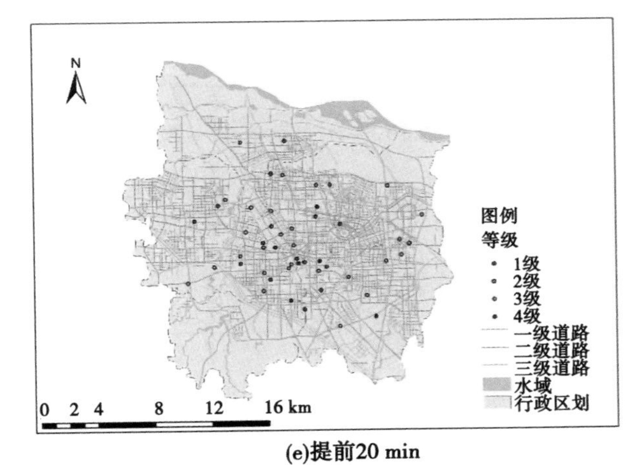

(e)提前20 min

续图 5-19

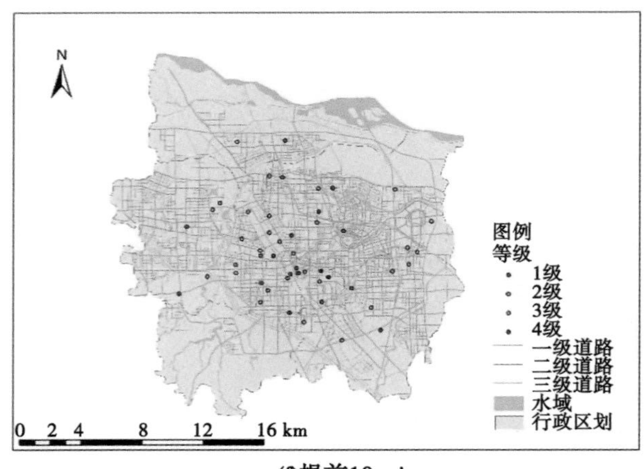

(f)提前10 min

续图 5-19

为了进一步验证利用降雨预报数据进行积水点实时预警结果的有效性,本书通过积水监测设备、电子水尺和实际测量等手段获得了 2019 年 8 月 1 日降雨场次各个积水点的积水深度,将积水点实时预警结果和实测结果进行了对比分析。如表 5-8 所示,从预警结果的整体效果上分析,积水点实时预警结果的准确率均在 80%以上,且随着预见期的缩短,预警结果的精度整体呈现上升的趋势,预警结果的整体精度能够基本满足城市洪涝预报预警的要求;从预警结果的局部精度上分析,如表 5-8 所示,在不同等级的积水点的预警结果中,对于积水等级为 4 级(即严重积水)的预测准确率明显偏高,说明本书提出的基于 GBDT 算法的积水点积水过程预报预警模型对于较严重积水的预测具有明显优势,而严重积水点往往是城市洪涝防治工作的重中之重,因此该模型可以为城市洪涝防治和预报预警提供更具针对性和现实意义的技术参考。

表 5-8　积水点预警结果统计

积水等级	提前 60 min	提前 50 min	提前 40 min	提前 30 min	提前 20 min	提前 10 min	实测
1 级/个	9	10	12	5	5	7	7
2 级/个	15	13	13	17	17	12	13
3 级/个	16	15	14	18	18	20	19
4 级/个	10	12	11	10	10	11	11
准确率/%	82	84	80	82	84	96	

第6章　基于贝叶斯网络的城市要素对洪灾损失的影响关系量化

城市要素对暴雨洪涝灾害损失的影响关系量化主要解决两个不确定性问题:①各城市要素指标对灾害损失的影响程度不确定;②各城市要素指标之间的相关性不确定。贝叶斯网络作为不确定领域知识表达和概率推理的理想工具,适合对城市暴雨洪涝不确定性问题量化分析。本章基于构建的城市要素对暴雨洪涝灾害的影响机制本体模型,研究本体关系到层次贝叶斯网络结构的转换规则,利用历史数据来确定层次贝叶斯网络模型变量的先验概率,构建市域和街区尺度下的层次贝叶斯网络模型,实现城市要素对暴雨洪涝灾害损失的影响关系量化表达。

6.1　本体模型到层次贝叶斯网络结构转换规则

6.1.1　层次贝叶斯网络模型的理论基础

贝叶斯网络(bayesian network,BN)是由图论和概率论结合而成的描述多元统计关系的模型。因此,BN被记为一个二元组,即BN=(G,P)。其中G表示一个有向无环图,记为$G=(V, E)$,其中V表示图中节点集合,对应研究领域的变量,E为图中节点之间边的集合,表示变量之间的因果依赖关系;P为图中节点的概率分布集合,表示节点之间的影响程度。

以风险因子A_1、A_2和风险后果A_0构建一个简单的贝叶斯网络为例,形成一个有向无环图,如图6-1所示。其中,从A_1、A_2到A_0分别各有一条边,称A_1、A_2为A_0的父节点,A_0为A_1、A_2的子节点。A_0没有子节点称为根节点。图6-1中的边表示A_1、A_2和A_0的因果关系。

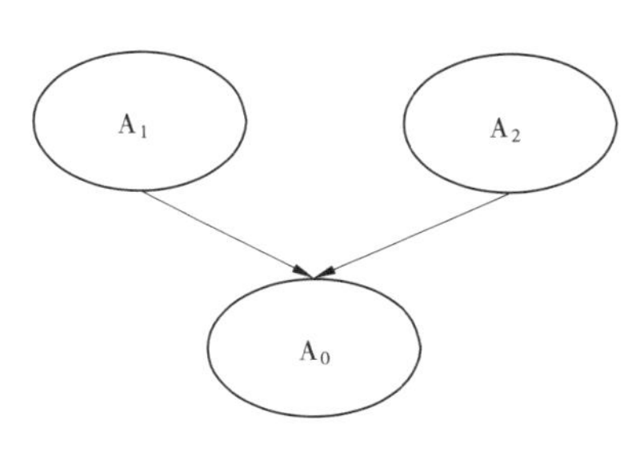

图6-1　贝叶斯网络示例

贝叶斯网络概率分布设定父节点A_1、A_2具备先验概率,子节点A_0具备条件概率。条件概率是指在父节点发生时子节点的概率。假设A_1、A_2的先验概率如表6-1所示,先验概率主要通过专家先验知识和已有的数据资料或二者相结合的方式确定,其中风险因子的概率合计为1。

表6-1　风险因子A_1、A_2的先验概率

风险等级	风险因子A_1的概率(P_1)	风险因子A_2的概率(P_2)
高	P_{11}	P_{21}
低	P_{12}	P_{22}

则 A_0 的条件概率(P_0)分布情况如表 6-2 所示。

表 6-2　风险后果 A_0 的条件概率分布

风险因子 A_1	风险因子 A_2	风险后果 A_0风险等级概率	
		高(P_{01})	低(P_{02})
P_{11}	P_{21}	$P(A_0=P_{01} \mid A_1=P_{11}, A_2=P_{21})$	$P(A_0=P_{02} \mid A_1=P_{11}, A_2=P_{21})$
P_{11}	P_{21}	$P(A_0=P_{01} \mid A_1=P_{11}, A_2=P_{22})$	$P(A_0=P_{02} \mid A_1=P_{11}, A_2=P_{22})$
P_{12}	P_{22}	$P(A_0=P_{01} \mid A_1=P_{12}, A_2=P_{21})$	$P(A_0=P_{02} \mid A_1=P_{12}, A_2=P_{21})$
P_{12}	P_{22}	$P(A_0=P_{01} \mid A_1=P_{12}, A_2=P_{22})$	$P(A_0=P_{02} \mid A_1=P_{12}, A_2=P_{22})$

其中,A_0 的条件概率表示为当 A_1、A_2 处于某一风险等级时,A_0 的风险为高(P_{01})或者为低(P_{02})的概率,以 $P(A_0=P_{01} \mid A_1=P_{11},\ A_2=P_{21})$ 为例,其计算公式为:

$$P(A_0 = P_{01} \mid A_1 = P_{11}, A_2 = P_{21}) = \frac{P(A_0 = P_{01}, A_1 = P_{11}, A_2 = P_{21})}{P(A_1 = P_{11}, A_2 = P_{21})} \tag{6-1}$$

贝叶斯定理的基本数学描述为:设 $A = \{A_0, A_1, A_2, \cdots, A_n\}$ 为事件集的变量集合,并假设每个节点均独立于其他非子孙节点,则贝叶斯公式如式(6-2)所示。

$$P(A_i \mid A_j) = \frac{P(A_i, A_j)}{P(A_j)} = \frac{P(A_i)P(A_j \mid A_i)}{P(A_j)} \tag{6-2}$$

式中:$P(A_i)$ 和 $P(A_j)$ 为先验概率;$P(A_j \mid A_i)$ 为条件概率;$P(A_i \mid A_j)$ 则为后验概率,即在已知父节点 A_j 概率的情况下,其子节点 A_i 的概率。

事件集变量的联合概率分布表示为:

$$P(A_1, A_2, \cdots, A_n) = \prod P(A_i \mid U_i) \tag{6-3}$$

式中:$U_i \subseteq \{A_0, A_1, A_2, \cdots, A_{n-1}\}$,表示变量 A_i 的所有原因变量集合。

因此,可以将城市要素指标作为灾害损失指标的原因变量,灾害损失指标作为模型的根节点,构建城市要素对暴雨洪涝灾害损失影响关系量化的贝叶斯网络模型。

常见的贝叶斯网络建模可分成定性分析和定量评估两个部分,定性分析是分析和建立贝叶斯网络结构关系,定量评估是量化贝叶斯网络结构中节点概率的分布情况。但在洪水灾害风险研究领域,因为数据的缺乏,常采用专家知识来确定贝叶斯网络结构关系建立和节点先验概率。由于贝叶斯网络中节点关系的复杂性及联动性,采用专家知识确定结构及先验概率会产生工作量大且效率不高的问题。因此,基于第 4 章“城市暴雨洪涝灾害数据管理本体模型”中构建的本体模型,设计本体关系到贝叶斯网络结构关系的转换规则,构建城市要素对暴雨洪涝灾害损失影响关系的贝叶斯网络结构。同时,利用本体模型所整合的研究数据确定贝叶斯网络模型的概率分布,以减少专家知识的参与,提高模型的构建及运行效率。

6.1.2　考虑变量多态系统的节点转换规则

层次贝叶斯网络将节点变量定义为一个二元组 $VA_i = (a, \bar{a})$ $(i = 1, 2, \cdots, n)$,其中

$(a, \bar{a})$分别表示 A_i 状态属性中 True 和 False 的概率值。因此,节点转换规则设计包含两个部分:本体概念到节点的转换和概念状态到节点状态的转换。其中,在城市暴雨洪涝灾害损失和城市要素数据中,节点的状态属性并不限于二元态势,多数变量会处于多态系统,即变量状态还存在处于“是”和“否”中间的状态,如:暴雨的状态,按照国家气象规定,按照 24 h 降雨量大小分为暴雨、大暴雨、特大暴雨。因此,采用传统贝叶斯网络的二元组态势节点不能满足城市暴雨洪涝灾害损失和城市要素数据状态的描述,需在设计节点转换规则时加以调整。

6.1.2.1　本体概念到节点的转换

层次贝叶斯网络结构中节点的确定主要是依赖专家识别出影响根节点的子节点和父节点。在城市要素对暴雨洪涝灾害的影响机制研究中,以城市暴雨洪涝灾害损失为根节点,以与城市暴雨洪涝灾害相关的主要城市要素指标为子节点和父节点。将城市要素对暴雨洪涝灾害的影响机制本体模型中的概念集合分别对应到市域和街区尺度下贝叶斯网络结构中的节点变量,则可表示为:

$$A = \{A_c, A_s, A_p\} \tag{6-4}$$

式中:A_c 表示市域尺度下的贝叶斯网络结构节点合集;A_s 表示街区尺度下的贝叶斯网络结构节点合集;A_p 表示市域和街区尺度中相同的贝叶斯网络结构节点。

6.1.2.2　本体概念状态到节点状态的转换

本体概念状态到贝叶斯网络结构节点状态的转换是将本体概念下整合的数据划分等级的过程。城市要素对暴雨洪涝灾害的影响机制本体模型中的概念数据可分为两类:一类是将国家或行业有明确的等级划分标准作为参考的数据,如对于城市暴雨洪涝灾害损失,水利行业标准《洪涝灾情评估标准》(SL 579—2012)定义了场次和年度洪涝灾害等级及阈值;另一类是国家或行业没有明确的等级划分标准作为参考的数据,如防汛工程物资投资水平等。

基于第二类概念数据情况,引入联合国政府间气候变化专门委员会(intergovernmental panel on climate change,IPCC)提出的 7 级风险概率表述方式,其概率范围及对应语言表述如表 6-3 所示。基于 IPCC 的概率定性表述,结合已有研究、专家知识和城市具体情况,设定数据等级,对应到层次贝叶斯网络节点状态。

表 6-3　IPCC 的概率定性表述

概率范围	语言表述
(0,1%]	几乎不可能发生
(1%,10%]	很小可能发生
(10%,33%]	较小可能发生
(33%,66%]	中等可能发生
(66%,90%]	较大可能发生
(90%,99%]	很大可能发生
(99%,100%)	肯定发生

6.1.3　基于因果关系的边转换规则

层次贝叶斯网络模型主要用来处理事件的因果关系分析,其网络结构中的边主要表示上下节点间的因果关系。因此,设计以因果关系为主线的本体概念关系提取到贝叶斯网络结构关系的转换规则。根据城市要素对暴雨洪涝灾害的影响机制本体模型的概念语义关系、时间关系和空间关系,基于本书的应用目的和尽量提高层次贝叶斯网络模型构建效率的目标,暂不考虑概念的空间关系中因果关系的提取。

6.1.3.1　语义关系中因果关系的提取

第 4.3.3 节"基于影响关系的本体语义概念关系体系"中定义的城市要素对暴雨洪涝灾害本体模型的概念语义关系体系包括:整体/部分(part-of)关系、正向影响(increase)关系、负向影响(decrease)关系和兼具正向和负向影响(compound)关系。在城市要素对暴雨洪涝灾害的影响机制本体模型的概念语义关系体系中,建立的均是城市要素对暴雨洪涝灾害损失的单项关系,这种单项关系均可理解为以城市要素为因,以暴雨洪涝灾害损失为果的因果关系。因此,城市要素对暴雨洪涝灾害本体模型的概念语义关系皆可转换为层次贝叶斯网络中的因果关系。

6.1.3.2　时间关系中因果关系的提取

由于定义的时间关系中因果关系并不明显,如时间关系中相接(meet)、相交(overlap)、包含(contain)关系等。基于此,考虑因果关系具有明显的上下位关系属性,以此为准则,提取时间关系中具有上下位的关系进行因果关系转换。根据第 4.4.1 节"基于时间逻辑的模型数据关系"中对时间关系的解释,其中具备明显上下位关系的关系类型有早于(before)、晚于(after)。

6.2　城市要素对暴雨洪涝灾害损失影响程度的量化方法

6.2.1　市域和街区尺度下层次贝叶斯网络结构

6.2.1.1　市域尺度下的层次贝叶斯网络结构

以第 4 章"城市暴雨洪涝灾害数据管理本体模型"中构建的城市要素对暴雨洪涝灾害的影响机制本体模型为基础,基于第 6.1 节"本体模型到层次贝叶斯网络结构转换规则"中设计的关系转换规则,构建市域尺度下的层次贝叶斯网络结构,如图 6-2 所示。

如图 6-2 所示,市域尺度下的层次贝叶斯网络结构主要分为三个层次:最底层以灾害经济损失情况为根节点;第二层为城市要素类型节点,建立了城市要素类型与灾害损失情况的因果关系;最上层为城市要素各指标节点,各指标根据第 3 章"社交媒体中城市洪涝数据的挖掘方法与应用"中市域尺度下的指标体系进行选取,并将有因果关系的节点通过有向边进行连接,如 GDP 影响着当年的教育科研投入水平。

6.2.1.2　街区尺度下的层次贝叶斯网络结构

依据第 3 章"社交媒体中城市洪涝数据的挖掘方法与应用"中街区尺度下的指标体系构建结果,将灾害损失分为经济损失和交通通行状况,因此街区尺度下分别构建以经济

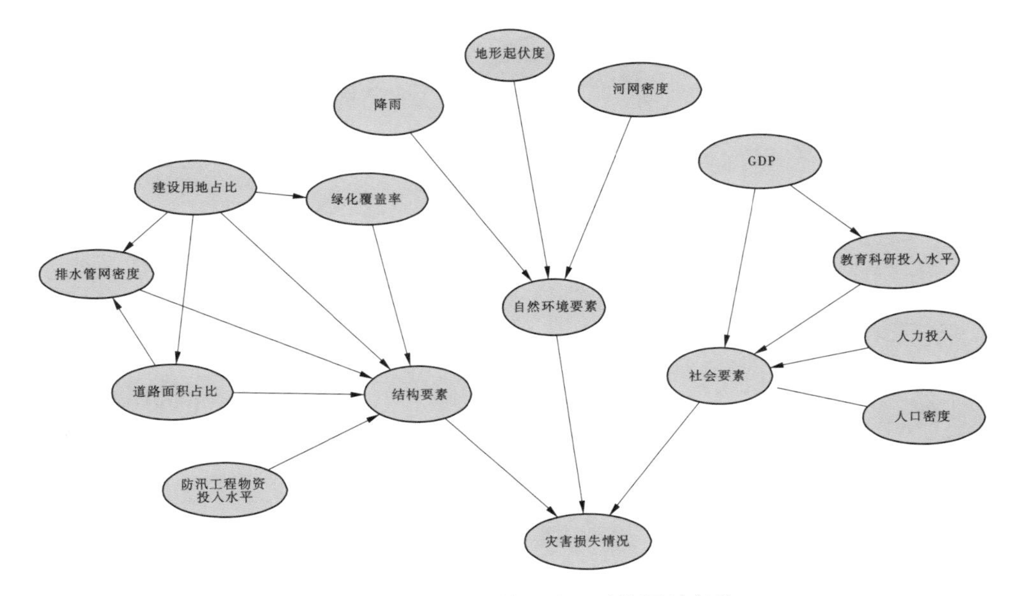

图 6-2　市域尺度下的层次贝叶斯网络结构

损失和交通通行状况为目标的层次贝叶斯网络结构。

以第 4 章“城市暴雨洪涝灾害数据管理本体模型”中构建的城市要素对暴雨洪涝灾害的影响机制本体模型为基础，基于第 6.1 节“本体模型到层次贝叶斯网络结构转换规律”中设计的关系转换规则，构建街区尺度下以损失情况和交通通行状况为目标的层次贝叶斯网络结构。在街区尺度下以损失情况为目标的层次贝叶斯网络结构为例，其层次贝叶斯网络结构如图 6-3 所示。街区尺度下以交通通行状况为目标的层次贝叶斯网络结构和以损失情况为目标的层次贝叶斯网络结构相同，只有最底层变为以交通通行状况为根节点。

如图 6-3 所示，街区尺度下以损失情况为目标的层次贝叶斯网络结构主要分为三个层次：最底层以灾害损失情况为根节点；第二层为城市要素类型节点，建立了城市要素类型与灾害损失情况的因果关系；最上层为城市要素各指标节点，各指标根据第 3 章“社交媒体中城市洪涝数据的挖掘方法与应用”中街区尺度下的指标体系进行选取，并将有因果关系的节点通过有向边进行连接，如道路面积占比影响着街区的排水口数量。

上述三个层次的贝叶斯网络模型结构在具体应用时，需根据研究区情况，依据专家知识进行调整。

6.2.2　基于 EM 算法的节点因果关系概率分布表的构建

各尺度下的层次贝叶斯网络结构构建完成后，需要将其节点间的因果关系用概率表示出来。本书构建的层次贝叶斯网络模型设计的节点具有多个状态，因此其概率分布仅靠专家知识或历史数据统计比较难以实现。层次贝叶斯网络模型节点的概率分布构建是节点变量参数学习的过程。目前常用的参数学习算法主要有极大似然估计算法、梯度上升算法、期望最大化（expectation-maximum，EM）算法。其中，极大似然估计算法以参数固

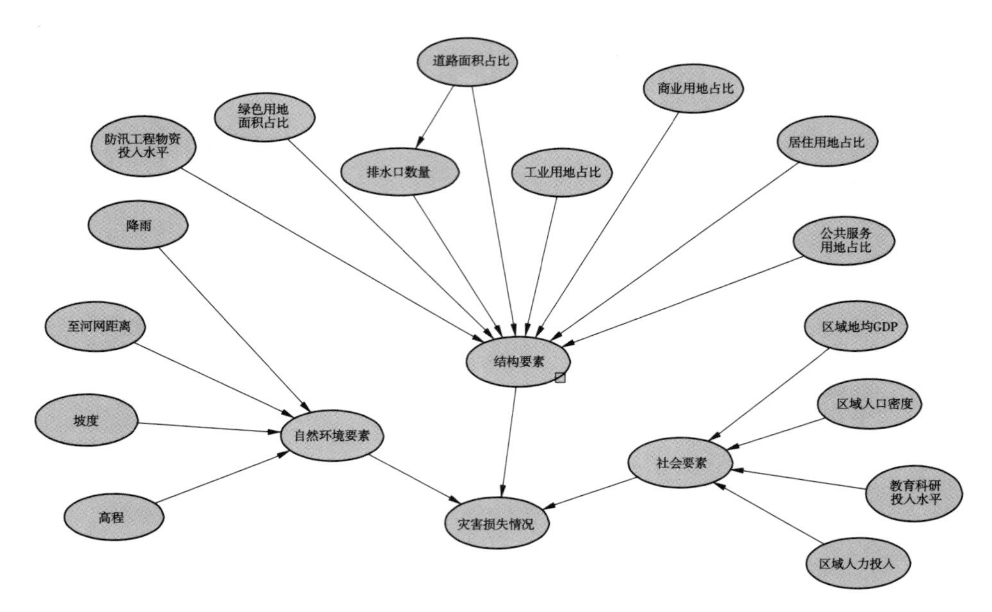

图 6-3　街区尺度下以损失情况为目标的层次贝叶斯网络结构

定为前提,通过选取样本概率最大值作为最优参数,能够有效逼近网络真实参数,但是当观测数据有缺失时,结果难以达到满意的效果。梯度上升算法利用梯度来快速计算函数极大值,适应性强,但需要在所有合理的参数范围空间中搜索,存在局部极值,因此需要结合优化技巧来求得理想结果。EM 算法能对网络参数近似估计,通过计算完整似然的期望,得出使完整似然的期望最大的参数,再不断迭代地进行参数估计,可保证算法收敛。城市洪涝灾害贝叶斯网络模型常采用极大似然估计算法来定量估计参数,但极大似然估计算法对样本的完整性要求高,对于某些变量中的部分缺失样本难以自行补充,而 EM 算法能够采用条件期望来代替,从而有效解决这个问题。基于此,本书选择 EM 算法进行城市要素对暴雨洪涝灾害损失的影响关系层次贝叶斯网络模型的参数学习。

EM 算法通过将市域和街区尺度下层次贝叶斯网络节点 A 样本的似然函数 $L(\theta,D)$ 的对数似然函数 $\lg L(\theta,D)$ 进行运算,其中 θ 表示参数合集, D 表示样本数据。运算过程包含两个部分:计算函数 $\lg L(\theta,D)$ 的期望和使完整似然期望最大的参数。

(1)对数似然函数的期望计算。

设 $\theta = \{\theta_1,\theta_2,,\cdots,\theta_k,\cdots,\theta_{k+m}\}$ 表示参数的取值空间,计算 $\lg L(\theta,D)$ 的期望,即

$$Q(\theta,\theta_k) = E_\theta(k)\{\lg L(\theta,D)\} \tag{6-5}$$

(2)使完整似然期望最大的参数计算。

设存在 $\theta_{k+1} \in C$,使 $Q(\theta_{k+1},\theta_k) \geqslant Q(\theta,\theta_k)$,对 $\forall \theta \in C$ 成立。

则对上述步骤不断迭代,从而产生参数值序列 $\{\theta_k\}$,得出 θ_{k+1} 直至收敛,进而得到关于 θ 的最大似然函数 $L(\theta_{k+1} \mid D)$ 。

$$\theta_{k+1} = \underset{\theta}{\operatorname{argmax}} Q(\theta,\theta_k) \tag{6-6}$$

则在给定样本 D 下,市域和街区尺度下层次贝叶斯网络节点的条件概率 $P(D \mid \theta_{k+1})$ 为:

$$P(D \mid \theta_{k+1}) = L(\theta_{k+1} \mid D) \tag{6-7}$$

至此,得出市域尺度和街区尺度下层次贝叶斯网络各节点的概率分布表,即在父节点不同状态下子节点的概率,如在不同城市要素指标条件下不同灾害损失程度发生的概率,完成层次贝叶斯网络模型的构建。

6.2.3　城市要素对暴雨洪涝灾害损失影响程度的量化评估

基于构建的层次贝叶斯网络模型,开展敏感性分析是指在层次贝叶斯网络模型中的某些参数发生改变后,分析对模型输出产生的影响。因此,在城市要素对暴雨洪涝灾害损失影响关系的量化层次贝叶斯网络模型中,可通过不同尺度下层次贝叶斯网络模型的根节点对父节点的敏感程度来量化表示城市要素对暴雨洪涝灾害损失的影响程度。敏感度越高,则说明城市要素对暴雨洪涝灾害损失的影响程度越高。在层次贝叶斯网络模型的敏感性分析中,通过计算并确定敏感性函数来实现变量敏感性量化。

假设城市暴雨洪涝灾害损失指标节点 A_0 在城市要素指标节点 A_e 的条件下取特定值的概率用 $P(a|b)$ 表示,其中 a 为节点 A_0 的某个特定取值,b 为节点 A_e 的取值。参数用 $\psi = P(c|\pi)$ 表示,其中 c 为任意城市要素指标节点 A_h 的取值,π 为节点 A_h 与其父节点的联合取值。用 $P(a|b)(\psi)$ 表示 $P(a|b)$ 与 $\psi = P(c|\pi)$ 的函数。随着 $\psi = P(c|\pi)$ 的变化,节点 A_h 的其他取值构成的参数 $\sigma = P(c' \mid \pi)(c' \neq c)$ 的值随之改变,以保证所有取值的概率之和为1。$P(a|b)(\psi)$ 可以表示为 σ 和 ψ 的函数,即

$$P(c' \mid \pi)(\psi) = P(c' \mid \pi) \times \frac{1-\psi}{1-P(c \mid \pi)} \tag{6-8}$$

式中:$P(c|\pi)<1$。

因此,$P(a|b)(\psi)$ 可以表示成两个线性函数的商,即

$$P(a \mid b)(\psi) = \frac{P(a,b)(\psi)}{P(b)(\psi)} = \frac{m_1\psi + m_2}{m_3\psi + m_4} \tag{6-9}$$

式中:m_1、m_2、m_3、m_4 为固定的系数。

层次贝叶斯网络定义参数 ψ 的敏感性为 $P(a|b)(\psi)$ 对变量 A 的偏导数,即 $S(\psi)$ 为:

$$S(\psi) = \frac{\partial P(a \mid b)(\psi)}{\partial \psi} \tag{6-10}$$

当 $S(\psi)>0$ 时,$P(a|b)(\psi)$ $P(a \mid e)(\theta)$ 随 ψ 的增大而增大;当 $S(\theta) < 0$ 时,$P(a \mid e)(\theta)$ $P(a|b)(\psi)$ 随 ψ 的增大而减小;当 $S(\psi)=0$ 时,$P(a \mid e)(\theta)$ $P(a|b)(\psi)$ 不随 ψ 的变化而变化。参数 ψ 的敏感度表示为:

$$I(\psi) = \frac{1}{rs}\sum_{a,b} \frac{\partial P(a \mid b)(\psi)}{\partial \psi} \tag{6-11}$$

式中:r 与 s 为 A_0 和 A_e 的取值个数。

则城市暴雨洪涝灾害损失指标节点 A_0 对城市要素指标节点 A_h 的敏感度,即节点 A_h 相对于节点 A_0 的影响程度为:

$$IM(A_h) = \frac{1}{rt}\sum_{j=1}^{r}\sum_{i=1}^{t} I(\psi_{ij}) \tag{6-12}$$

式中：$IM(A_h)$为城市暴雨洪涝灾害损失指标节点 A_0 对城市要素指标节点 A_h 的敏感度，取值范围为[0,1]。

$IM(A_h)$值越大，表示城市要素指标节点 A_h 对城市暴雨洪涝灾害损失指标节点 A_0 的影响程度越高。

6.3　郑州市市域城市要素对暴雨洪涝灾害损失的影响分析

6.3.1　市域尺度下城市要素与灾害损失数据分析

市域尺度下研究样本选取郑州市 1999—2017 年年度数据进行分析。城市暴雨洪涝灾害损失采用不同降雨重现期下损失折算估计，城市要素指标数据来源于《郑州统计年鉴》《中国城市建设统计年鉴》《郑州市水资源公报》《中国水旱灾害公报》。

6.3.1.1　市域尺度下暴雨洪涝灾害的经济损失数据

依据式(3-2)进行郑州市市域尺度下 1999—2017 年多个降雨重现期下的洪涝灾害损失经济估算，各年的损失估算结果如图 6-4 所示。郑州市近年的洪涝灾害经济损失估算结果在 1 年一遇、2 年一遇的降雨重现期下波动相对较小，降雨重现期在 20 年、50 年和 100 年一遇的情况下呈明显的上升趋势。

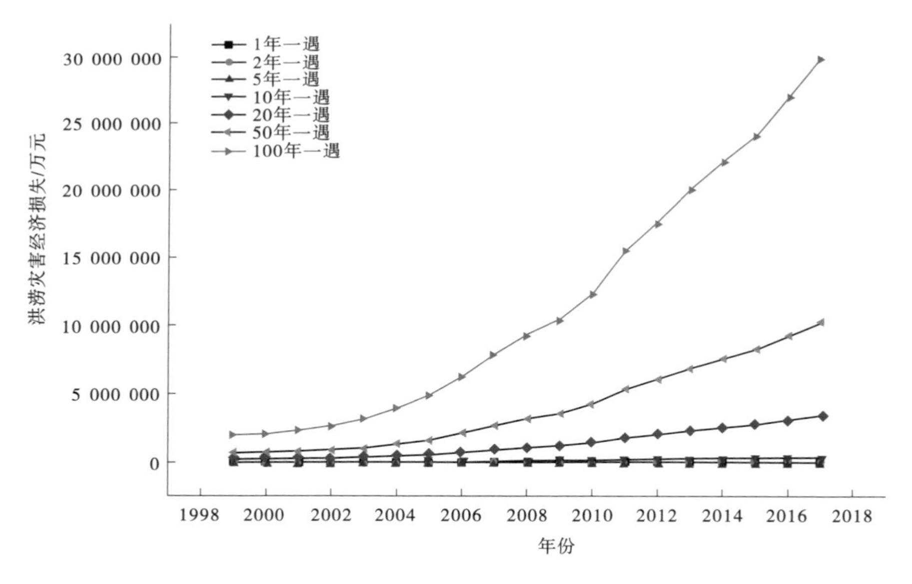

图 6-4　郑州市 1999—2017 年多个降雨重现期下的洪涝灾害损失经济估算

6.3.1.2　市域尺度下主要自然环境要素指标数据

市域尺度下郑州市自然环境要素指标包括降雨重现期、地形起伏度和河网密度。市域尺度下郑州市地形起伏度为郑州市整体地形描述值，依据式(3-3)，测算郑州市 1999—2017 年间其地形起伏度保持不变，为 0.277 3。同理，郑州 1999—2017 年间河网密度年度数据基本无变化，故此次在市域尺度分析中不予考虑。

6.3.1.3　市域尺度下主要结构要素指标数据

市域尺度下郑州市结构要素指标包括排水管网密度、防汛工程物资投入水平、建设用地占比、绿化覆盖率和道路面积占比，郑州市 1999—2017 年各指标年度数据如图 6-5 所示。

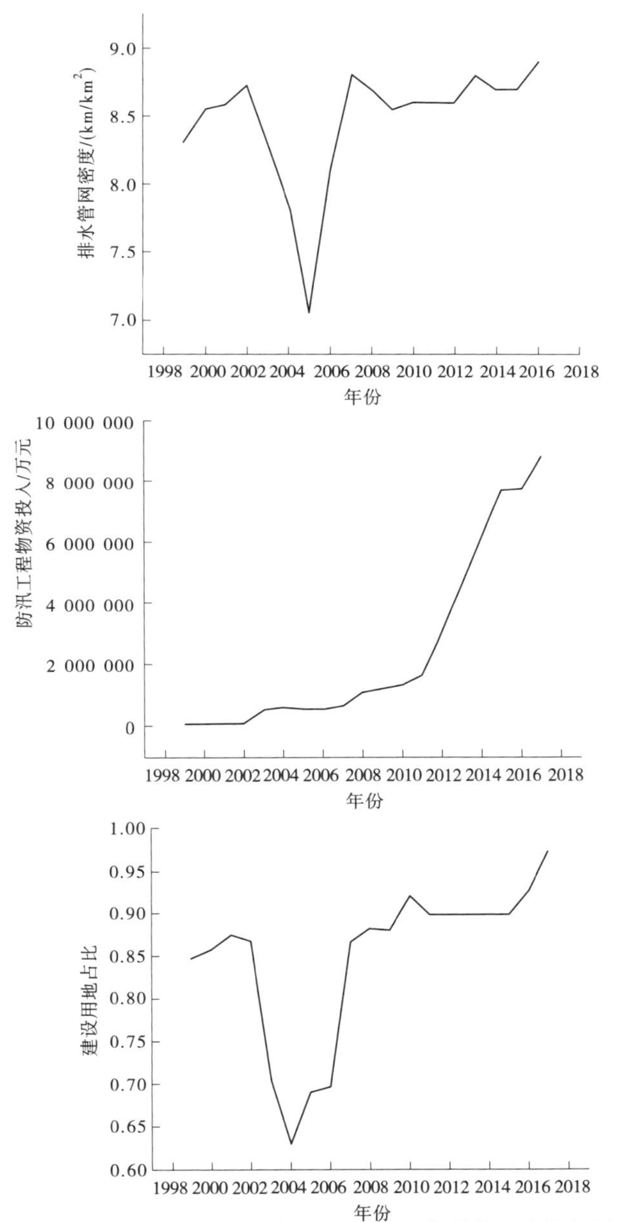

图 6-5　市域尺度下郑州市 1999—2017 年结构要素指标数据

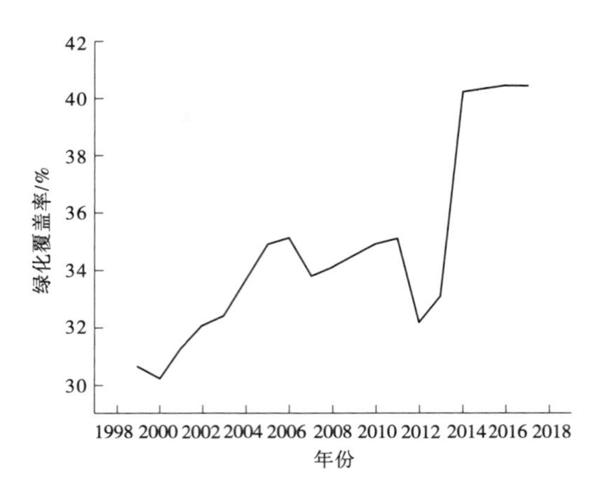

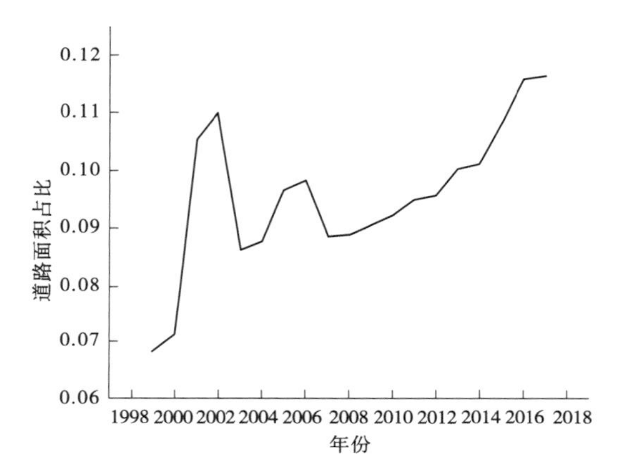

续图 6-5

郑州市结构要素各指标数据整体上都随着近年来的发展呈上升走势。其中,排水管网密度和建设用地占比在 2004 年和 2005 年间出现了最低点,这是因为在 2004 年和 2005 年前后郑州市建成区面积快速扩张,排水管网和城市建设情况跟不上其扩张速度。随着郑州的快速发展,政府对防汛工程物资的投入一直处于不断增长的态势。郑州市的绿化覆盖率在 2014 年后出现明显增长,说明近年来郑州市对雨水的消化能力有所提高。郑州市的快速发展必然伴随着市域路网的不断完善,在近年来道路面积占比指标的走势中可以看出。

6.3.1.4 市域尺度下主要社会要素数据

市域尺度下郑州市社会要素指标包括人口密度、人力投入、GDP 和教育科研技术投入水平,其中郑州市 1999—2017 年人口密度、人力投入、GDP、教育科研技术投入水平指标数据如图 6-6 所示。

郑州市人口密度近年来整体呈下降趋势,这与郑州市建成区面积在逐步扩大有关。近年来,郑州市政府在水利相关行业人力的投入整体处于波动增长态势,说明政府对于城市水利相关的管理问题愈发重视。此外,在 2015 年政府在教育科研技术的投入达到最大

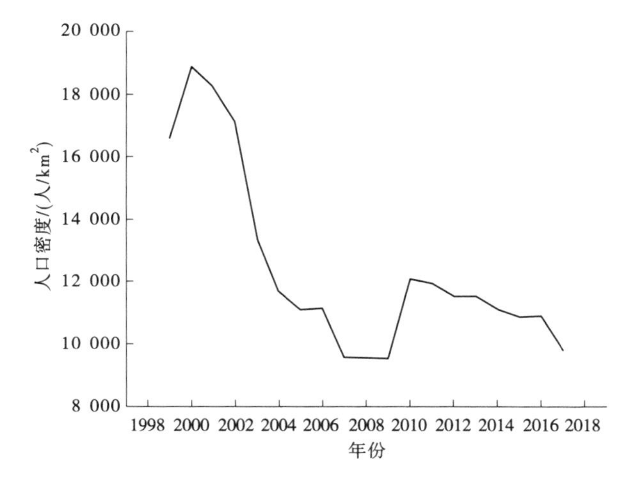

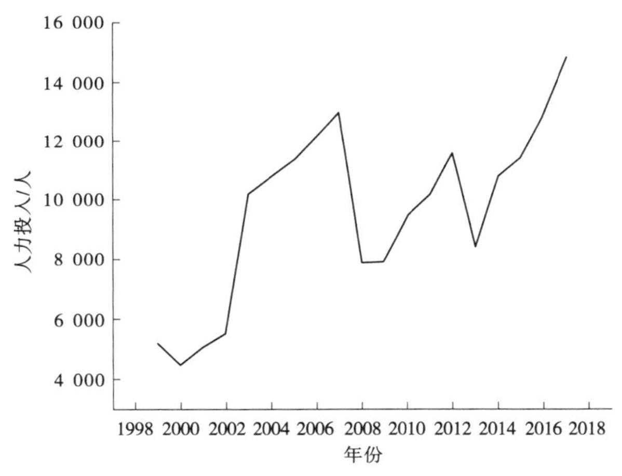

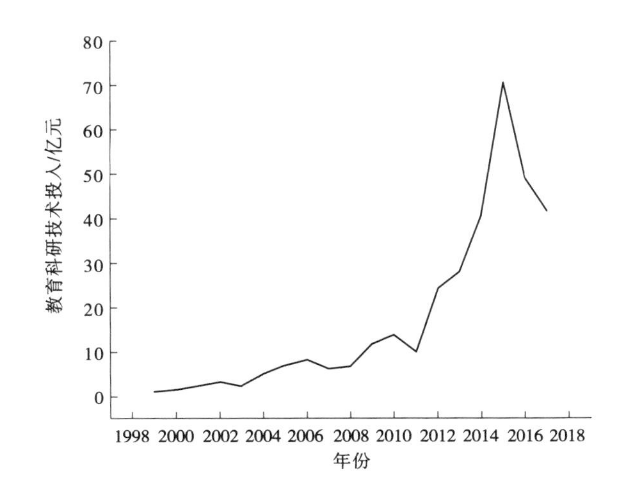

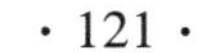

图 6-6　市域尺度下郑州市 1999—2017 年社会要素指标数据

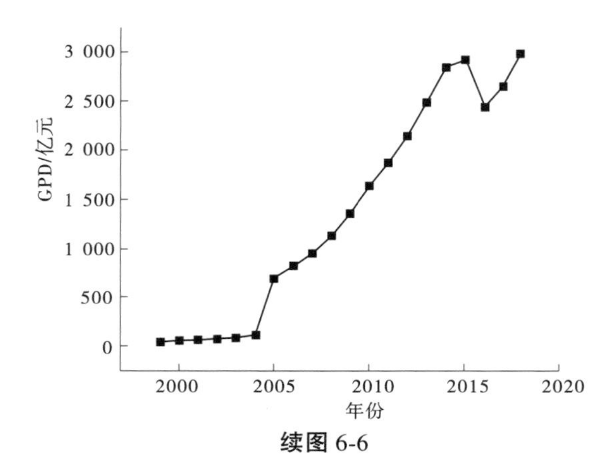

续图 6-6

值,随后两年有所降低,这可能与郑州市的经济状况有关,郑州市 2016 年和 2017 年整体经济发展情况有所减缓,因此影响到政府对教育科研技术投入的决策。

6.3.2　市域尺度下城市要素影响程度量化层次贝叶斯网络模型

按照第 6.3.1 节“市域尺度下城市要素与灾害损失数据分析”中由本体模型关系转换得出的市域尺度下层次贝叶斯网络结构,以第 4 章“城市暴雨洪涝灾害数据管理本体模型”中构建的城市要素对暴雨洪涝灾害本体模型为基础,将获取的城市洪涝灾害经济损失和城市要素数据进行离散化处理。参照相关标准及已有研究成果,以各指标历史数据为基础,结合郑州市实际情况将相关指标风险状态划分为四个等级:低(low)、中(moderate)、高(high)和严重(serious)。

采用 EM 算法进行市域尺度下层次贝叶斯网络结构节点参数学习后,构建市域尺度下的郑州市城市要素对暴雨洪涝灾害损失的影响关系量化模型,清晰地展示了城市要素和暴雨洪涝灾害损失节点、节点状态及节点间的关系,以及节点各状态下的概率分布情况,如图 6-7 所示。

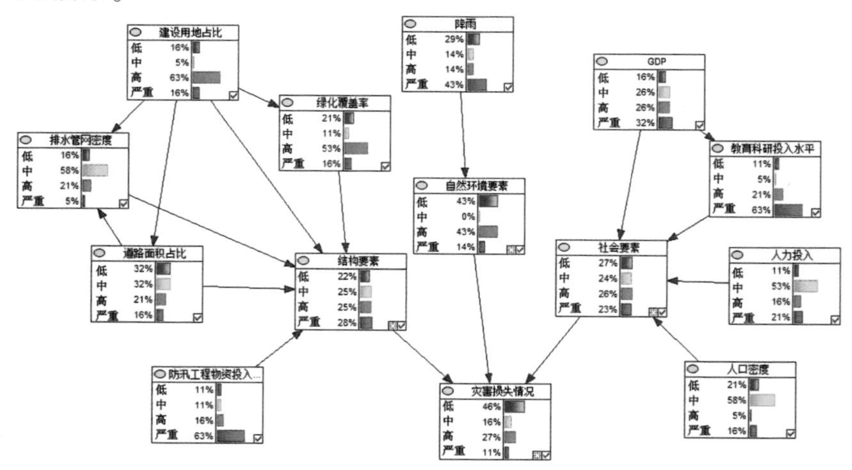

图 6-7　市域尺度下郑州市的贝叶斯网络模型

从图6-7中可以看出,指标直接或间接地影响城市暴雨洪涝损失的大小,节点之间的因果关系通过节点的概率值来表示,即条件概率。节点的条件概率是运用EM算法对收集的相关样本数据进行参数学习得出的,可以通过节点的状态查询此概率分布,以市域尺度下"排水管网密度"节点为例,条件概率如表6-4所示。

表6-4　市域尺度下节点"排水管网密度"的条件概率分布

道路面积占比		低				中			
建设用地占比		低	中	高	严重	低	中	高	严重
风险状态等级	低	0.031 25	0.031 25	0.250 00	0.250 00	0.016 67	0.250 00	0.011 36	0.031 25
	中	0.031 25	0.031 25	0.491 38	0.250 00	0.016 67	0.250 00	0.965 90	0.906 25
	高	0.906 25	0.906 25	0.250 00	0.250 00	0.483 33	0.250 00	0.011 36	0.031 25
	严重	0.031 25	0.031 25	0.008 62	0.250 00	0.483 33	0.250 00	0.011 363	0.031 25
道路面积占比		高				严重			
建设用地占比		低	中	高	严重	低	中	高	严重
风险状态等级	低	0.250 00	0.250 00	0.008 62	0.250 00	0.250 00	0.250 00	0.031 25	0.950 00
	中	0.250 00	0.250 00	0.974 13	0.250 00	0.250 00	0.250 00	0.906 25	0.016 67
	高	0.250 00	0.250 00	0.008 62	0.250 00	0.250 00	0.250 00	0.031 25	0.016 67
	严重	0.250 00	0.250 00	0.008 62	0.250 00	0.250 00	0.250 00	0.031 25	0.016 67

6.3.3　市域尺度下城市要素对暴雨洪涝灾害损失的影响

6.3.3.1　多个降雨重现期下城市要素对暴雨洪涝灾害损失的影响

敏感性分析能够表明当各种影响因素发生微小变化时对灾害损失所产生的影响。因此,暴雨洪涝灾害损失对城市要素的敏感度越高,城市要素对暴雨洪涝灾害损失的影响程度越大。依据第6.3.3节中暴雨洪涝灾害对城市要素的敏感度量化方法,基于构建的郑州市市域尺度下城市要素对暴雨洪涝灾害损失的影响关系量化层次贝叶斯网络模型,分析多个降雨重现期下各城市要素指标对灾害损失的具体影响程度,如图6-8所示。

从图6-8可以看出,降雨对暴雨洪涝灾害损失的影响程度最高,为0.281,主要是因为自然环境要素中的降雨是导致暴雨洪涝灾害最为直接的因素。此外,建设用地占比对暴雨洪涝灾害损失的影响程度与降雨仅相差0.015,为0.266,紧接着是绿化覆盖率,影响程度为0.163,表示除直接致灾因子降雨以外,郑州市土地利用情况是对暴雨洪涝灾害损失影响最大的因素。这个结果与郑州市近年来的快速发展导致建设用地扩张有关:不透水面增长,改变了郑州市地表产汇流过程,导致形成积水的可能性增高,加大了城市暴雨洪涝灾害损失的风险。

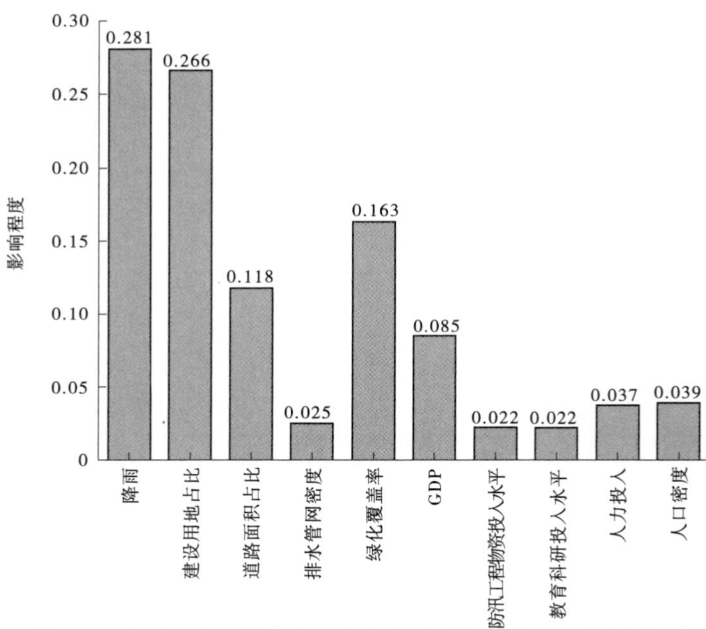

图 6-8　市域尺度下城市要素各指标对暴雨洪涝灾害损失影响程度

6.3.3.2　不同降雨重现期下城市要素对暴雨洪涝灾害损失的影响

为了进一步探讨城市要素与洪涝灾害损失之间的关系,控制其主要致灾因子降雨的变化情况,量化了不同降雨重现期下各城市要素指标对洪涝灾害损失的影响程度,如表 6-5 和图 6-9 所示。

表 6-5　市域尺度下各降雨重现期城市要素指标对洪涝灾害的损失影响程度

降雨重现期	建设用地占比	道路面积占比	排水管网密度	绿化覆盖率	GDP
1 年一遇	0.278	0.124	0.027	0.169	0.086
2 年一遇	0.281	0.125	0.027	0.170	0.085
5 年一遇	0.281	0.125	0.027	0.169	0.084
10 年一遇	0.286	0.130	0.030	0.174	0.079
20 年一遇	0.335	0.154	0.034	0.206	0.160
50 年一遇	0.366	0.163	0.044	0.220	0.159
100 年一遇	0.441	0.208	0.047	0.278	0.187

降雨重现期	防汛工程物资投入水平	教育科研投入水平	人力投入	人口密度
1 年一遇	0.022	0.022	0.039	0.041
2 年一遇	0.022	0.022	0.039	0.041
5 年一遇	0.022	0.022	0.040	0.041
10 年一遇	0.020	0.020	0.035	0.035
20 年一遇	0.033	0.033	0.109	0.111
50 年一遇	0.038	0.038	0.115	0.120
100 年一遇	0.040	0.040	0.133	0.136

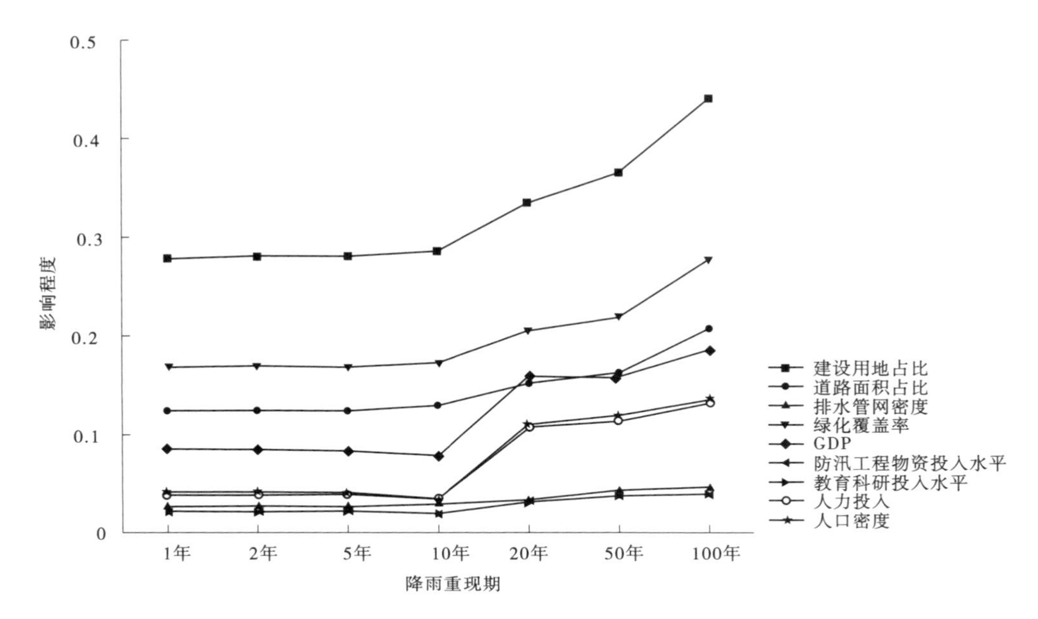

图 6-9　市域尺度下不同降雨重现期城市要素各指标对洪涝灾害损失影响的程度变化情况

由图 6-9 可知,郑州市城市要素指标的影响程度都随着降雨强度的增加而逐渐增加,降雨重现期在 10 年一遇以上的走势更为明显。其中,郑州市结构要素指标对洪涝灾害损失的影响程度基本全部高于社会要素指标。在任一降雨重现期下,结构要素中的建设用地占比对洪涝灾害损失的影响程度远远高于其他指标,其次是绿化覆盖率,再次是道路面积占比,说明为应对各种强度城市暴雨洪涝灾害,土地利用类型是最有效的切入点。

但在结构要素中,不论在多个降雨重现期还是固定降雨重现期的情况下,排水管网密度对洪涝灾害损失的影响程度最低,其中在多个降雨重现期下其影响程度仅 0. 025(如图 6-8 所示),且低于社会要素中的 GDP 和人力投入指标。这个结果与 Wu 等在郑州市洪涝灾害脆弱性分析的结果一致,主要原因是郑州市排水管道较少,不同地区的管道密度差异不大,因此与洪涝灾害损失数据变化的相关性较小。

综合上述结果,由市域尺度下郑州市年度数据运算结果可以看出,除降雨外,结构要素指标对暴雨洪涝灾害损失的影响程度普遍高于社会要素指标。各指标量化结果中,建设用地占比对暴雨洪涝灾害损失的影响程度最大。

6. 4　郑州市街区尺度城市要素对暴雨洪涝灾害损失的影响分析

6. 4. 1　街区尺度城市要素与灾害损失数据分析

街区尺度下研究样本选取郑州市 2020 年相关城市数据,以街区作为试验点开展研究,具体数据收集情况如下。

6.4.1.1　街区试验点选取

在郑州市五个行政区内随机选取道路交叉口作为样本点。为了防止试验结果因不同等级道路交叉口在最大安全速度选取问题上造成误差,每个行政区选取 6 个同级别道路的交叉口为试验点,如二级道路和二级道路的交叉口。参考林琳对郑州市道路的等级划分结果(见图 6-10),共选取 26 个试验点,其分布情况如图 6-11 所示,道路具体信息如表 6-6 所示。极端降雨情况下的各个等级道路受影响的长度与降雨重现期、道路级别、通行时间点为高或平峰期相关,因此选取道路影响长度最大值为城市要素样本半径,即平峰期取 100 m,高峰期取 150 m。

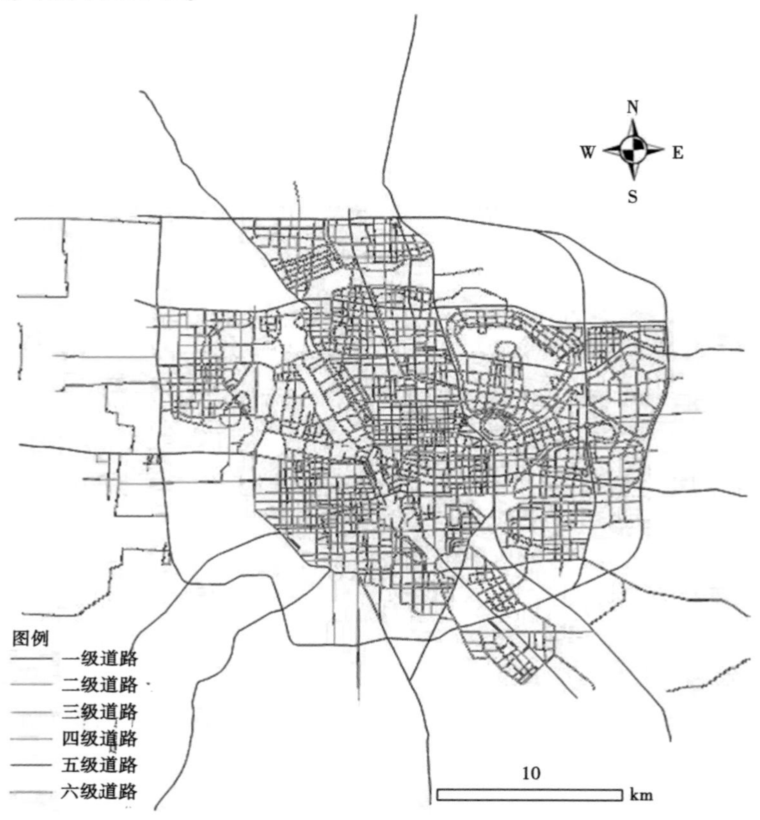

图 6-10　郑州市不同功能级别道路的空间分布情况

6.4.1.2　暴雨洪涝灾害经济损失折算和交通通行状况数据

(1)经济损失折算。

依据式(3-2)进行不同降雨重现期街区尺度下暴雨洪涝灾害经济损失折算估计,积水点 150 m 范围内估算结果如表 6-7 所示。其中,一级道路试验点中,陇海快速路与西四环、中州大道与北四环、北三环与东三环三点的灾害经济损失估算为 0,这是因为这三个试验点周围仅为绿地或水体,发生洪涝灾害时并不产生经济损失。各试验点的洪涝灾害经济损失随着降雨重现期的增加而增加,但各试验点在同一重现期下的洪涝灾害经济损失估算结果各不相同,是由于各试验点所在环境不同,受环境中的城市要素结构的影响不同。

图 6-11　试验点分布情况

表 6-6　试验点选取结果

道路等级	中原区	二七区	惠济区	金水区	管城区
1级	陇海快速路与西四环	郑密路与南四环	中州大道与北四环	北三环与东三环	中州大道与陇海快速路
2级	科学大道与西三环	嵩山南路与西三环	无	金水路与未来路	无
3级	化工路与瑞达路	航海中路与大学中路	天河路与开元路	众意路与东风东路	经开第三大街与航海东路
4级	莲花街与石楠路	人和路与长江西路	清华园路与新城路	九如路与商务内环路	经北一路与经开第九大街
5级	无	政通路与淮南街	迎宾路与田园路	通泰路与兴荣街	经开第五大街与经南八路
6级	凌霄路与红桦路	桃园路与勤劳街	无	龙腾一街与德润路	贺江路与蓝佩路

表 6-7　郑州市街区试验点不同降雨重现期下洪涝灾害经济损失结果

单位:万元

等级	试验点	降雨重现期						
		1 年一遇	2 年一遇	5 年一遇	10 年一遇	20 年一遇	50 年一遇	100 年一遇
1 级	陇海快速路与西四环	0	0	0	0	0	0	0
	郑密路与南四环	15. 33	59. 20	623. 13	38 053. 75	341 346. 98	1 005 503. 15	2 935 667. 98
	中州大道与北四环	0	0	0	0	0	0	0
	北三环与东三环	0	0	0	0	0	0	0
	中州大道与陇海快速路	18. 39	71. 05	747. 76	45 664. 50	409 616. 37	1 206 603. 78	3 522 801. 57
2 级	科学大道与西三环	12. 26	47. 36	498. 51	30 443. 00	273 077. 58	804 402. 52	2 348 534. 38
	嵩山南路与西三环	24. 52	94. 73	997. 01	60 886. 01	546 155. 16	1 608 805. 04	4 697 068. 76
	金水路与未来路	124. 46	480. 74	5 059. 83	308 996. 48	2 771 737. 45	8 164 685. 56	23 837 623. 98
3 级	化工路与瑞达路	150. 21	580. 21	6 106. 69	372 926. 78	3 345 200. 37	9 853 930. 85	28 769 546. 18
	航海中路与大学中路	84. 30	325. 63	3 427. 22	209 295. 64	1 877 408. 37	5 530 267. 32	16 146 173. 88
	天河路与开元路	141. 02	544. 68	5 732. 81	350 094. 53	3 140 392. 18	9 250 628. 96	27 008 145. 39
	众意路与东风东路	73. 57	284. 18	2 991. 03	182 658. 02	1 638 465. 49	4 826 415. 11	14 091 206. 29
	经开第三大街与航海东路	116. 49	449. 96	4735. 80	289 208. 52	2 594 237. 02	7 641 823. 93	22 311 076. 63

续表 6-7

等级	试验点	降雨重现期						
		1 年一遇	2 年一遇	5 年一遇	10 年一遇	20 年一遇	50 年一遇	100 年一遇
4 级	莲花街与石楠路	144. 08	556. 52	5 857. 44	357 705. 28	3 208 661. 58	9 451 729. 59	27 595 278. 99
	人和路与长江西路	119. 56	461. 80	4 860. 43	296 819. 28	2 662 506. 41	7 842 924. 56	22 898 210. 22
	清华园路与新城路	156. 34	603. 89	6 355. 94	388 148. 28	3 481 739. 16	10 256 132. 11	29 943 813. 37
	九如路与商务内环路	39. 85	153. 93	1 620. 14	98 939. 76	887 502. 14	2 614 308. 19	7 632 736. 74
	经北一路与经开第九大街	203. 25	785. 05	8 262. 73	504 592. 77	4 526 260. 90	13 332 971. 75	38 926 957. 38
5 级	政通路与淮南街	161. 25	622. 83	6 555. 34	400 325. 48	3 590 970. 19	10 577 893. 12	30 883 227. 12
	迎宾路与田园路	101. 47	391. 93	4 125. 13	251 915. 85	2 259 716. 98	6 656 430. 84	19 434 122. 01
	通泰路与兴荣街	108. 52	419. 17	4 411. 77	269 420. 57	2 416 736. 59	7 118 962. 29	20 784 529. 28
	经开第五大街与经南八路	18. 39	71. 05	747. 76	45 664. 50	409 616. 37	1 206 603. 78	3 522 801. 57
6 级	凌霄路与红桦路	107. 29	414. 43	4 361. 92	266 376. 27	2 389 428. 83	7 038 522. 04	20 549 675. 84
	桃园路与勤劳街	145. 61	562. 44	5 919. 75	361 510. 66	3 242 796. 27	9 552 279. 91	27 888 845. 79
	龙腾一街与德润路	30. 66	118. 41	1 246. 26	76 107. 51	682 693. 95	2 011 006. 30	5 871 335. 95
	贺江路与蓝佩路	79. 00	305. 14	3 211. 62	196 129. 04	1 759 302. 31	5 182 363. 23	15 130 432. 76

(2)交通通行状况。

根据百度地图和高德地图大数据显示,郑州市工作日交通通行平峰期为13:00左右,高峰期为07:00~09:00、17:00~19:00,选取18:00作为高峰期交通通行情况的样本。运用网络爬虫技术,爬取一周工作日试验点的平均通行速度,如表6-8所示。

表6-8 试验点一周工作日的平峰期和高峰期的车辆平均通行速度

试验点	平峰期/(km/h)	高峰期/(km/h)
北三环与东三环	52.70	42.60
航海中路与大学中路	33.25	29.34
贺江路与蓝佩路	26.44	23.10
化工路与瑞达路	26.37	15.96
金水路与未来路	50.47	40.62
经北一路与经开第九大街	35.36	23.75
经开第三大街与航海东路	39.23	30.68
经开第五大街与经南八路	26.91	22.40
九如路与商务内环路	32.70	25.23
科学大道与西三环	43.87	38.94
莲花街与石楠路	33.67	18.92
凌霄路与红桦路	21.69	18.63
龙腾一街与德润路	24.20	20.69
陇海快速路与西四环	53.06	46.38
清华园路与新城路	34.20	23.70
人和路与长江西路	35.28	22.63
嵩山南路与西三环	50.37	41.83
桃园路与勤劳街	20.44	19.44
天河路与开元路	35.41	31.55
通泰路与兴荣街	21.87	20.20
迎宾路与田园路	20.89	17.37
郑密路与南四环	49.89	41.59
政通路与淮南街	21.53	19.51
中州大道与北四环	54.60	47.20
中州大道与陇海快速路	40.83	38.62
众意路与东风东路	37.88	29.30

采用平均车速和不同淹没水深下最大安全限度之差表示交通受城市要素和内涝的影响程度。其中不同淹没水深下6个等级道路的最大安全限度与淹没水深之间的关系引用已有研究成果,如图6-12所示。

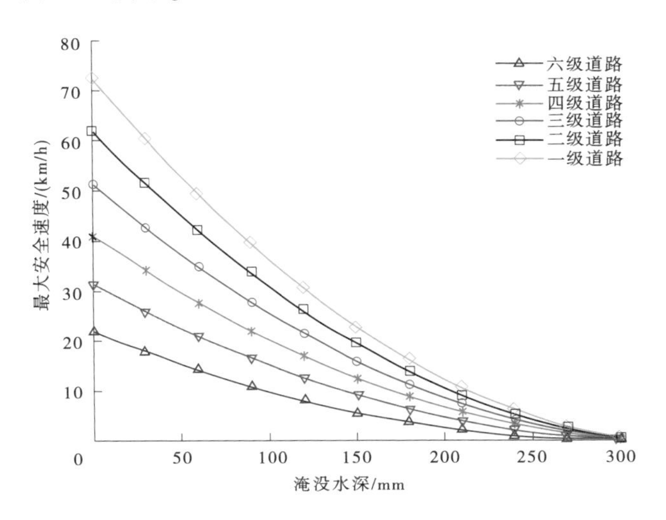

图6-12 各级道路水深-安全速度关系曲线估计

6.4.1.3 **街区尺度下主要自然环境要素指标数据**

街区尺度下郑州市自然环境要素指标包括降雨重现期、高程、坡度和至河网距离。其中,郑州市坡度信息如图6-13所示。郑州市的地势分布是从西南向东北呈阶梯状递减,该地区属于平原地区,大部分地区坡度为0~2°,坡度较低。

郑州市北临黄河,地处贾鲁河上游,境内有很多支流流经。街区尺度采用至河网距离衡量水系对洪涝灾害的影响。至河网距离是指每一栅格单元内每一条河流距栅格单元中心点到河道的直线距离。郑州市至河网距离情况如图6-14所示。

6.4.1.4 **街区尺度下主要结构要素指标数据**

街区尺度下郑州市结构要素指标包括排水口数量、防汛工程物资投入水平、居住用地占比、商业用地占比、工业用地占比、公共服务用地占比、绿色用地占比和道路面积占比。其中,郑州市的防汛工程物资投入水平如图6-5所示;排水管网和道路分布情况如图6-15所示,可从中提取各街区排水口数量和道路面积占比情况。郑州市金水区为老城区,地处郑州市的中心地带,地下管网和道路分布较密集,北部和南部为新城区,正处于发展阶段,地下管网和道路的分布相对稀疏。

居住用地占比、商业用地占比、工业用地占比、公共服务用地占比、绿色用地占比和道路面积占比主要反映土地的用途、性质及分布规律,体现了下垫面的具体情况。采用百度地图和高德地图API数据融合及人工目视解译辅助,将街区尺度下郑州市下垫面划分成居住用地、商业用地、工业用地、公共服务用地、绿色用地及道路6类,提取各试验点居住用地占比、商业用地占比、工业用地占比、公共服务用地占比、绿色用地占比和道路面积占比情况。以金水区为例的划分结果如图6-16所示。

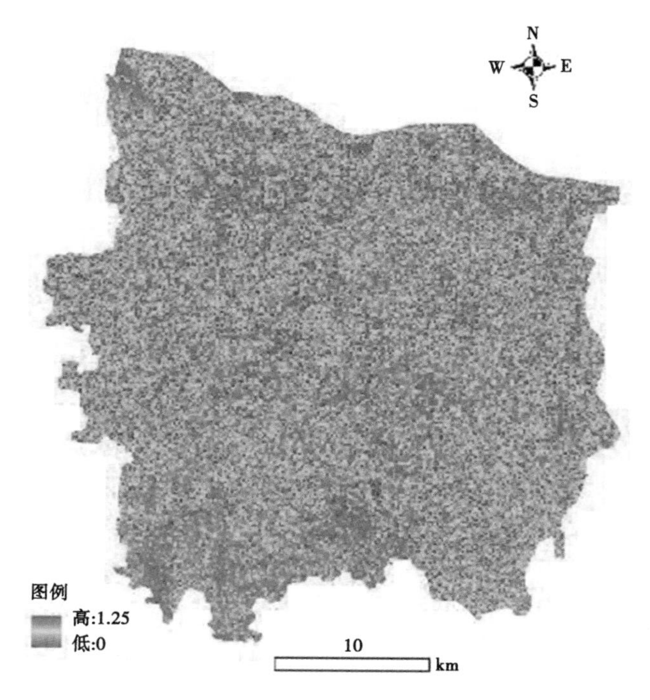

图 6-13　郑州市坡度分布情况

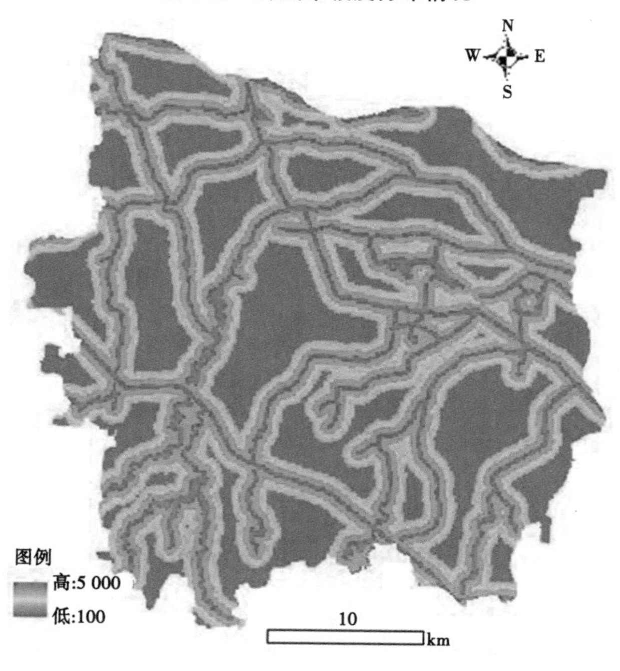

图 6-14　郑州市至河网距离的分布情况

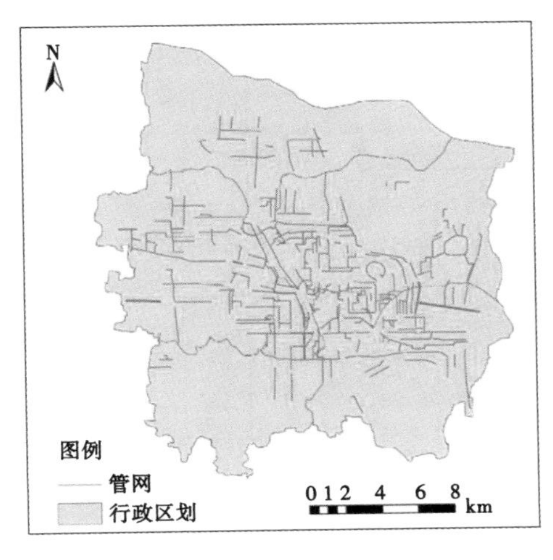

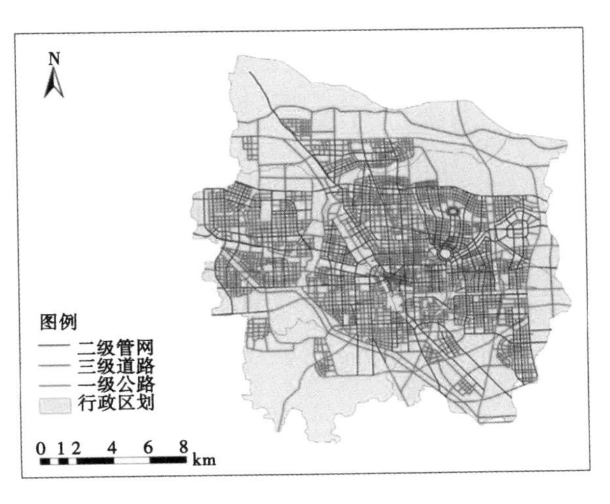

图 6-15　郑州市排水管网及道路分布情况

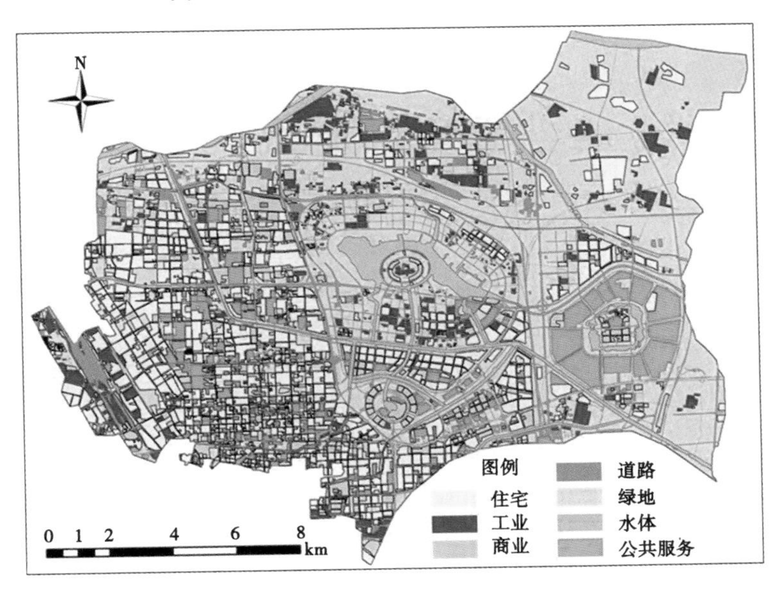

图 6-16　郑州市金水区土地利用类型分布情况

6.4.1.5　街区尺度下主要社会要素指标数据

街区尺度下郑州市社会要素指标包括区域人口密度、人力投入、区域地均 GDP 和教育科研投入水平。其中,郑州市人力投入和教育科研投入水平如图 6-6 所示,人口密度分布情况如图 6-17 所示。金水区的西南地区、中原区的东南地区及二七区的东北地区为商业区,为郑州市最繁荣的地区,人口较密集,人口最密集处达到 6 000 人/km^2;城市周边地区为新城区,如惠济区,人口密度相对较低。整体看来,郑州市人口密度呈现从中部向四周递减的趋势。郑州市地均 GDP 分布情况如图 6-18 所示,从图中可以看出,金水区、二七区的经济较繁荣,地均 GDP 较高,每平方千米超过 4 亿元,其次是管城区的东南地区,即经济技术开发区,近年来经济发展迅速,地均 GDP 相对较高。

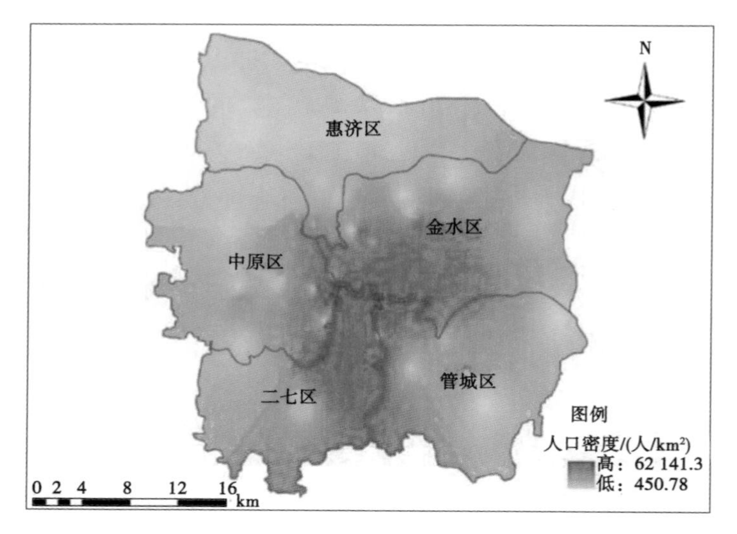

图 6-17　郑州市人口密度分布情况

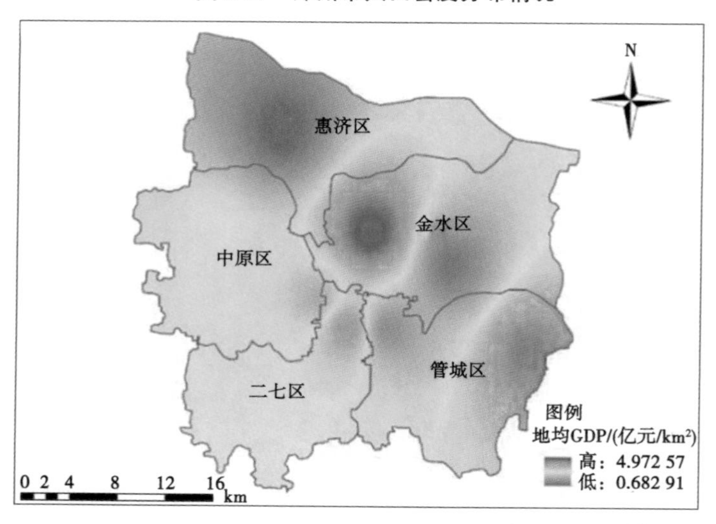

图 6-18　郑州市地均 GDP 分布情况

6.4.2　街区尺度城市要素影响程度的量化层次贝叶斯网络模型

按照第 6.4.1 节“街区尺度城市要素与灾害损失数据分析”中由本体模型关系转换得出的街区尺度下以灾害经济损失为目标的层次贝叶斯网络结构，以第 4 章“城市暴雨洪涝灾害数据管理本体模型”中构建的城市要素对暴雨洪涝灾害的影响机制本体模型为基础，采用 EM 算法进行街区尺度下以灾害经济损失为目标的层次贝叶斯网络节点参数学习后，构建街区尺度下的郑州市城市要素对暴雨洪涝灾害的影响关系量化模型，如图 6-19 所示。因尚未有衡量街区范围内防汛工程物资投入和教育科研技术投入数据，因此本书假设其防汛工程物资投入和教育科研技术投入对每个街区的影响都是平均水平，各街区在这两个指标上无差异。

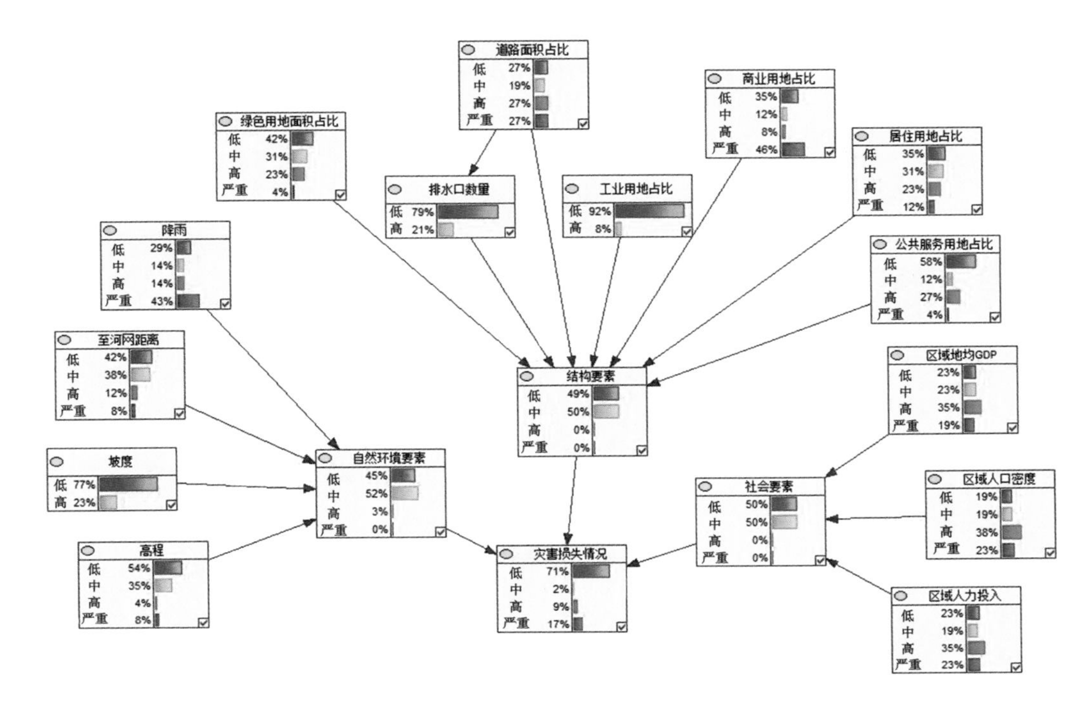

图 6-19　街区尺度下郑州市城市要素对暴雨洪涝灾害经济损失的影响关系量化模型

采用 EM 算法进行街区尺度下以交通通行状况为目标的层次贝叶斯网络节点参数学习后，构建街区尺度下的郑州市城市要素对暴雨洪涝交通通行状况的影响关系量化模型。以淹没水深为 150 mm 时的模型概率为例，如图 6-20 所示。淹没水深情况是在降雨、高程、坡度和至河网距离的共同作用下产生的结果，包含了自然环境要素的影响，而此部分研究不同淹没水深下的交通通行状况，需要控制淹没水深的程度。因此，为了避免对结构要素和社会要素影响程度的量化结果造成误差，此部分研究不考虑自然环境要素的作用。

6.4.3　街区尺度城市要素对暴雨洪涝灾害损失的影响

6.4.3.1　多个降雨重现期下城市要素对暴雨洪涝灾害经济损失的影响

依据第 6.2 节“城市要素对暴雨洪涝灾害的影响程度的量化方法”，基于构建的郑州市街区城市要素对暴雨洪涝灾害经济损失的影响关系量化层次贝叶斯网络模型，分析多个降雨重现期下各城市要素指标对灾害经济损失的具体影响程度，如图 6-21 所示。

由图 6-21 可知，街区尺度下以灾害经济损失为目标，郑州市降雨要素依然是对城市暴雨洪涝灾害经济损失影响程度最高的城市要素指标，为 0. 649。此外，高程对洪涝灾害经济损失的影响程度处于第二位，为 0. 14，这是因为高程对水流的走势有直接影响。在结构要素中，商业用地占比和居住用地占比对暴雨洪涝灾害经济损失的影响程度表现出较高水平，这是因为商业用地和居住用地是街区中财产和人口集中度相对高的区域，潜在暴雨洪涝灾害经济损失更大。在土地利用情况指标中，工业用地占比对暴雨洪涝灾害经济损失的影响程度最低，是由于郑州市区工业用地占比较少，产生损失的可能性相对较低。除结构要素中商业用地和居住用地指标外，社会要素指标对暴雨洪涝灾害经济损失

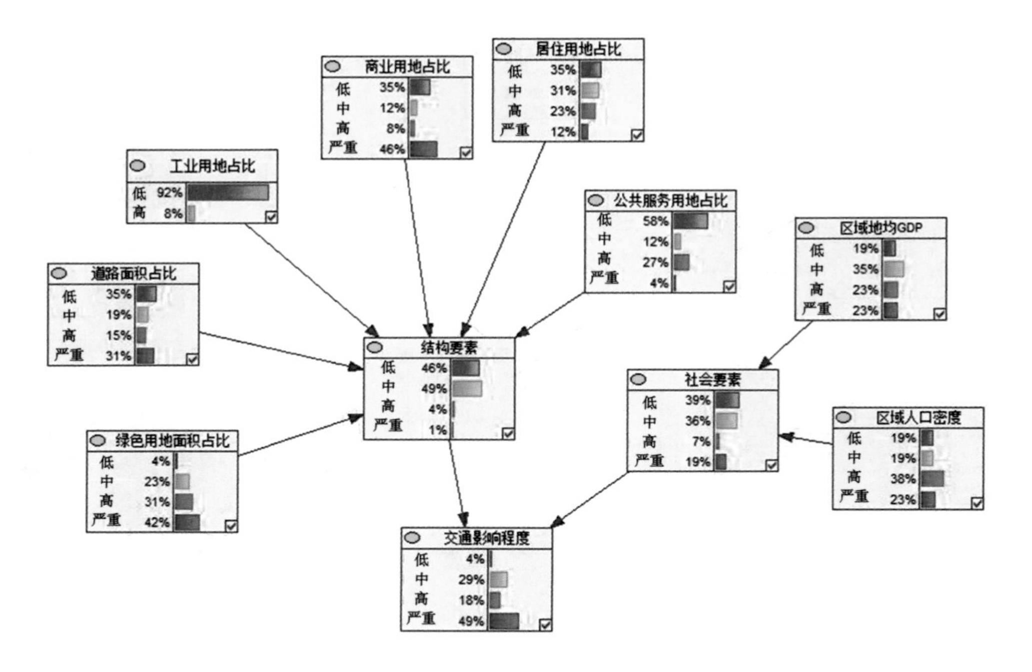

图 6-20　街区尺度下的郑州市城市要素对暴雨洪涝交通通行状况的影响关系量化模型

（以 150 mm 淹没水深时概率分布情况为例）

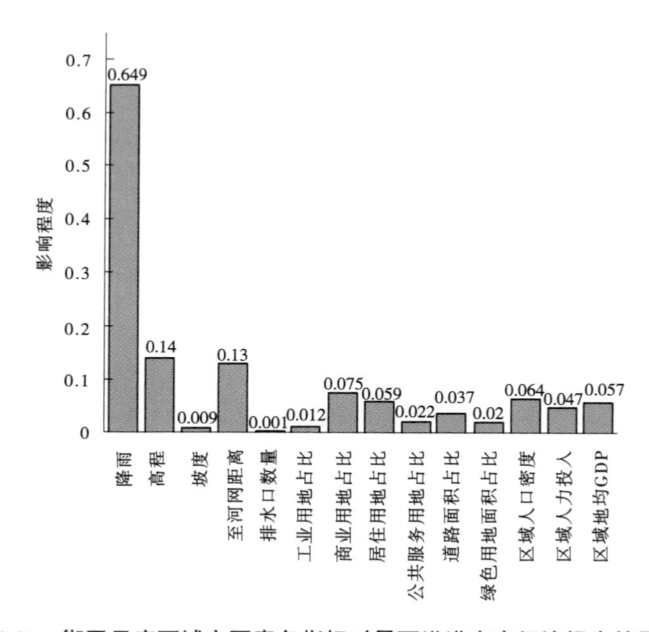

图 6-21　街区尺度下城市要素各指标对暴雨洪涝灾害经济损失的影响程度

的影响程度均高于结构要素指标，其中区域人口密度为 0. 064，在所有指标中排第三位，这是因为人口密度高的地方往往财富集中度高，同样的洪涝灾害发生后财富集中度高的区域造成的损失会更为严重。因此，在街区尺度下，郑州市人口密集程度越高的地方暴雨洪涝灾害会造成更为严重的损失。

6.4.3.2　不同降雨重现期下城市要素对暴雨洪涝灾害经济损失的影响

在控制降雨重现期的情况下,进一步量化街区尺度下郑州市各城市要素指标对洪涝灾害经济损失的影响程度,结果如表 6-9 和图 6-22 所示。

表 6-9　郑州市街区各城市要素指标对洪涝灾害经济损失的影响程度

降雨重现期	排水口数量	工业用地占比	商业用地占比	居住用地占比	公共服务用地占比	道路面积占比
1 年一遇	0.001	0.003	0.065	0.044	0.011	0.028
2 年一遇	0.001	0.003	0.063	0.042	0.010	0.027
5 年一遇	0.001	0.003	0.068	0.048	0.010	0.027
10 年一遇	0.001	0.006	0.076	0.055	0.020	0.034
20 年一遇	0.002	0.007	0.081	0.057	0.023	0.039
50 年一遇	0.002	0.007	0.088	0.063	0.023	0.039
100 年一遇	0.002	0.007	0.089 2	0.066 9	0.023	0.039

降雨重现期	绿色用地面积占比	至河网距离	高程	坡度	区域人口密度	区域人力投入	区域地均 GDP
1 年一遇	0.010	0.124	0.170	0.012	0.051	0.026	0.056
2 年一遇	0.009	0.129	0.177	0.015	0.051	0.027	0.057
5 年一遇	0.009	0.130	0.177	0.015	0.052	0.026	0.056
10 年一遇	0.018	0.158	0.179	0.012	0.058	0.038	0.058
20 年一遇	0.021	0.138	0.171	0.013	0.056	0.031	0.061
50 年一遇	0.021	0.107	0.133	0.017	0.062	0.032	0.062
100 年一遇	0.021	0.103	0.142	0.012	0.061	0.032	0.062

根据图 6-22 可知,随着降雨重现期的增加,街区尺度下各城市要素指标对洪涝灾害经济损失的影响程度也随之增加,但增长幅度并不明显。在不同降雨重现期下,郑州市街区高程和至河网距离对暴雨洪涝灾害经济损失表现出高度影响,说明地形因素对城市暴雨洪涝灾害经济损失程度的重要性,这是因为除高程对水流走势的明显影响外,至河网距离对于水流的排泄也有重要作用。但在自然环境要素中,各降雨重现期下坡度对洪涝灾害经济损失的影响程度整体不高,这是因为郑州市地处平原地区,坡度变化并不明显,故对暴雨洪涝灾害经济损失的影响不大。此外,结构要素中的商业用地占比和居住用地占比对洪涝灾害经济损失的影响程度高于所有社会要素指标,这是因为商业用地和居住用地的人口、经济聚集度较高,这两类用地面积越多的地方,越容易造成更为严重的洪涝灾

害经济损失。不同于市域尺度的结果,街区尺度下社会要素指标对洪涝灾害经济损失的影响程度普遍比结构要素指标更高,其中最为明显的指标是区域人口密度和区域 GDP,区域人力投入指标也高于多数结构要素指标,这是因为政府管理水平变化时间成本远小于多数结构要素的调整,能够在短时间内通过增加人力投入降低暴雨洪涝灾害的经济损失。说明在街区小尺度范围,郑州市人口、经济和政府管理情况对暴雨洪涝灾害经济损失的效用更大。

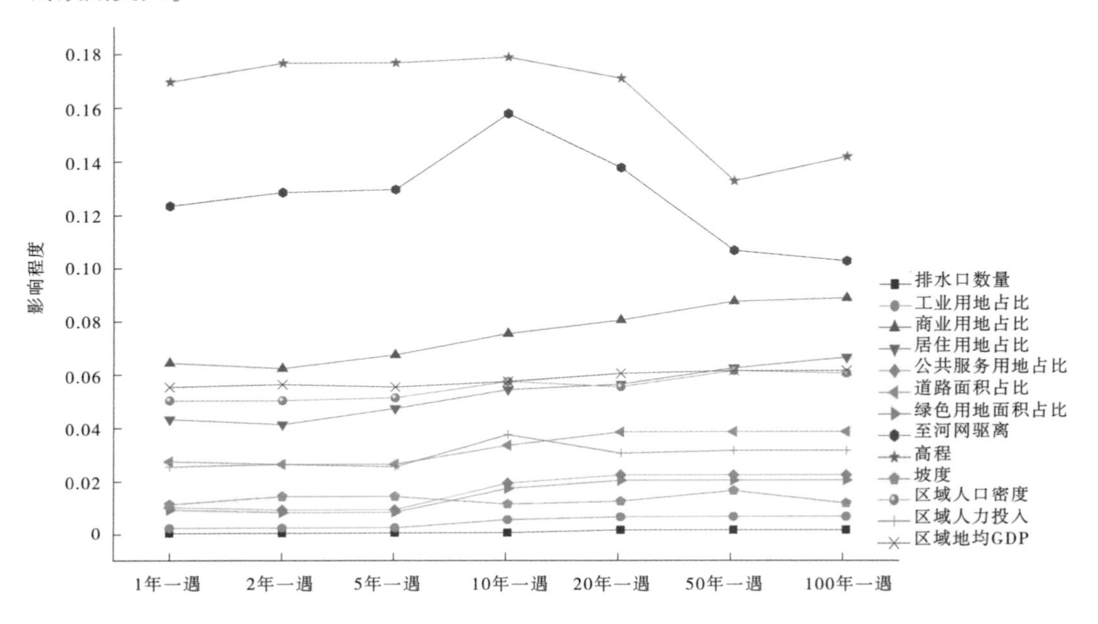

图 6-22　街区尺度下不同降雨重现期城市要素各指标对洪涝灾害经济损失影响程度的变化

6.4.4　街区尺度城市要素对洪涝灾害交通通行状况的影响

依据第 6.2 节“城市要素对暴雨洪涝灾害的影响程度的量化方法”,基于构建的郑州市街区城市要素对暴雨洪涝灾害交通通行状况的影响关系量化层次贝叶斯网络模型,分析在不同淹没水深下,郑州市道路通行平峰期和高峰期城市要素各指标对交通通行状况的影响程度,结果如图 6-23 和图 6-24 所示。

由图 6-23 和图 6-24 可以看出,不论在什么时段,区域人口密度和区域地均 GDP 对交通通行状况的影响程度都明显高于其他城市要素指标,整体都处于 0.2 以上。其中,区域人口密度对交通通行状况的影响程度高于 0.3,处于各指标中最高,区域地均 GDP 次之。这是因为人口和经济高聚集度的地方对交通通行的需求越高,在城市暴雨洪涝情况下形成交通拥堵的可能就越大。

对比不同时段各指标对交通通行状况的影响程度,如图 6-25 所示。

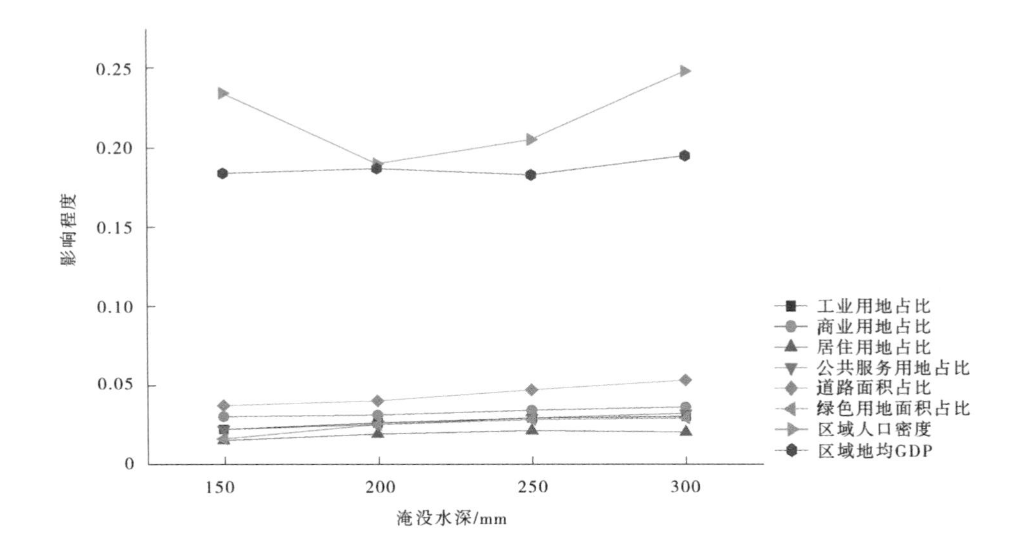

图 6-23　平峰期各指标影响程度

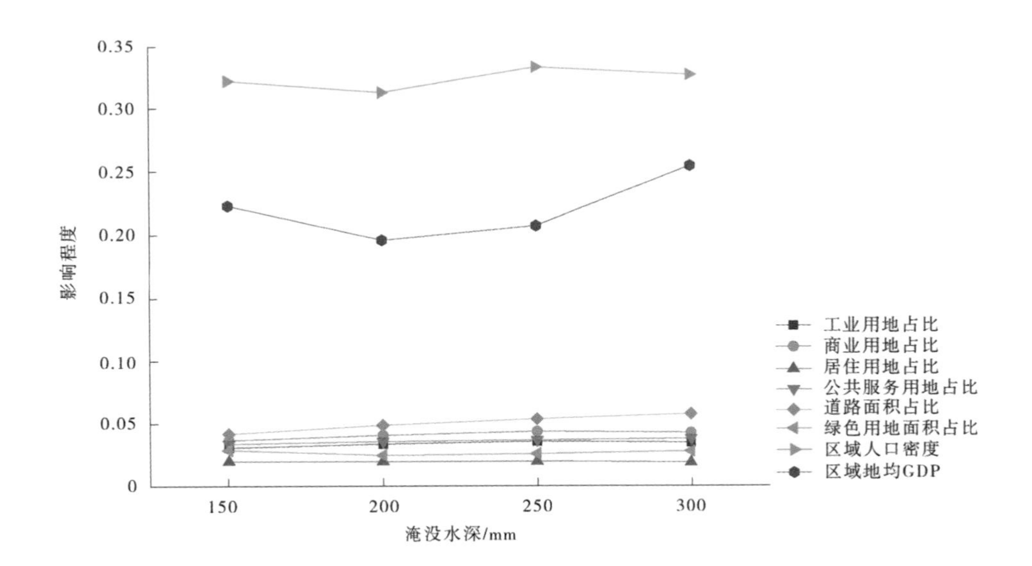

图 6-24　高峰期各指标影响程度

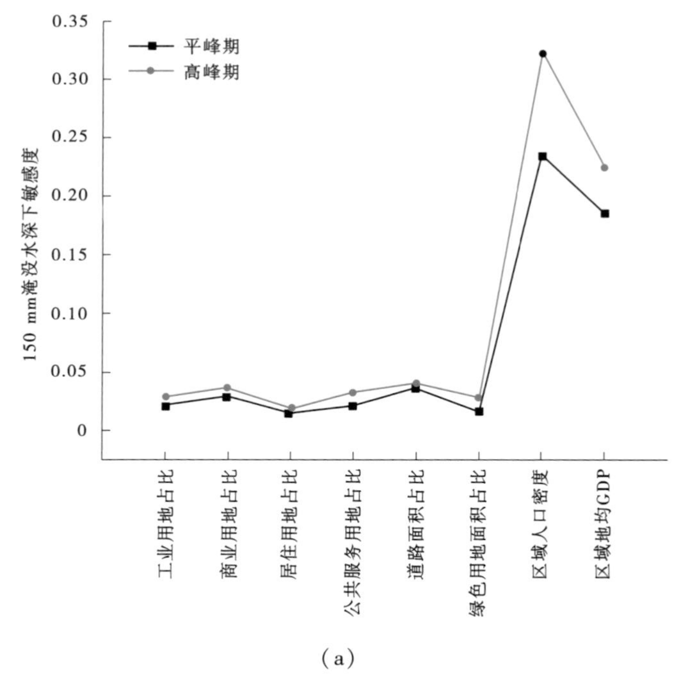

(a)

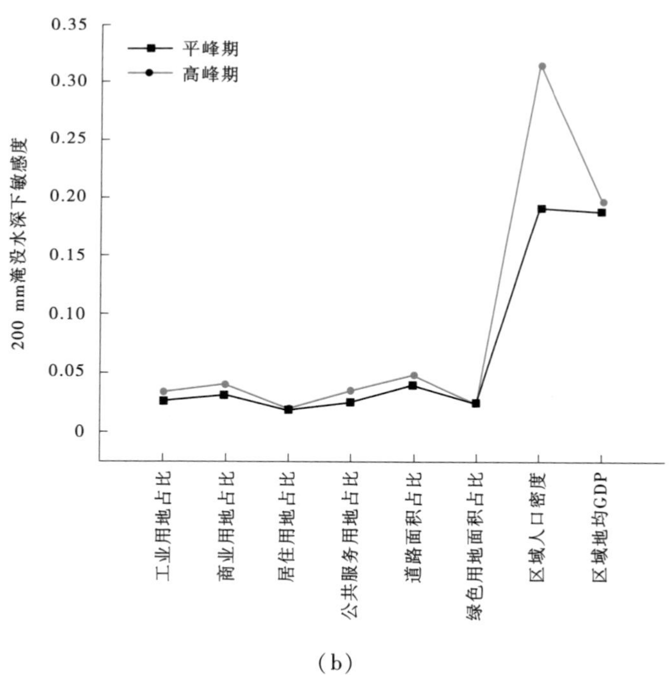

(b)

图 6-25　不同时段不同淹没水深下城市要素各指标影响程度对比

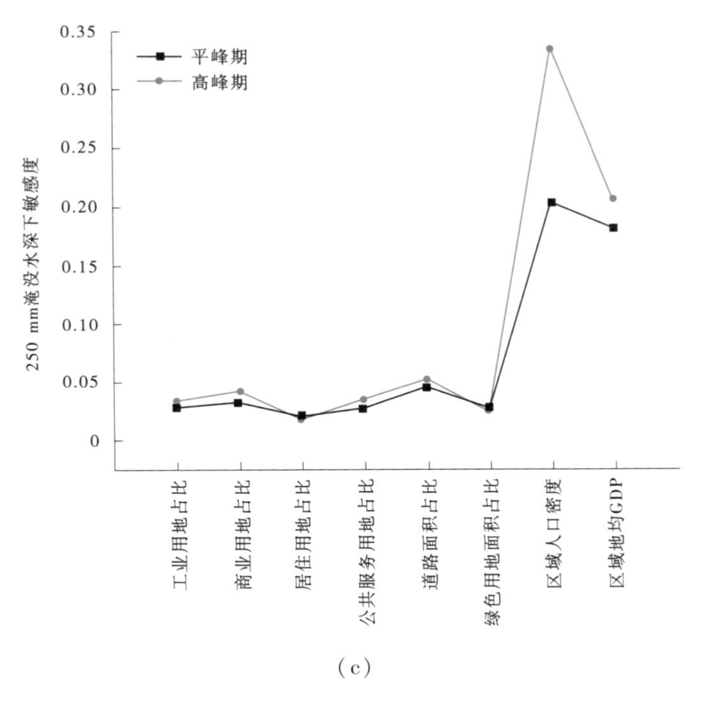
0.35
0.30
0.25
0.20
0.15
0.10
0.05
0
平峰期
高峰期
250 mm淹没水深下敏感度
工业用地占比
商业用地占比
居住用地占比
公共服务用地占比
道路面积占比
绿色用地面积占比
区域人口密度
区域地均GDP

(c)

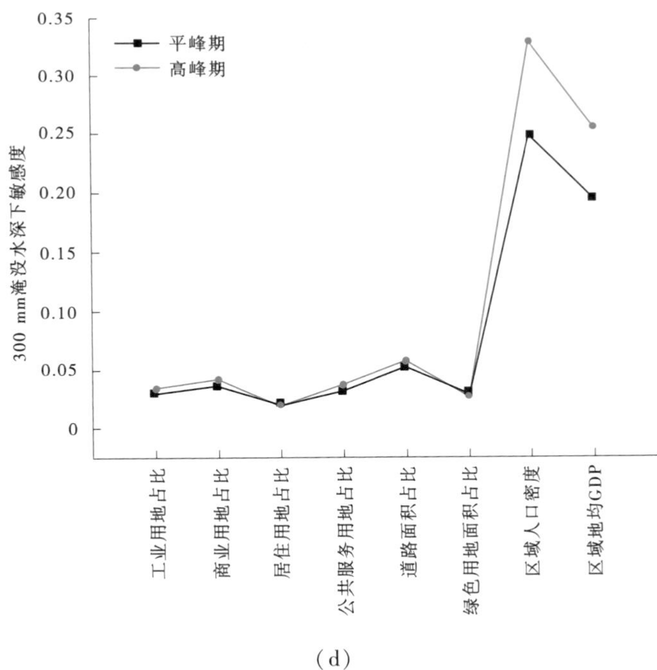
0.35
0.30
0.25
0.20
0.15
0.10
0.05
0
平峰期
高峰期
300 mm淹没水深下敏感度
工业用地占比
商业用地占比
居住用地占比
公共服务用地占比
道路面积占比
绿色用地面积占比
区域人口密度
区域地均GDP

(d)

续图 6-25

由图 6-25 可知,郑州市各指标在高峰期对交通通行状况的影响程度均高于平峰期,说明随着车流量的增大,城市要素对交通情况的影响也随之提高。其中社会要素的变化更为明显,这表示人口和 GDP 分布高的地区在内涝发生时更容易造成交通拥堵。

第 7 章　基于建筑物灾害损失的城市洪涝风险评估

本章论述了城市建筑物洪灾易损性评估研究中存在的问题和不足,在此基础上,提出了一种空间尺度网格化,评估建筑物分类别的水深-损失率曲线,并以郑州市为研究区进行实例验证,最后进行网格化损失预测和不确定性分析。

7.1　城市洪灾中建筑物位置提取和功能分类方法

城市洪灾中建筑物的受损程度与受灾建筑物数量的多少及建筑物损失程度的大小有关。由于不同类型建筑的洪灾损失特征不同,对建筑进行洪灾损失评估时需要针对不同类型建筑进行分类别研究,因此首先要对研究区所有的建筑进行分类。本章提出如图 7-1 所示的基于建筑功能属性的分类方法。首先通过电子地图和兴趣点(point-of-interests,POI)数据采集建筑的属性标签。考虑到采集功能标签样本的非完整性和可靠性差异,本章提出进行逐级分类方法。具体方法将在本小节余下部分进行介绍。

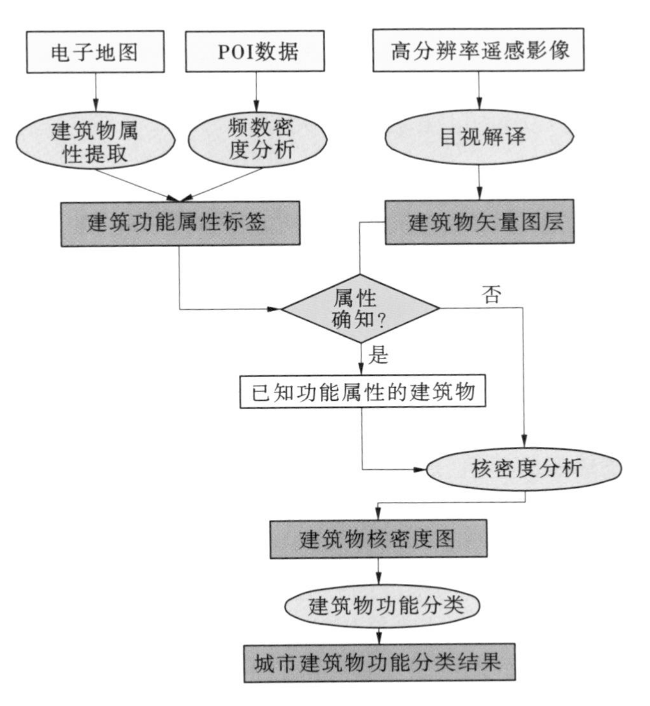

图 7-1　基于建筑属性标签的城市建筑物分类方法

7.1.1　城市建筑物矢量图层及功能属性标签提取方法

城市建筑物的矢量图层是对建筑物空间分布的精确描述,因此对其进行提取是洪灾损失研究的首要步骤。一般原始数据来源为高分辨率遥感影像及电子地图。对应遥感影像,可以通过高分辨率遥感影像的目视解译来获取。基于 GIS 工具可以准确获取建筑物(或建筑物空间集聚单元)的位置信息。另外,也可以利用电子地图,借助一些爬虫软件直接提取建筑的空间信息。

为了保证建筑分类的准确性,每一个建筑应该提供足够的属性信息。采用有效手段获取建筑物属性标签信息尤为必要。原始的方法是通过调查来获取其功能属性,但由于大尺度城区建筑物信息数据量较大,调查工作成本较高,这种方法具有一定的局限性。电子地图及互联网技术的发展使得一些电子地图对一些热点建筑已经有了标签信息。可以利用爬虫软件直接提取建筑物的属性标签信息。然而,出于各种原因,仍然存在大量的建筑物属性标签信息无法获取。随着互联网信息在人们生活中的渗透及移动互联网的高速发展,网络大数据中有关人类活动的信息不断丰富,对这些信息进行统计分析可以知道确切的位置信息及功能属性,例如兴趣点数据法。城市兴趣点数据是指与人们生活密切相关的信息点,在地图中以点状矢量数据表示地理实体的空间分布和功能属性,通常包括对地理实体的名字、地址、功能类型和经纬度信息等。每一类 POI 数据代表属于这类功能属性的建筑实体,由于 POI 数据量大且信息丰富,随着网络爬虫技术的发展,使 POI 数据在城市规划方面的功能区划分和建筑实体功能识别方面得到了广泛的应用。因此,借助于网络爬取的带具体位置信息的城市兴趣点数据,为建筑提供足量的属性信息。

7.1.2　基于城市建筑功能的建筑物分类方法

建筑功能与该类建筑所承载的资产类别、价值和人类活动的性质有关。随着城市化进程的加快,人类活动的复杂化使建筑的使用功能变得多样化,某一建筑实体可能拥有不止一种功能属性。为便于建筑物损失的计算,本书基于土地利用类型和 POI 数据的建筑分类方法,结合城市土地利用类型标准《土地利用现状分类》(GB/T 21010—2007)将所有建筑分为住宅类、商业类、工业类和公共管理与服务类建筑。

根据提取的建筑特征及分类目标,提出了如图 7-2 所示的逐级分类方法。由于地图属性标签具有更高的可信度,所以首先对具有电子地图标签的建筑按照标签进行分类。然后对于无电子地图标签的建筑,通过 POI 点的情况进行分类。这就意味着如果 POI 分类和地图属性标签分类有冲突,将以地图属性标签分类结果为准。因为 POI 数据点可能由于收集到的样本容量过小而带来判断误差。最后对于没有有效的分类标签的建筑,将通过核密度方法对它们做一个较为精准的分类。下面将分别介绍各级具体分类方法。

7.1.2.1　**基于电子地图属性标签的建筑分类方法**

由于电子地图属性标签提取的属性具有最高的可信度,所以先对所有建筑用其名字属性进行分类。再对其中没有地图属性标签的建筑采用其他方法进行分类。按照表 7-1 的电子地图标签关键词进行初步分类。对于具有模糊标签的建筑可暂不分类。

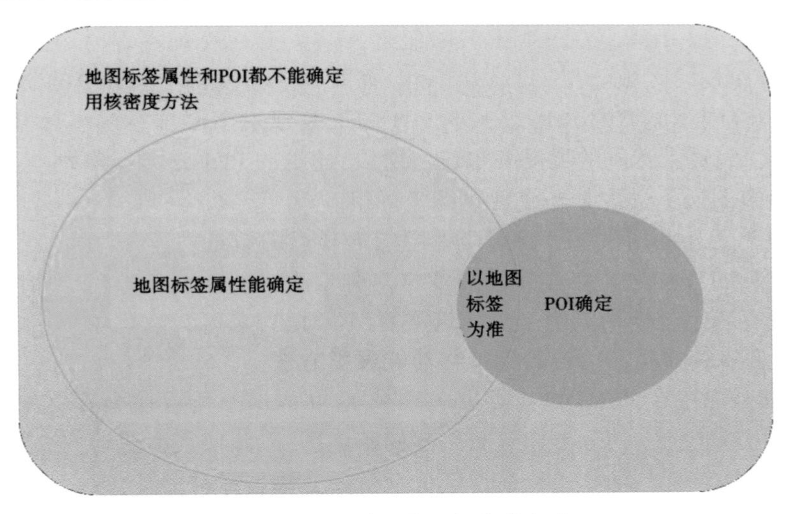

图 7-2　城市建筑物逐级分类方法

表 7-1　电子地图标签分类关键词

类别	分类关键词
住宅	小区、住宅、别墅
工业	厂、制造
商业	餐饮、商场、市场、超市
公共	图书馆、体育馆、科技馆、机场、车站、少年宫、博物馆

7.1.2.2　基于 POI 数据频数的建筑物功能分类方法

对于地图标签属性无法确定分类的建筑，采用 POI 法进行分类。用 POI 法提取建筑属性的时候尽量保证样本数量足够大，从而减小偶然误差。另外，关键词样本也需要尽量大来避免偶然误差。类比于基于电子地图标签的分类，采用表 7-2 的关键词对 POI 兴趣点进行分类。

表 7-2　POI 标签分类关键词

类别	分类关键词
住宅	厨房、客厅、卧室、看电视、家务、作业、浇花、做饭、带小孩、喂宠物、邻居
工业	机床、车间、机器、包装、数控、机房、消毒、生产、排放
商业	逛街、吃饭、撸串、火锅、串串、菜市场、讲价、打折、销售、卖场
公共	看书、上课、地铁、接机、换乘、看病、票务

通过以上设置，使每一个兴趣点的分类的可信度得以保障。但是兴趣点是点状数据，而建筑是面状数据。这就导致在一个建筑面内会有多种兴趣点。根据 POI 数据提取的均匀性，如果一个建筑区域内包含某一类 POI 分类最多，那将该建筑归为那一类就会具

有最小的分类误差。比如说,一个建筑内包含公共类 POI 点最多,那该建筑就归类于公共类。每一个建筑的区域已在 7.1.1 节获得,而 POI 法将得到不同分类的 POI 图层,每一个图层上只包含同一类型的 POI 点。各 POI 图层及建筑图层都经过坐标和尺度的校正并栅格化,使它们具有相同的尺度和定位。所以,建筑的 POI 分类步骤为:

(1)在建筑图层上提取某一个建筑的坐标组。

(2)在各个 POI 图层上统计建筑坐标组内 POI 点的数量。

(3)该建筑的分类为 POI 点数量最多的类别。

(4)对所有名字分类不能确定的建筑重复(1)到(3)。

7.1.2.3　基于建筑物核密估计的建筑物功能聚类方法

由于 POI 分布的空间不均匀,通过名字分类和 POI 分类后还会存在未被分类的建筑。为此,采用基于已知的分类建筑来构建核密度图,以此核密度图对其进行分类。在统计学中,核密度估计是一种非参数估计随机变量的方法,它用已知的数据和设定的扩散核来构建模型估计未知的变量。广泛应用于概率密度函数估计、空间聚类等问题中。由于已经采用名字属性和 POI 法对大多数的建筑做出了分类,可以据此利用核密度法估计未被分类的建筑情况。核密度假定一个内核函数,对每一个确知的要素以其为核心进行核函数的累加。根据确知要素的分布情况,累加出的结果具有连续分布趋势,以便于发现地理要素在空间分布上的分布规律。核密度估计方法原理如式(7-1)所示。

$$\hat{f}_r(x) = \frac{1}{n}\sum_{i=1}^{N_k} K_r(x - x_i) = \frac{1}{N_k r}\sum_{i=1}^{N_k} K\left(\frac{x = x_i}{r}\right) \tag{7-1}$$

式中:$K(x)$ 为核函数(Kernel),是一个非负函数;r 为邻域半径或者搜索半径(bandwidth);x_i 为属性已经确知的要素;N_k 为核密度估计中确知要素的数量。

由式(7-1)可以看出影响核密度估计的因素有核函数和搜索半径的大小。

由于建筑的影响范围不具有倾向性,所以假定的核函数需为对称形状,对各个方向上的影响情况都相同。另外,由于建筑的集中性,越靠近确知建筑的地方受该建筑的影响越大。例如,如果周围好多建筑都是住宅,那该未知建筑最有可能是出于同一小区的住宅。这就意味着核函数需要中间具有最大值,然后越偏离中心值越小,即以中心为最大值向四周递减。根据这些条件,假设核函数为二维高斯分布,表达如式(7-2)所示。

$$f(x,y) = A\exp\left[-\left(\frac{(x - x_o)^2}{2\sigma_X^2} + \frac{(y - y_o)^2}{2\sigma_Y^2}\right)\right] \tag{7-2}$$

式中:系数 A 为高斯函数振幅;x_o、y_o 为中心点的位置坐标;σ_x、σ_y 为 x,y 方向上的方差,其影响着搜索、扩散半径。

方差为 1 时,该核密度函数的分布如图 7-3(a)所示,俯视图如图 7-3(b)所示。由此可见,二维高斯函数具有中心对称特性,并且以中心为最大值向四周递减,符合要求。对于单个建筑,对齐栅格化后对每一个像素点都做一次二维高斯函数的累加,结果如图 7-3(c)所示。

对于搜索半径的确定,高斯函数的扩散半径与方差的关系如图 7-4 所示。由图 7-4 可见,高斯核函数在距离中心 3σ 之外的值已经非常小,故其扩散半径为 3σ。在对于建筑物构建和密度的问题中,对建筑物栅格化后,假设地面分辨率为 10 m,那么每一个像素代表

10 m 的空间单元。考虑到大多数建筑物地面在几十米到 100 m 的量级,其影响范围应当与建筑处于同一量级,如 300 m,即 30 个像素。可以根据实际情况做出相应调整。

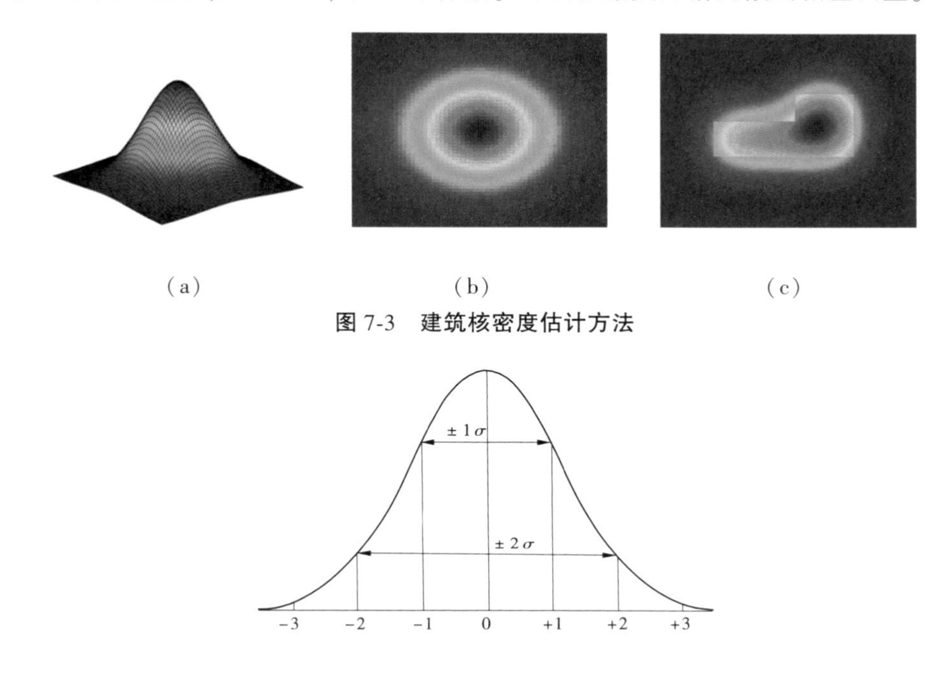

图 7-3　建筑核密度估计方法

图 7-4　高斯函数的扩散半径同方差的关系

在确定核函数后,可以根据已知的四个分类的建筑构建四个核密度图层。对于一个未知分类的建筑物,应该按照该建筑面积内各个核密度图层之和归类为和最大的那一类。数学表达如式(7-3)所示。

$$\left.\begin{aligned} K_1 &= \sum_{i=1}^{N_b} K_{1i} \\ K_2 &= \sum_{i=1}^{N_b} K_{2i} \\ K_3 &= \sum_{i=1}^{N_b} K_{3i} \\ K_4 &= \sum_{i=1}^{N_b} K_{4i} \end{aligned}\right\} \tag{7-3}$$

式中:K_1、K_2、K_3、K_4 为各类建筑物的核密度值;N_b 为建筑区域内的像素个数;K_{1i}、K_{2i}、K_{3i}、K_{4i} 为各类建筑核密度图层上对应像素的核密度值。

功能未知的建筑物属性取值为 K_1 至 K_4 最大的对应建筑物的属性。通过功能核密度分析,对已知功能分类的建筑物属性标签的核密度估计,实现未知功能的建筑物的属性分类。

7.2　基于网格化的城市建筑物洪灾损失及风险评估模型

网格化是将连续的地理对象按照一定数学规则离散成具有多种形状的空间信息网格的方法，空间信息网格就是按照一定的数学规则划分成的多种形状的空间单元。随着信息技术的发展，空间信息网格不仅有地理空间属性，还可以存储与空间信息有关的各种属性信息，具有 Geodatabase（关系型数据库）海量数据存储的特点。因此，采用网格化可以实现多种属性数据展布到同一个空间尺度，从而建立可以直接进行属性对比分析的空间划分体系。

7.2.1　城市洪灾易损性评价网格划分方法

在洪灾易损性评估方面，洪水特征网格与承灾体的社会经济等属性统计单元空间尺度的不一致是阻碍洪灾损失评估中的一个关键问题。与洪灾特征相关的信息存储在洪水特征网格中，该网格的划分通常以地面最小空间单元为依据，与行政区划无关。而与损失评估相关的各类承灾体的社会经济属性则大多以行政区划为统计单元。在进行社会经济等方面的数据分析时，空间信息网格化为打破行政区划边界的限制提供了一种有效的分析方法。

在管理需求方面，网格化能够快速提供精准的空间定位。定位精度与网格大小相匹配。高精度的空间定位能够方便管理人员、科技人员及一线救灾人员进行沟通，这对于快速的灾害预警、灾害防护及灾害援救具有重要意义。

空间信息网格既是特定空间位置上自然、社会、经济数据的载体，又是空间数据的载体，因此采用网格化方法进行洪灾易损性评估的首要任务是进行网格的划分。本节将讨论网格应该以何种形状、何种方式进行划分，以及划分的网格如何编码等问题。

7.2.1.1　网格划分方式及形状确定

关于网格的划分，国内外多采用以整个地球表面为对象的划分方式，以及以小区域范围的应用研究为对象的划分方式。第一种划分方式多采用基于多面体的多边形层叠配置和规则形状划分的方式，来体现对地球表面的无缝划分，使全球空间数据能够忽略投影的影像，这样的划分方法有 O-QTM（octahedral-quaternary triangular mesh，基于八面体的四分三角形网格）、SQT（sphere quadtree，球面四叉树）两种。也有一部分采用地理坐标系（经纬度）进行地球表面划分，如 EQT（ellipsoidal quaddtrees，椭球四叉树）、全球四叉树系统等。第二种网格主要针对区域在土地分析、水资源分析、气候或环境分析等领域的应用需求，提出不同的网格划分方案。当研究范围较小时，地球表面的曲率可以适当忽略，可以采用基于方里网的矩形网格进行划分，也有一部分采用其他的不规则形状进行网格划分。

规则网格的形状易于辨识和分析，更便于多级空间信息网格的融合计算，因此多采用规则格网进行网格划分。规则网格的形状主要有正方形、三角形和正六边形三种，其特征主要表现为方向性、等距性和可再分性三个方面。正方形和正六边形网格都具有相同的方向，而三角形网格则具有不同的方向；每个正六边形网格的中心点与周围网格等距；正方形和三角形网格具有无限分割的可能。由此来看，正方形网格不仅具有方向性和可再分的空间特性,而且矩阵数据的存储形式十分接近,采用正方形网格便于编码和计算,因此采用正方形网格的划分方式最适合用来做数据的空间展布。

7.2.1.2　网格索引的建立及编码方法

网格内的空间信息是来自于不同时空和不同尺度的数据源,空间数据的存储多采用文件系统,对其对应的各方面属性信息则存储在关系型数据库中,为了使空间数据及其属性信息相互关联,需要对空间数据进行编码,建立网格索引。

目前采用较多的空间索引主要有网格空间索引、四叉树索引、R 树和 R+树等构建方式。四叉树索引是指在规则网格中,按照空间目标在网格上分布的密集程度进行自上而下的逐级划分,每个网格可以划分为四等份。与社会经济数据空间化中的空间数据表达方式较为契合,因此多采用四叉树索引的方式创建索引。

空间信息网格包含多级基础网格和各种划分后的网格,采用四叉树索引的方法创建网格索引时,在每一级基础网格和划分后的网格中都可以得到唯一的地址编码,该地址编码通过行号、列号及在该层网格中的网格编号 ID 确定。

7.2.2　城市洪涝灾害风险网格化评价模型

网格内损失与该网格内的不同建筑物类别的成本价值、所占面积比例、不同水深条件下各类建筑物受灾严重程度有关。建筑物网格损失越多,说明网格内建筑物受灾程度越严重,洪灾易损性越高,提出的基于网格损失估计的洪灾易损性评估模型能够通过不同网格损失程度的等级划分来体现不同的洪灾易损性。单元评价网格内建筑物的洪灾总损失计算函数如式(7-4)所示。

$$C_b = \sum_{i=1}^{4} \Omega_i f_i(h) \psi_i \tag{7-4}$$

式中:C_b 为评价网格内建筑物洪灾总损失;Ω_i 为某评价网格内第 i 类建筑物的成本价值;$f_i(h)$ 为在水深 h 下第 i 类建筑物的损失率;ψ_i 为该网格内第 i 类建筑物的面积比例。

故需要对单元网格内每一类建筑物的成本价值进行估计,然后研究在不同水深下的每一类建筑物的损失率函数,最后根据建筑物在单元网格内所占的比例即可算出单元网格的损失情况。在实际计算中,可以被转化为更为方便计算的形式,如式(7-5)所示。

$$C_b = \sum_{i=1}^{4} \theta_i f_i(d) N_i A_k \tag{7-5}$$

式中:θ_i 为第 i 类建筑物单位面积下的价值成本;N_i 为第 i 类建筑物所占的像素个数;A_k 为每一个像素的面积。

由此,只需要计算某类建筑物单位面积的成本。通过栅格化后统计像素个数并确定每一个像素的尺度即可,有利于计算机实现快速的自动化处理。

图 7-5 进一步展示了评估模型的内涵。每一个单元网格可由众多的更小的点组成。统计该网格单元内的不同类别建筑物的数量可以得到 N_i,结合水深-损失率曲线及不同类别建筑物的单位面积成本价值,即可得到单元网格内的损失。

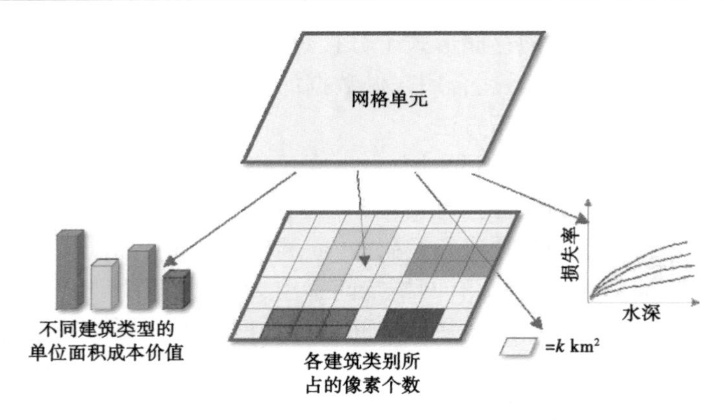

图 7-5　基于空间信息网格的洪灾损失计算原理

7.3　不同建筑物类别的洪灾损失率估计

城市建筑物洪灾损失的发生是建筑物与洪涝过程相互作用的结果,损失程度不仅与洪灾强度有关,而且与处在某一灾害强度下建筑物的成本价值及其对洪水的响应能力等相关参数有关。

城市洪涝灾害强度可以采用高性能集成水动力学模型对洪涝过程进行模拟,获得不同发生概率的洪水事件的淹没范围、水深、历时等灾害强度特征。通过数据预处理和参数初始化后,HIPIMS 模型能够得到整个研究区的洪灾信息。结合第 7.1.1 节“城市建筑物矢量图层及功能属性标签提取方法”中给出的建筑物位置信息,可以提取出每个建筑物对象(建筑物单体或者若干建筑物的空间集聚单元)的洪水深度信息。如果仿真分辨率足够高,可以得到建筑物内不同位置的不同水深信息。下面将重点介绍不同类型建筑物的洪灾损失率和成本价值的估计方法。

洪灾损失率是指受灾对象或者财产在灾害中的损失值与成本价值的比率,由式(7-5)可知,不同建筑物的洪灾损失率是实时洪灾损失评估的重要参数。由于不同建筑物类别的建筑物结构、功能属性的不同,不同建筑物类别对相同的洪灾特征具有不同的响应。常见的城市建筑物结构有砖混结构、框架结构和钢筋混凝土结构等类型,选取以钢筋混凝土结构为主要建筑物结构及地势相对平坦的大型城市作为重点研究对象。基于第 7.1 节“城市洪灾中建筑物位置提取和功能分类方法”中对建筑物的功能分类,本节将对不同建筑物类别的洪灾损失率进行研究。

洪灾损失率的确定往往需要根据灾后调查和相关统计资料构建灾情数据库,采用回归分析建立损失率方程或绘制损失率曲线。然而这种基于灾后调查的损失率估计方法的人工成本较高、数据准确性不高,而且基于静态历史数据的方法不具有预测功能。通过文献综述,发现国内处在相似地形地貌、经济发展水平及规模尺度的平原大中型城市中,钢筋混凝土结构类型建筑物的洪灾易损性具有相似的特征。在灾后调查无法进行的灾情资料缺乏的城市地区,可以借鉴已有损失率曲线的特征对洪灾损失率进行研究。

众多研究使用损失率曲线来定量衡量建筑物在不同淹没水深下的损失规律,经过筛选得到以下几个城市的四类建筑洪灾易损性曲线共 23 条,其中包含工业类建筑曲线 4 条、商业类曲线5条、公共管理类曲线4条、住宅类建筑曲线10条。四类曲线依次如7-6所示。

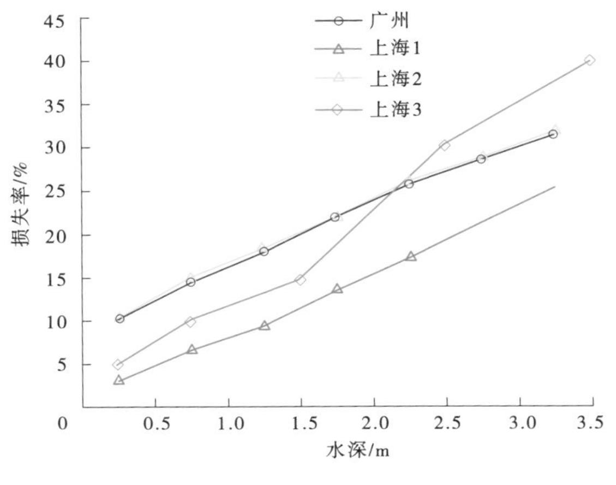

(a)工业类建筑物损失率

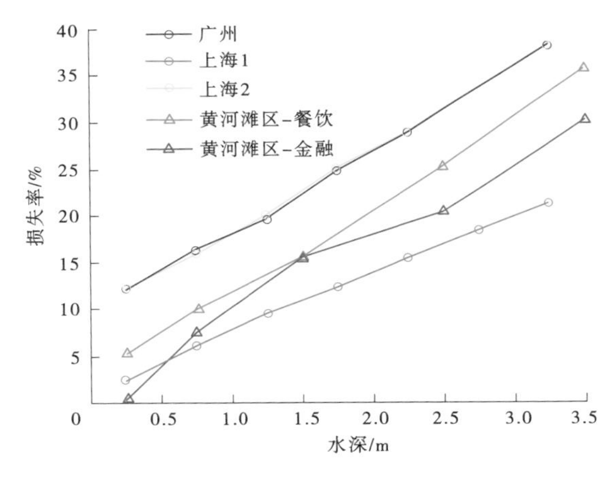

(b)商业类建筑物损失率

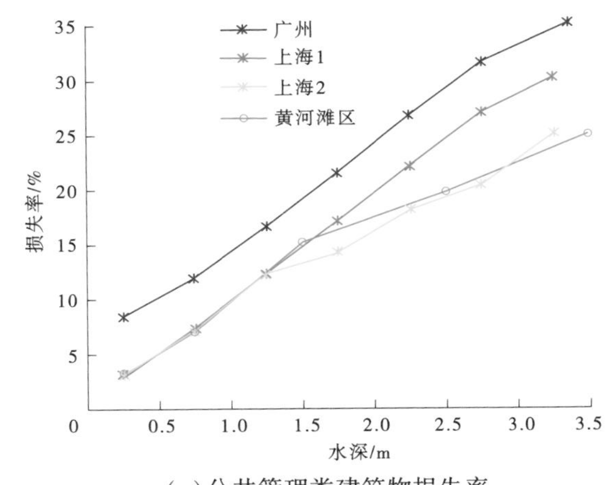

(c)公共管理类建筑物损失率

图7-6　国内的建筑物洪灾损失率曲线

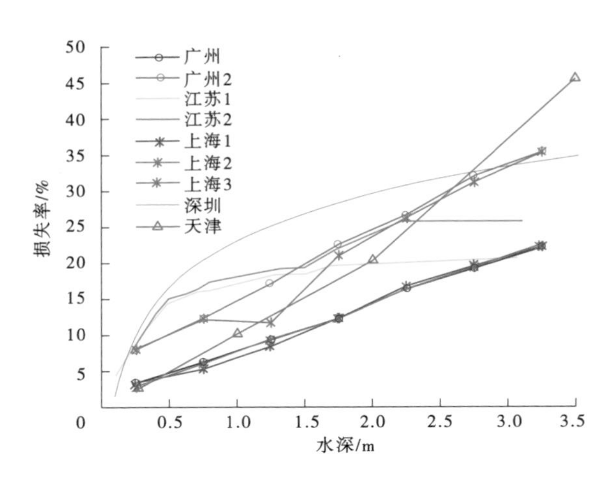

(d)住宅类建筑物损失率

续图 7-6

图中所有经验曲线横坐标表示水深,纵坐标表示对应水深下的洪灾损失率。所有曲线都是随着水深增大,损失率也增大,并且不同城市之间表现出了一定的差异性。同一城市的同一建筑类别也具有差异性。这些差异性可能来源于不同的曲线估计方法、统计数据的样本大小等,所以每一条曲线都有其不确定性。只选用其中某一条曲线会带来较大的误差,所以科学合理地对每一类建筑估计出一条综合性的曲线尤为重要。将基于损失率曲线的不确定性采用回归分析和蒙特卡罗方法对综合性的曲线进行估计。

7.3.1　单体建筑损失率曲线回归分析

由于相关文献综述得出的曲线几乎都是不连续的散点,除了深圳市的曲线外,其他所有的曲线都是一些离散的点,这导致几乎所有的曲线都不平滑,从而对相邻两个离散点之间的损失率估计具有较大误差。曲线之间的差异性及离散性对评价模型造成了阻碍。首先需要对已有曲线进行回归分析,以便于对每一个水深值对应的损失率做出较好的估计。

采用 Matlab 的曲线拟合工具箱进行拟合。给定一组离散的水深与对应的损失率,该工具箱能够对离散点使用选定的解析模型进行拟合。这些解析模型包括不同阶数的指数模型、傅里叶函数、高斯函数、线性模型、多项式模型、指数模型等。拟合之后也能给定拟合误差。通过选取不同的回归模型,拟合后选择拟合误差最小的模型的四类建筑损失率曲线如图 7-7 所示。其中图 7-7(a)、(b)、(c)和(d)分别为住宅类、工业类、公共管理类、商业类建筑损失率曲线。除住宅类部分曲线外,剩余所有曲线均能用多阶多项式较好地拟合。而住宅类曲线中部分用对数函数和指数函数拟合较好。

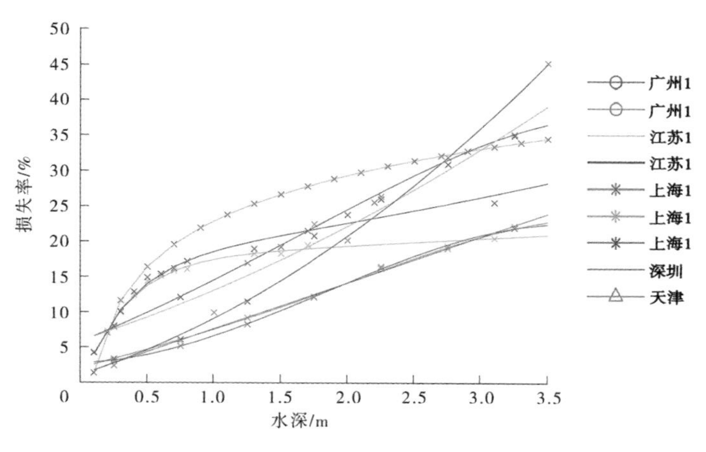

(a)住宅类建筑物损失率

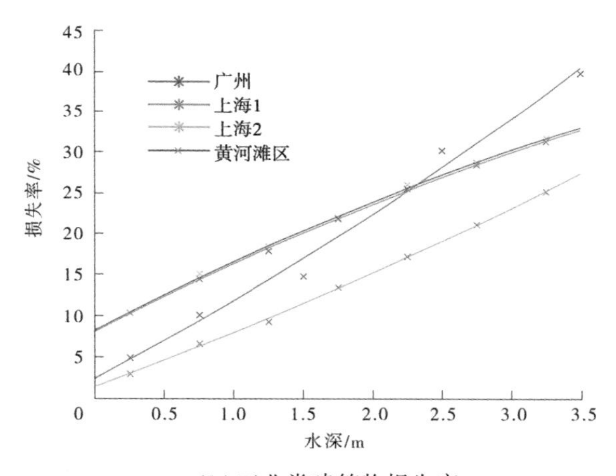

(b)工业类建筑物损失率

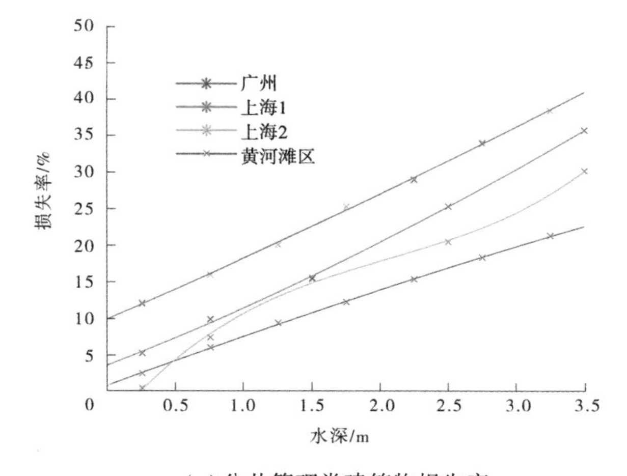

(c)公共管理类建筑物损失率

图 7-7　国内部分城市已有损失率曲线的拟合

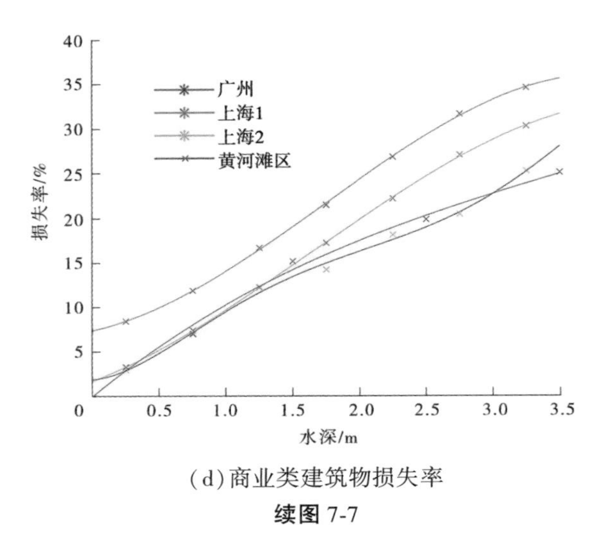

(d)商业类建筑物损失率

续图 7-7

7.3.2　基于蒙特卡罗法的建筑物损失率曲线合成

回归分析处理了已知曲线的离散性问题,但是由于损失率曲线的不确定性问题,本节将采用蒙特卡罗法进行研究。

7.3.2.1　损失率曲线不确定性的内涵

首先以深圳住宅曲线为例对不确定性的内涵加以分析。住宅类建筑物损失率曲线如图 7-8(a)所示,对于每一个水深(0~3.5 m),由于统计方法及样本容量等带来的误差,其损失率可能随机地分布在该曲线对应损失率的附近,属于随机分布的范畴。根据中心极限定理可知,在特定条件下,大量统计独立的随机变量的平均值趋于正态分布(标准高斯分布)。假定建筑物损失率的不确定性服从高斯分布(参数为均值和方差),当水深为 1 m 时,对应的损失率为 23,实际上损失率应该为以 23 为中心(均值)往正负两边发散。越靠近中心的位置,点出现的概率越高,如图 7-8(b)所示。假定的高斯分布方差越小,值越集中,确定性越高。比如方差为 1 的高斯分布,实际值(所有可能的取值)在估计值(均值)附近±5% 的概率为 80%,而对于方差为 2 的高斯分布的概率只有 60%。

7.3.2.2　基于蒙特卡罗方法的损失率曲线估计

基于以上对曲线不确定性的理解,假定所有已知曲线取值都服从高斯分布,分布的均值即为每个水深对应的损失率。对于方差,以所有住宅曲线为例,发现在所有水深下,曲线间的最大间隙大约为 10,这意味着高斯分布扩散半径要大于 10。高斯分布曲线已在图 7-4 中展示,由图 7-4 可知发散距离约为 3 倍的标准差(方差的 1/2 次方),那么标准差 $\sigma=\sqrt{10}$,标准差可以取 3.16 附近的值。所以,可以假定标准差为 3。可以采用蒙特卡罗法仿真出所有的取值情况。蒙特卡罗法对所有可能的取值进行大量次数的遍历,遍历的频次服从指定的概率密度函数。当遍历次数足够大时,对遍历结果的统计可以精确地反映结果的分布情况。蒙特卡罗法的基本步骤为:

(1)设定总试验次数 N,次数越大,结果越精确。

(2)指定各输入参数的概率密度函数 f, f 对不同的参数可以不同。

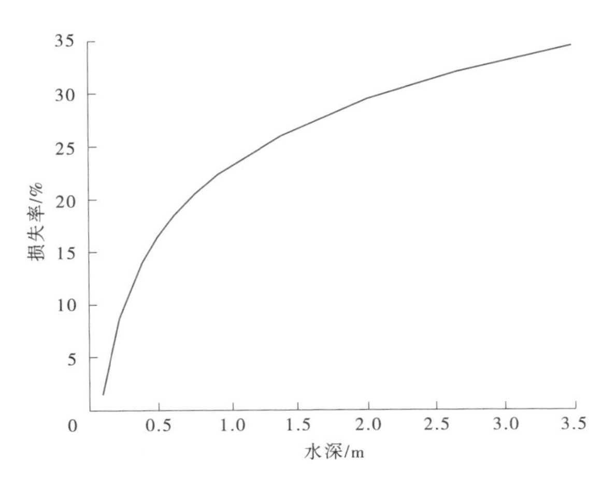

(a)深圳市住宅类建筑物损失率曲线

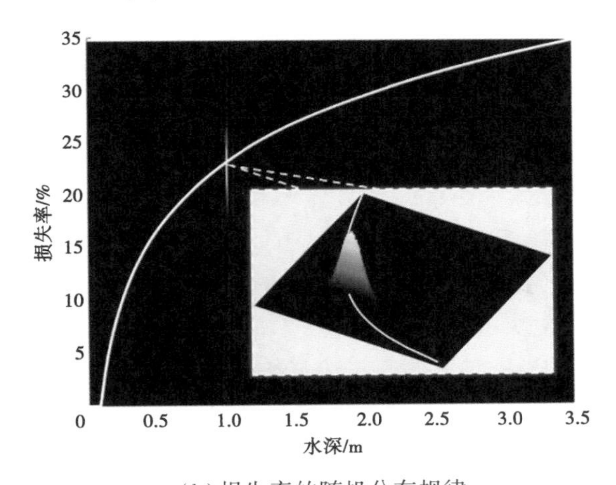

(b)损失率的随机分布规律

图7-8 损失率曲线的不确定性分析

(3)对每一个输入参数,生成 N 个服从 f 分布的输入数组。

(4)对每一组输入数据计算出其通过系统作用后的结果。

(5)对 N 个得到的结果进行统计分析。

以深圳市住宅曲线为例,采用蒙特卡罗方法仿真该曲线实际上所有取值,假定损失率均值,标准差为3的高斯分布的分布,在一万次试验情况下的结果如图7-9所示。颜色越浅,代表着出现频数越高。对于曲线的合成,可以将每一条曲线作为一个蒙特卡罗仿真的输入参数,通过所有已有曲线结果的叠加求取每一个水深下的平均值(图7-9中最亮的那条曲线),即可得出该类建筑物的损失率曲线,并可以得出每个水深下的不确定程度。

采用蒙特卡罗方法对四类建筑物每条损失率曲线上所有可能取值点的仿真,四类曲线所有取值分布叠加后的结果如图7-10所示。其中图7-10(a)表示住宅类曲线,图7-10(b)表示工业类曲线,图7-10(c)表示公共类曲线,图7-10(d)表示商业类曲线。

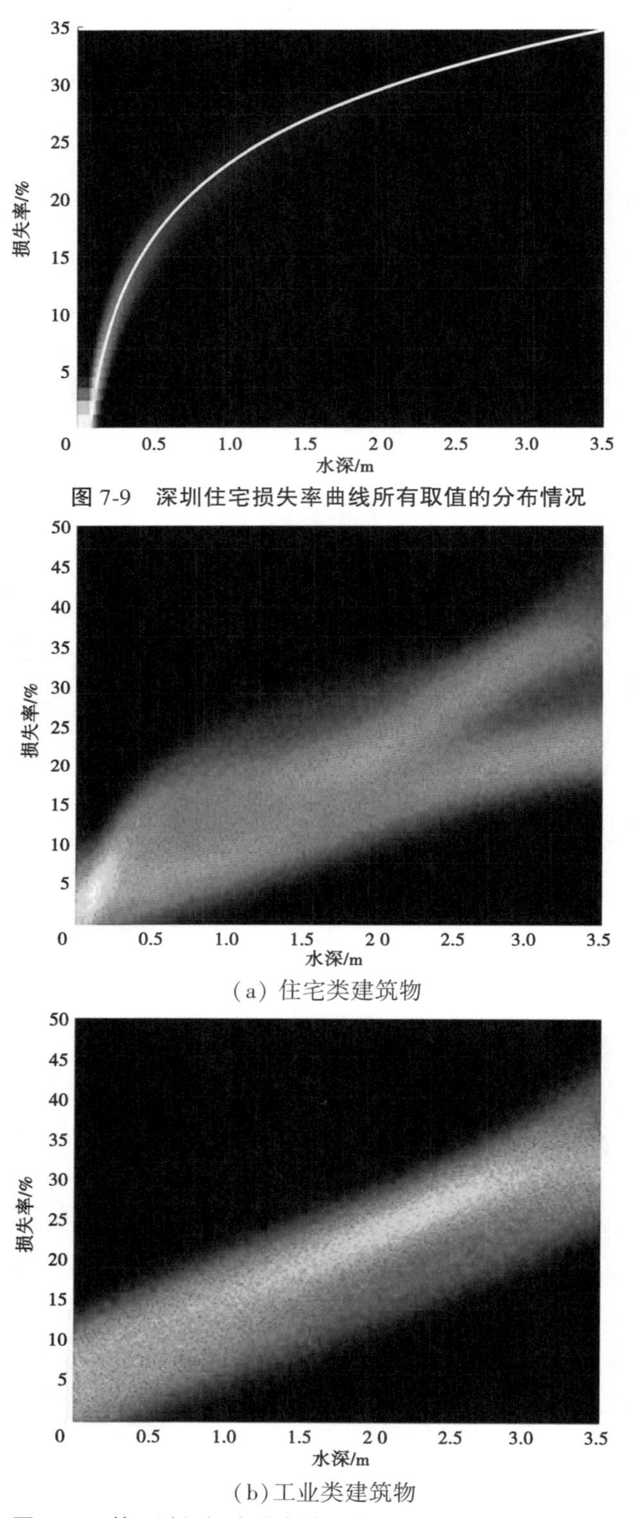

图 7-9　深圳住宅损失率曲线所有取值的分布情况

(a) 住宅类建筑物

(b) 工业类建筑物

图 7-10　基于随机概率分布的已有损失率曲线拟合后的叠加

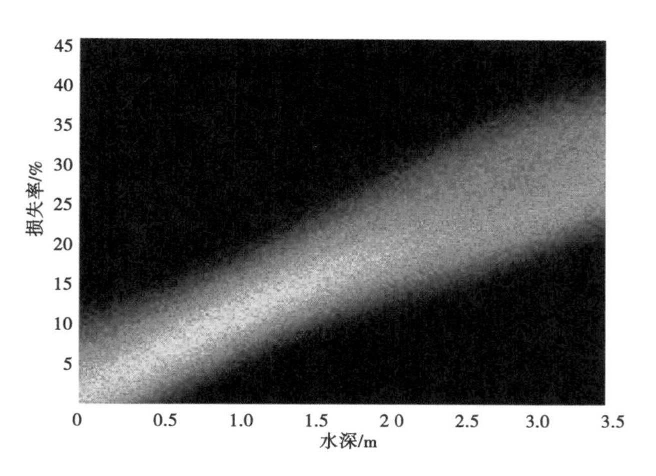

(c)公共管理类建筑物

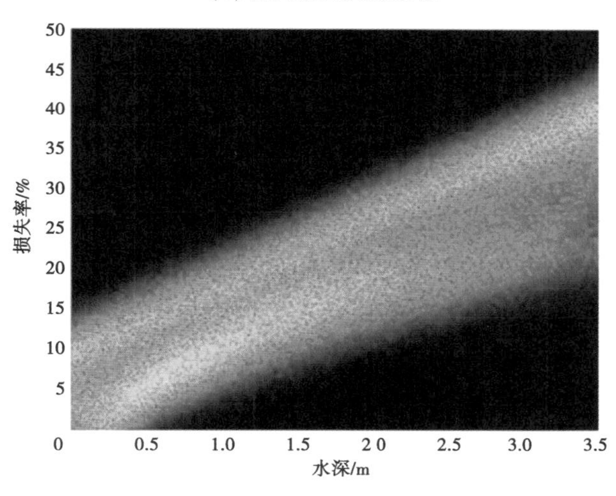

(d)商业类建筑物

续图 7-10

通过对每个水深对应的损失率的叠加结果取均值,可以得到每个水深对应的损失率的均值曲线,可以得到最终各类曲线的估计表示为如图7-11所示的结果。图7-11(a)表示住宅类建筑物损失率曲线估计,图7-11(b)表示工业类建筑物损失率曲线估计,图7-11(c)表示公共类建筑物损失率曲线估计,图7-11(d)表示商业类建筑物损失率曲线估计。

进一步对这些曲线拟合可以得出四条不同类型建筑物的损失函数。住宅、工业、公共和商业的损失函数分别如式(7-6)~式(7-9)所示。所有函数的定义域范围都是0~3.5 m。

$$f_1(h)=-0.2474h^6+2.926h^5-13.68h^4+32.1h^3-39.46h^2+31.06h+0.3702 \tag{7-6}$$

$$f_2(h)=8.156h+5.06 \tag{7-7}$$

$$f_3(h)=0.1279h^4-1.069h^3+2.516h^2+6.7h+2.579 \tag{7-8}$$

$$f_4(h) = 0.2736h^3 - 1.59h^2 + 10.8h + 3.778 \tag{7-9}$$

式中:h 为水深;$f(h)$ 为四类建筑物的对应水深条件下的损失率函数。

通过回归分析对损失率曲线估计的方法,充分考虑了损失率曲线的不确定性。基于损失率不确定性的高斯分布假设,当损失率的样本曲线越多,不同水深条件下的建筑物损失率取值越接近于损失率均值。当样本曲线足够多,损失率取值将与该方法得出的损失率曲线上的取值相同,此时的损失率不确定性最低。

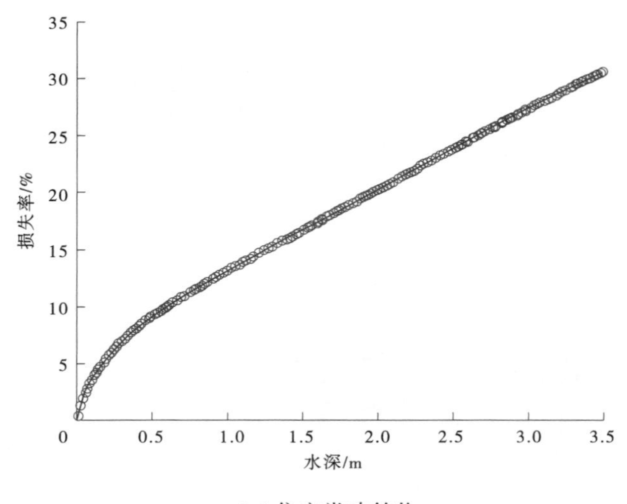

(a)住宅类建筑物

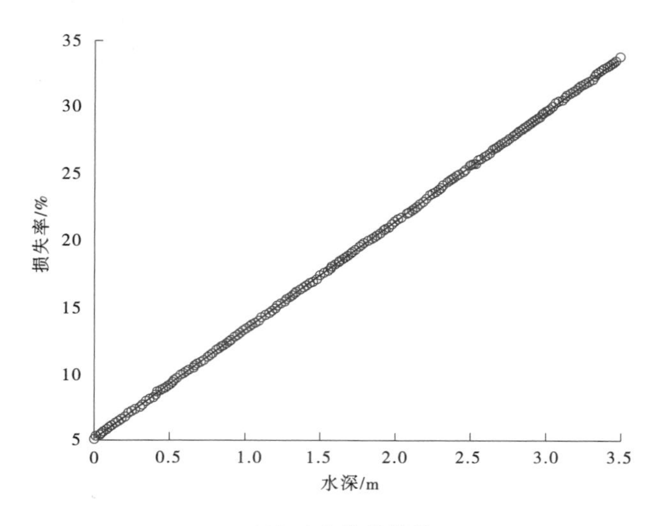

(b)工业类建筑物

图 7-11　基于蒙特卡罗法的建筑物损失率曲线估计

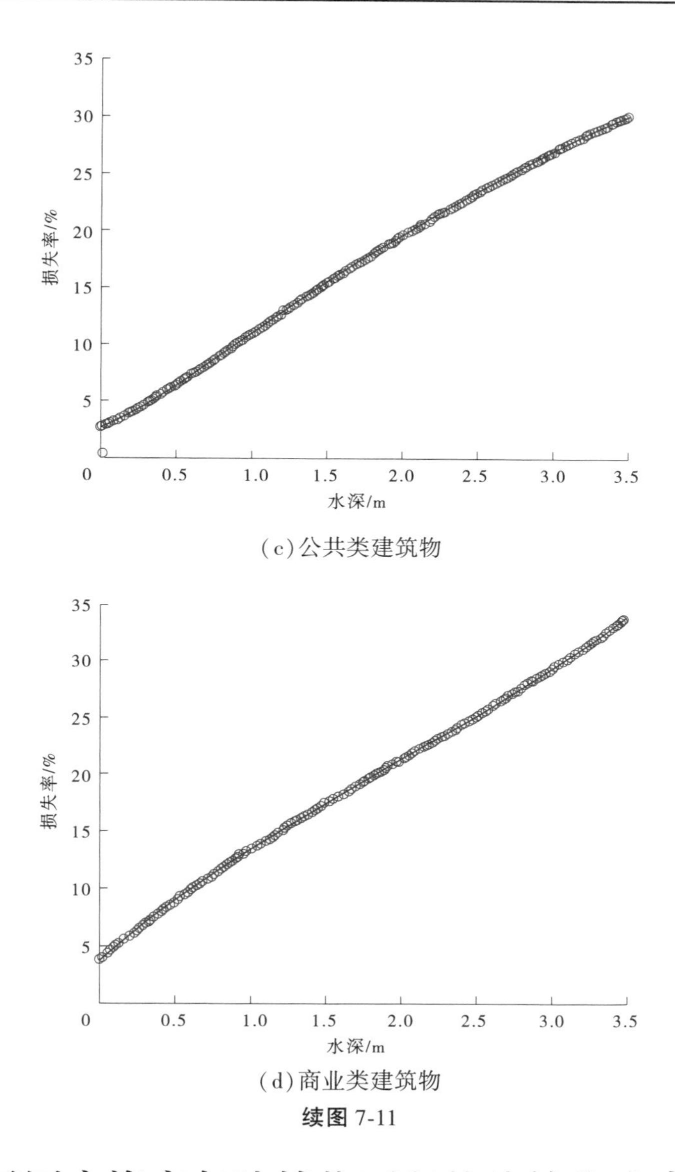

(c)公共类建筑物

(d)商业类建筑物

续图 7-11

7.4　基于固定资产与建筑物面积的建筑物成本价值估计

建筑物的成本价值作用因素比较多,例如生产资料价值、生产价值、固定资产价值、人力价值等。各类建筑物损失的成本价值与其所承担的社会功能属性有关,不同功能类型的建筑物拥有不同的社会经济价值,通常讲住宅类建筑物损失成本应包括建筑物结构和室内财产总价值,工业、商业及公共管理类建筑物的损失成本主要包括建筑物和室内与其功能相关的设备、存货等的总价值。固定资产是指企业为生产产品、提供劳务、出租或者经营管理而持有的、使用时间超过 12 个月的,价值达到一定标准的非货币性资产,包括房屋、建筑物、机器、机械、运输工具及其他与生产经营活动有关的设备、器具、工具等,属于有形资产的范畴。当仅针对建筑物的有形资产损失评价时,以各类建筑物的固定资产价值代替各类建筑物的成本价值来估算。目前地区固定资产统计均是按照行政单元来进行的,为得到较高精度的各类建筑物单位面积成本价值,按照如下方法进行计算:

$$\theta_{i,j} = \frac{G_j}{A_k N_{i,j}} \tag{7-10}$$

式中:$\theta_{i,j}$ 为第 j 个行政区域的第 i 类建筑物的单位面积价值成本;$N_{i,j}$ 为第 j 个行政区域的第 i 类建筑物的像素个数。

由此,各类建筑物单位面积成本价值可以根据各行政区的固定资产统计及建筑物图层来确定。统计的行政区越小,结果越精确。

7.5　洪灾易损性评估模型的不确定性分析

在灾害损失评估模型中,不确定性有两种来源,一是自然变异性(偶然性),例如气候变化和人类行为等;二是由于人们对灾害的不完全认知(认知论),例如模型假设或者概化。认知不确定性是可以减少或者分析的不确定性,包括损失计算中的认知不确定性。对于认知不确定性可以分为两个级别的不确定性。模型的一级不确定性(primary uncertainty),即危险性强度大小的不确定性,这类不确定性的影响因素主要包括对洪水特征提取的不准确,这类不确定性的产生可能是由于对数值模型中的假设或者输入数据、校正数据的不完整。模型的二级不确定性(secondary uncertainty)通常是指损失率样本值相对易损性曲线的离散分布,表达出易损性曲线样本的随机特征。通过损失率对损失计算的方法还可能由于对承灾体的认识不足而产生一定的不确定性,比如限制土地使用类型或者建筑物的类别,只针对某一种土地或某一类建筑物进行评价。此外,对处于风险中的资产价值估计的误差也会导致损失评估模型的不确定性有所增加。

本书基于蒙特卡罗方法,对损失评估模型相关的损失率估计和资产价值成本估计的不确定性进行分析。通过蒙特卡罗仿真,对每一个评价网格的直方图统计分析,可以得到一个综合结果的概率密度函数。对于不确定性,一种常用的量化方法为计算所有可能的值在预测值附近的概率,一般表示为±5%概率、±10%概率等。假定模型得到了如图 7-12 所示的服从高斯分布的直方图统计结果。图 7-12(a)的结果是 10 为均值、1 为标准差的高斯分布;图 7-12(b)的结果是 10 为均值,3 为标准差的高斯分布。虽然两个结果的最终估计都是其均值为 10、但是图 7-12(a)在均值正负 20%以内的概率为 95.24%,而图 7-12(b)仅有 49.75%,所以图 7-12(a)结果具有更高的可信度,即更低的不确定性。

在实际计算中,不确定性统计方法为:

(1)做出所有 N 个蒙特卡罗仿真结果的直方统计图。

(2)计算所有结果的均值。

(3)统计均值附近正负 a%的结果个数 M。

(4)那么结果均值附近正负 a%的不确定性为 M/N。

对于提出的网格化损失评估模型,其不确定性来源于成本价值 θ 的不确定性及损失率曲线的不确定性。在第 7.3 节“不同建筑物类别的洪灾损失率估计”中已经得出了不同损失率曲线的不确定性。对于资产成本价值的不确定性估计,一般假定其服从三角分布。通过蒙特卡罗仿真按照模型计算出所有结果后,利用直方图统计可以得出所有网格评价结果的不确定性。

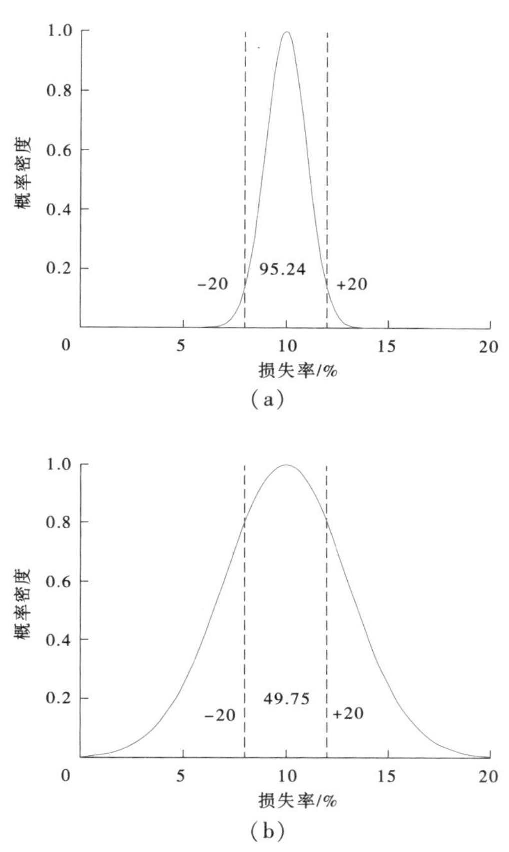

图 7-12　研究区建筑物总体分布情况

7.6　案例分析

本节依然选用郑州市中心城区为研究区进行建筑物洪灾易损性的分析验证。

7.6.1　城市建筑物分类

本节首先基于 0.5 m 分辨率的遥感影像对研究区的所有建筑物进行提取。在 GIS 工具中采用目视解译的方法提取出单个建筑物,并对每一个建筑物(建筑物单体或者若干建筑物空间集聚单元)创建唯一的 ID 索引。研究区内总共提取了如图 7-13 所示的 6 689 个建筑物,对所有建筑物从 1 开始到 6 689 进行 ID 标号。

采用电子地图标签属性提取法和兴趣点法提取建筑物的标签属性。根据提出的逐步分类的方法,由电子地图建筑物标签可以确定功能分类的建筑物有 5 372 个,分布如

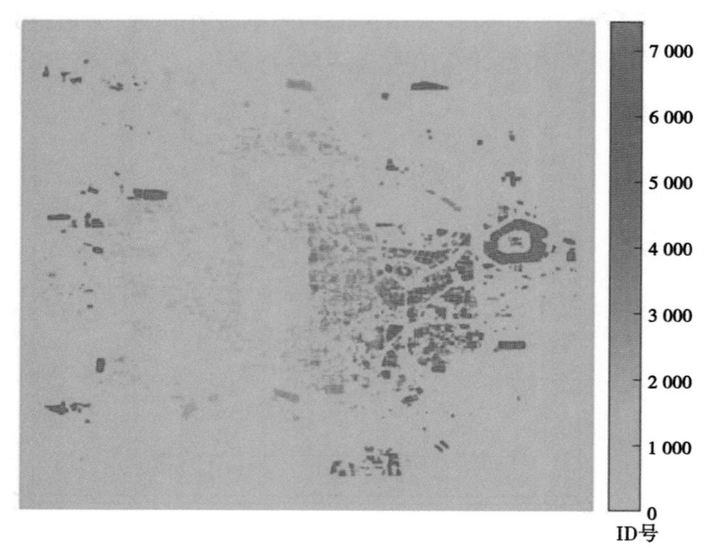

图 7-13 研究区建筑物总体分布情况

图 7-14 所示。其中住宅类建筑物 3 165 个,商业类建筑物 669 个,公共类建筑物 1 161 个,工业类建筑物 377 个。由于电子地图的高速发展,其携带的建筑物标签页越来越丰富。对于郑州市的 6 689 个建筑物中通过电子地图标签能够确定大多数建筑物的类别,但是仍然有(6 689−5 372)/6 689≈20%的建筑物不能通过电子地图标签确定类别。对于这部分建筑物,将采用兴趣点属性进行分类。

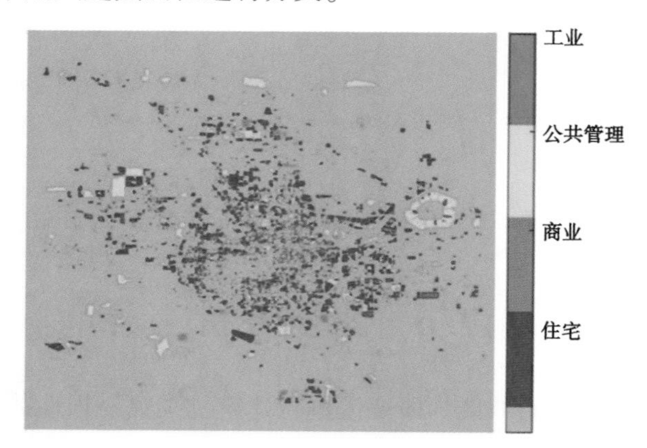

图 7-14 功能已分类的建筑物分布

基于对收集到的 40 多万个 POI 数据的标签结果,本节获取了 17 种小类的 POI 数据,分别是餐饮、购物中心、批发零售、公共设施、购物中心、车站、停车场、教育及培训机构、金融、风景名胜、酒店住宿、休闲娱乐、医疗、政府办公、住宅区、公园广场、物流。然后根据土地利用类型分类标准,将 POI 数据分为住宅、商业、工业、公共管理与服务四类,使其与建筑物功能相对应。其中住宅类包括住宅区,商业类包括餐饮、购物中心、批发零售、金融、休闲娱乐和酒店住宿,公共管理及服务类包括公共设施、车站、停车场、教育及公共培训机构、风景名胜、医疗、政府办公、公园广场。由于抓取的关键字问题,收集到的 POI 数据中不包含工业类的建筑物。各类兴趣点如图 7-15 所示,其中图 7-15(a)、(b)、(c)分别为商业、公共管理和住宅类兴趣点。

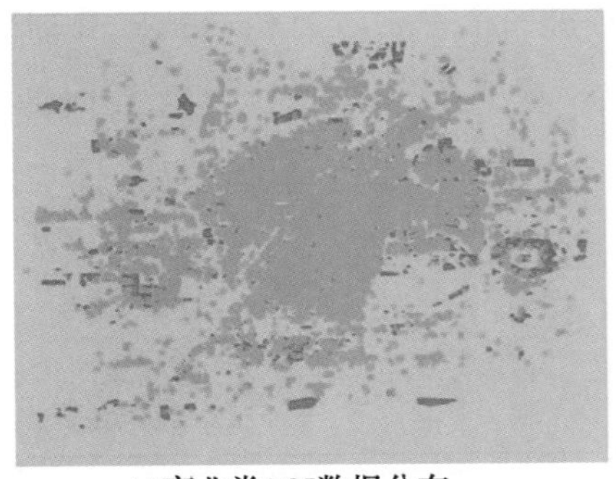

(a)商业类POI数据分布

(b)公共管理类POI数据分布

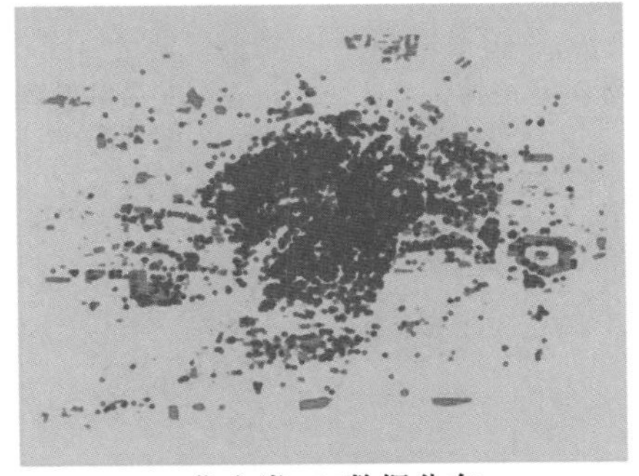

(c)住宅类POI数据分布

图 7-15 收集到的 POI 点

根据第 7.1.2 节“基于城市建筑功能的建筑物分类方法”中所提出的基于兴趣点的分类方法。分别对 1 317 个未知功能属性的建筑物计算其建筑物面积内各个兴趣点类别的数量,以数量最多的类别作为该建筑物的类别。采用此方法可以确定 869 个建筑物的类别,结果如图 7-16 所示。

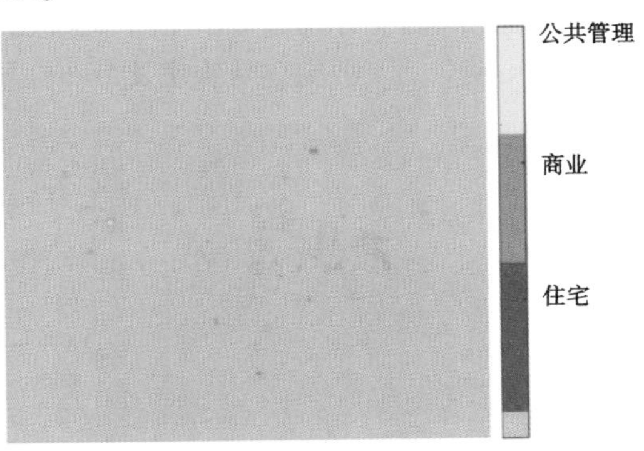

图 7-16 POI 频数密度建筑物的功能分类结果

至此,共获得 6 241 个建筑物的功能分类,但是仍然有 7%的建筑物由于没有包含任何电子地图标签及兴趣点导致仍不能分类。根据各地区资料完善水平的差异,这个比例对于极度缺乏资料的地区将比较大。

对于无法通过兴趣点和电子地图标签确定的建筑物,将采用建筑物的核密度估计的方法实现建筑物功能的聚类。本节采用二维高斯分布作为核函数,扩散半径设置为 300 m。对所有已知分类的建筑物进行栅格化后,对每一个像素进行核函数的叠加,构建了如图 7-17 所示的四类建筑物的核密度分布图层。其中由于住宅类建筑物数量最多,其核密度也最为密集。

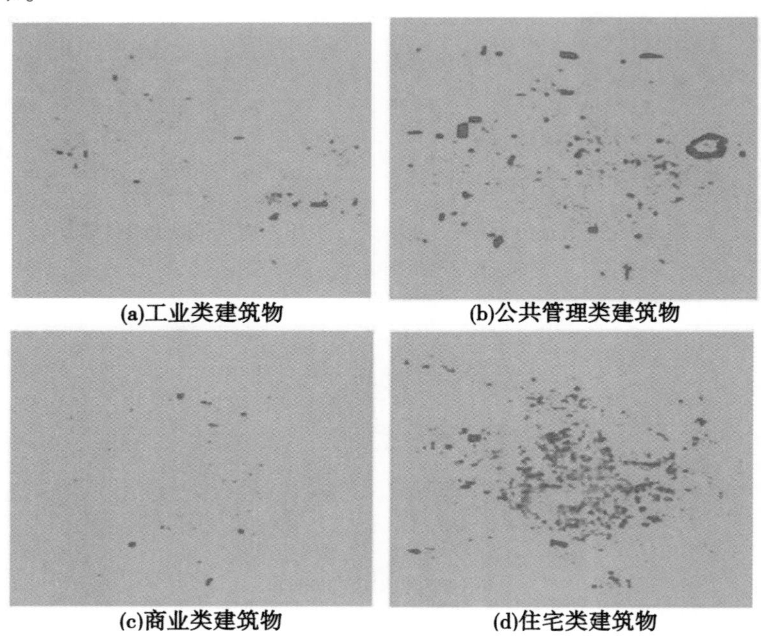

图 7-17 已知功能属性建筑物的核密度估计

对于剩余的 448 个建筑物,分别计算其建筑物面积内对应的各核密度图层累加值,建筑物类别取核密度累加值最大的那一类。至此,所有的建筑物都实现了分类,最终分类结果如图 7-18 所示。其中,住宅类建筑物 3 940 个,商业类建筑物 834 个,公共管理类建筑物 1 426 个,工业类建筑物 489 个。各类建筑物占比分别为 58. 9%、12. 5%、21. 3%、7. 3%。说明郑州市建筑物以房地产为主,工业占比较少。工业类建筑物主要分布在城市的外围。

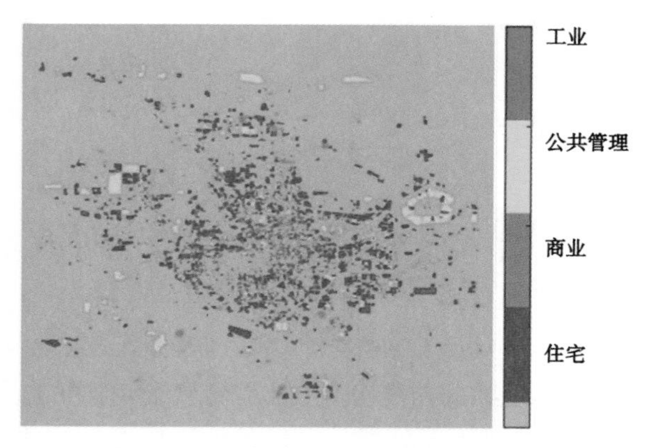

图 7-18 郑州市所有建筑物分类结果

对比图 7-18 的建筑物分类及图 7-19 的洪灾水深信息,发现这些网格的商业密度极高,洪水深度也较大。由于商业类建筑物成本价值远高于其他建筑物,所以导致了较为突出的网格损失。从减少洪灾风险和损失的角度,加强对于这些网格的洪灾防护能最有效地降低洪灾总损失。两种情景下的网格化损失对比表明,这些损失突出的地方分布基本维持稳定。说明无论是对于 10 年一遇(情景 1)还是 1 年一遇(情景 2)的洪灾,加强对重点网格的洪灾防护都能最高效地降低洪灾总损失。

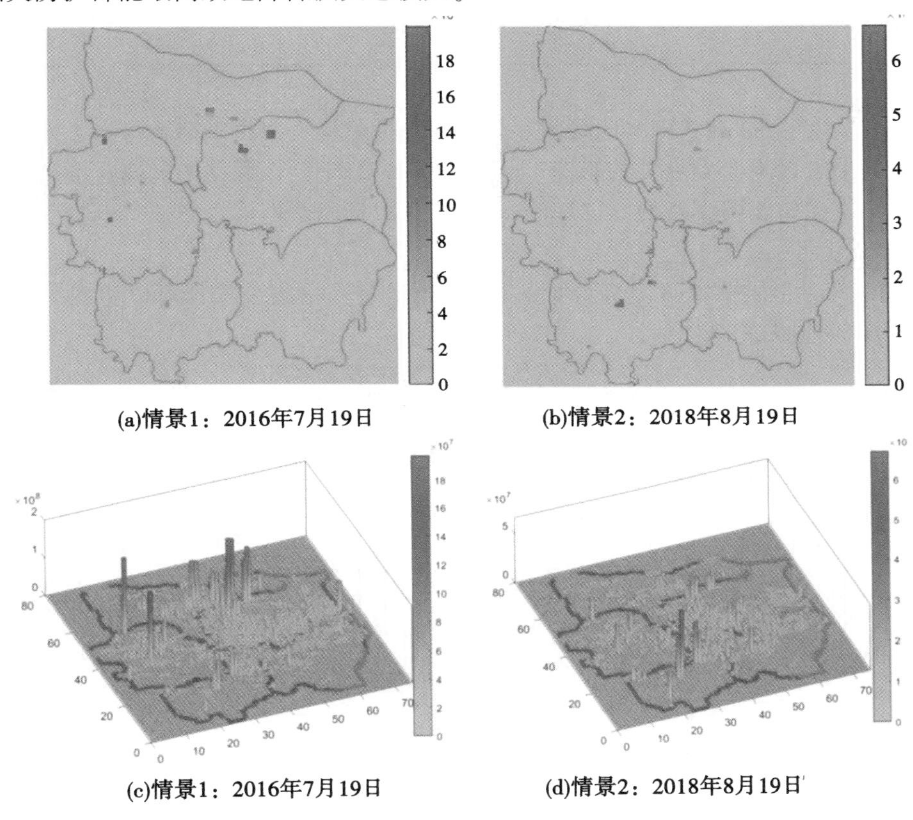

图 7-20　两种情景下郑州市建筑物的洪灾总损失

在损失值方面,对于全研究区的 5 846 个网格,只有 2 102 个网格由建筑物分布,其他网格的建筑物损失都为 0。研究区 10 年一遇(情景 1)与 1 年一遇(情景 2)的洪灾总损失约为 57. 8 亿元和 13. 8 亿元,最大网格损失分别约为 2 亿元和 1. 3 亿元。

为了进一步发现典型损失网格的损失及其分布情况,通过建立评价网格位置(x, y)与行列号的索引关系,实现典型损失网格的准确定位。基于第 7. 1 节对建筑物的功能分类,可以实现每个网格内各类建筑物损失的估计。以第 52 行 58 列和第 39 行 42 列的两个网格在不同情景下各类建筑物的洪灾损失情况为例来说明,如表 7-4 所示。

表 7-4　单个网格各类建筑物的损失值统计

洪灾情景	位置(x, y)	住宅类/元	商业类/元	公共管理类/元	工业类/元
情景 1	(52,58)	6 809.874	2 234 962	188 795.5	20 368.45
	(39,42)	63 171.39	15 880 955	1 839.146	11 673.99
情景 2	(52,58)	5 658.407 2	2 194 348	183 916.6	19 420.76
	(39,42)	24 024.705	11 229 970	1 817.002	9 064.563

位于第 52 行 58 列的网格内各类建筑物的损失值均大于位于第 39 行 42 列位置上的网格,说明前者较易受到洪灾的影响。此外,不同情景下两个网格内的商业类建筑物损失较高,住宅类建筑物损失较低,可以推测由于所选取的两个网格内商业建筑物受到洪灾的影响程度较大。

基于对所有网格内各类建筑物损失的估计,通过网格损失累计可以实现对研究区各类建筑物洪灾损失的总体估计(见表 7-5)。

表 7-5　研究区各类建筑物的洪灾总损失

灾害情景	住宅类		商业类		公共管理类		工业类	
	损失/元	损失程度/%	损失/元	损失程度/%	损失/元	损失程度/%	损失/元	损失程度/%
情景 1	1.24×10^9	21.43	2.84×10^9	49.09	1.12×10^9	19.36	5.85×10^8	10.11
情景 2	8.47×10^7	6.10	8.88×10^8	63.99	1.84×10^8	13.25	2.31×10^8	16.65

由表 7-5 可以发现,在 10 年一遇(情景 1)的洪灾事件中,各类建筑物损失程度依次是商业类(49.09%)>住宅类(21.43%)>公共管理类(19.36%)>工业类(10.11%)。在 1 年一遇(情景 2)的洪灾事件中,各类建筑物的洪灾损失程度依次是商业类(63.99%)>工业类(16.65%)>公共管理类(13.25%)>住宅类(6.10%)。在两种情景下,洪灾损失最多的都是商业类建筑物,可以推测商业类建筑物比较容易受到洪灾的影响,该类建筑物的洪灾易损性较强。与 1 年一遇的建筑物灾情相比,在 10 年一遇的洪灾事件中受到洪灾影响的住宅类建筑物比例较大,灾害强度越大,住宅类建筑物越容易受到洪灾的影响。由此可以推测,商业类建筑物的洪灾易损性受其社会功能属性的影响较大,住宅类建筑物的洪灾易损性更容易受到灾害强度大小的影响。更进一步论证了建筑物易损性受到灾害强度特征以及功能属性的影响。

为了进一步分析基于网格化的建筑物损失估计结果的分布情况,将两场洪灾情景下各网格的绝对洪灾损失值划分为 5 个等级,损失值小于 10^4 元的网格易损性等级为低级,损失值在 10^4 ~ 10^5 元的网格易损性水平较低,损失值在 10^5 ~ 10^6 元的网格易损性处于中等水平,损失值在 10^6 ~ 10^7 元的网格易损性较高,损失值超过 10^7 元的网格易损性水平非常高。通过对两种情景下的网格损失值进行直方图统计(见图 7-21),网格易损性等级划分与统计情况如表 7-6 所示。

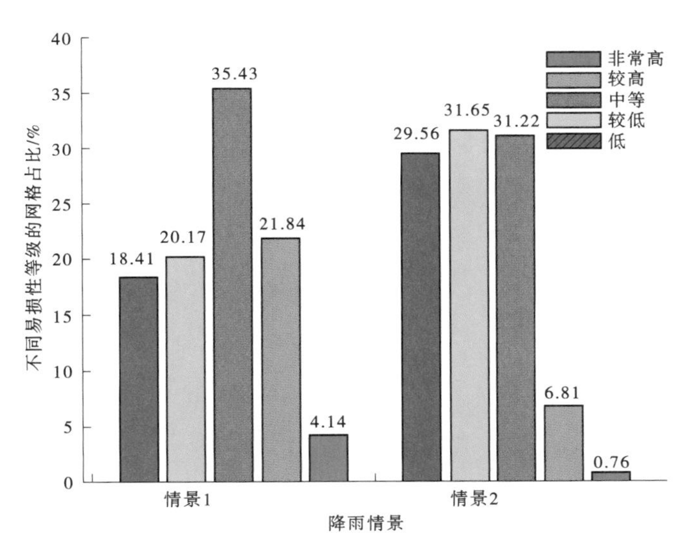

图 7-21　不同易损性等级的网格分布情况

表 7-6　网格损失等级划分与统计　%

洪灾情景	易损性等级划分及对应损失水平的网格占比				
	低	较低	中等	较高	非常高
损失值	$<10^4$ 元	$10^4 \sim 10^5$ 元	$10^5 \sim 10^6$ 元	$10^6 \sim 10^7$ 元	$>10^7$ 元
情景 1	18.41	20.17	35.43	21.84	4.14
情景 2	29.56	31.65	31.22	6.81	0.76

在情景 1 的洪灾事件中，建筑物网格的易损性等级分布情况是中等(35.43%)>较高(21.84%)>较低(20.17%)>低(18.41%)>非常高(4.14%)。洪灾易损性等级处在中等水平的网格最多，处在非常高的易损性水平的网格最少。处在中等及以上易损性等级的网格达到60%以上，说明在 10 年一遇的洪水情景下，建筑物受灾情况比较普遍，且受到洪灾的影响程度较大，应加强中等以上水平的建筑物的洪灾风险管理。

在情景 2 的洪灾事件中，建筑物网格的易损性等级分布情况是较低(31.65%)>中等(31.22%)>低(29.56%)>较高(6.81%)>非常高(0.76%)。洪灾易损性等级较低的网格占比最多，有极少数的网格损失处在非常高的水平。易损性等级在中等及以上水平的网格不足 40%，其中高于中等水平的网格约 8%，与 10 年一遇的损失情况相比，在 1 年一遇的洪水情景下，建筑物损失受到洪灾影响较微弱，且受到洪灾的影响程度较小。进一步说明了针对损失值较大的网格重点加强洪灾风险管理来减少洪灾总损失的必要性。

7.6.4　城市建筑物洪灾损失的不确定性分析

通过两种情景下每个评价网格内建筑物总损失的蒙特卡罗仿真，可以得出每个评价网格内总损失所有取值,通过直方图统计,可以得出每个评价网格的概率密度函数。两种情景下每个网格内洪灾总损失的不确定性分析结果如图 7-22 所示。其中概率越高说明不确定性越小。

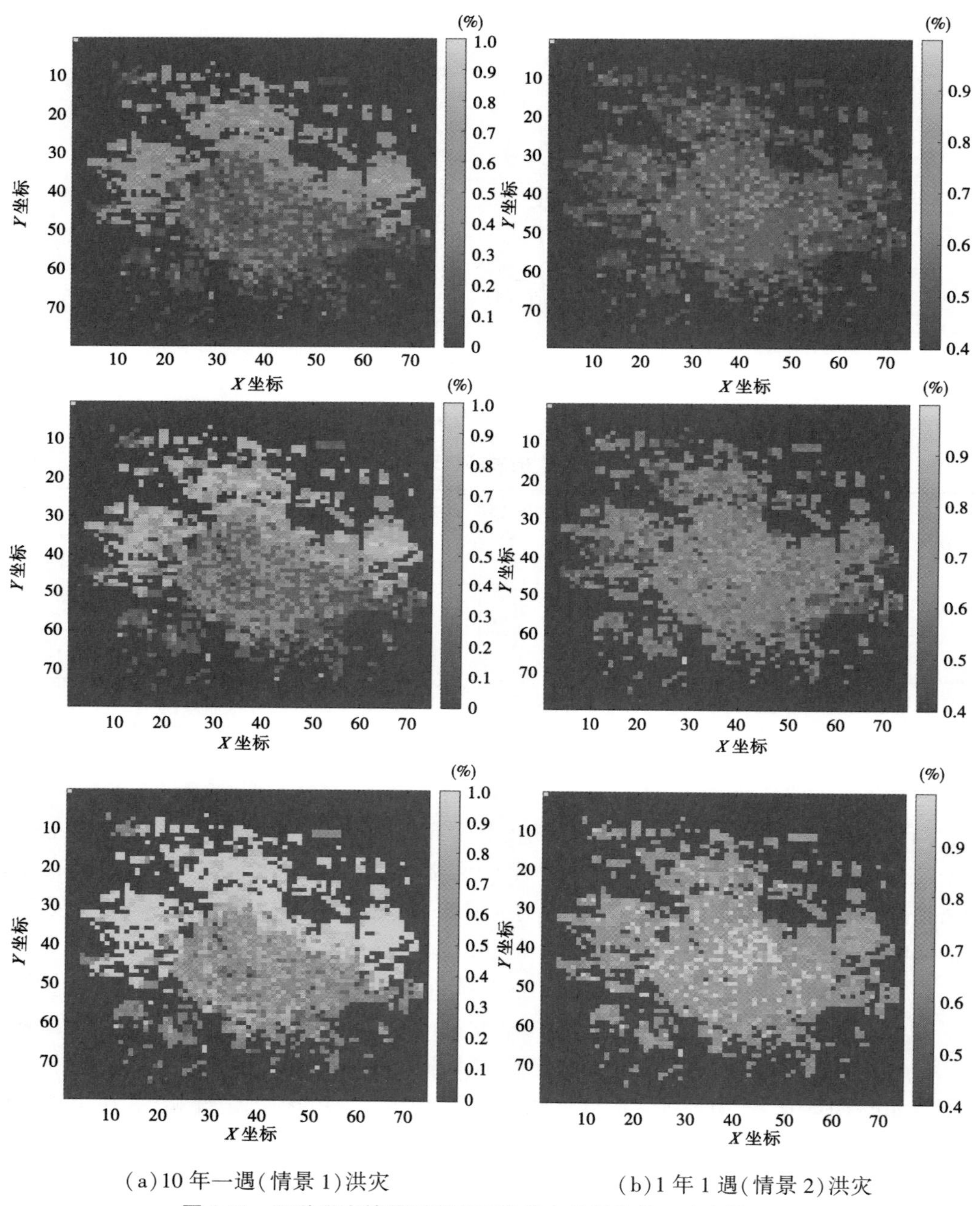

(a)10 年一遇(情景 1)洪灾　　(b)1 年 1 遇(情景 2)洪灾

图 7-22　两种洪灾情景下所有网格洪灾总损失的不确定性分析

通过两图比较,发现该方法估计的洪灾建筑物损失在 10 年一遇(情景 1)洪灾情景中的不确定性明显低于 1 年一遇的情景,随着估计值浮动范围的扩散,在该扩散范围内分布的值的概率越高。10 年一遇(情景 1)情景下在估计值附近浮动 20%以内已有部分网格的准确性超过 90%;30%以内绝大多数网格的准确性超过 90%。1 年一遇(情景 2)情景下在估计值附近浮动 30%以内已有部分网格的准确性超过 80%,且在估计值附近浮动 50%以内情况下绝大多数网格的准确性超过 90%。

参考文献

[1] Barros M T L, Conde F, Andrioli C P, et al. Flood Forecasting System in a Mega City: Challenges and Results for the So Paulo Metropolitan Region[C]// World Environmental and Water Resources Congress. 2016:10-19.

[2] Bhattarai R, Yoshimura K, Seto S, et al. Statistical model for economic damage from pluvial flood in Japan using rainfall data and socio-economic parameters[J]. Natural Hazards & Earth System Sciences, 2016, 16(5):1063-1077.

[3] Knighton J, Lennon E, Bastidas L, et al. Stormwater Detention System Parameter Sensitivity and Uncertainty Analysis Using SWMM[J]. Journal of Hydrologic Engineering, 2016, 21(8):05016014.

[4] Liu L, Liu Y, Wang X, et al. Developing an effective 2-D urban flood inundation model for city emergency management based on cellular automata[J]. Natural Hazards & Earth System Sciences, 2015, 15(3): 6173-6199.

[5] Moel H D, Aerts J C J H. Effect of uncertainty in land use, damage models and inundation depth on flood damage estimates[J]. Natural Hazards, 2011, 58(1):407-425.

[6] Shrestha B B, Sawano H, Ohara M, et al. Improvement in Flood Disaster Damage Assessment Using Highly Accurate IfSAR DEM[J]. Journal of Disaster Research, 2016, 11(6):1137-1149.

[7] Wang H, Hu Y, Guo Y, et al. Urban flood forecasting based on the coupling of numerical weather model and stormwater model: A case study of zhengzhou city[J]. Journal of Hydrology-Regional Studies, 2022, 39:100985.

[8] Wang H, Wang H, Wu Z, et al. Using multi-factor analysis to predict urban flood depth based on naive-bayes[J]. Water, 2021, 13(4):432.

[9] Wu Z, Liu S, Wang H. Calculation method of short-duration rainstorm intensity formula considering Non-stationarity of rainfall series: Impacts on the simulation of urban drainage system[J]. Journal of Water and Climate Change, 2021, 12(7): 3464-3480.

[10] Wu Z, Shen Y, Wang H, et al. Quantitative assessment of urban flood disaster vulnerability based on text data: Case study in zhengzhou[J]. Water Supply, 2020, 20(2): 408-415.

[11] Wu Z, Shen Y, Wang H. Assessing urban areas vulnerability to flood disaster based on text data: A case study in Zhengzhou city[J]. Sustainability, 2019, 11(17):11174548.

[12] Wu Z, Shen Y, Wang H, et al. Assessing urban flood disaster risk using Bayesian network model and GIS applications[J]. Geomatics Natural Hazards & Risk, 2019, 10(1): 2163-2184.

[13] Wu Z, Shen Y, Wang H, et al. An ontology-based framework for heterogeneous data management and its application for urban flood disasters[J]. Earth Science Informatics, 2020, 13(2): 377-390.

[14] Wu Z, Shen Y, Wang H, et al. Urban flood disaster risk evaluation based on ontology and Bayesian network[J]. Hydrol, 2020, 583:124596.

[15] Wu Z, Zhou Y, Wang H, et al. Depth prediction of urban flood under different rainfall return periods based on deep learning and data warehouse[J]. Science of the Total Environment, 2020, 716:137077.

[16] Wu Z, Zhou Y, Wang H, et al. Real-time prediction of the water accumulation process of urban stormy

accumulation points based on deep learning[J]. IEEE Access,2020,8: 151938-151951.
[17] Yang J, Wang Z H, Chen F, et al. Enhancing HydrologicModelling in the Coupled Weather Research and Forecasting - Urban Modelling System[J]. Boundary-Layer Meteorology, 2015, 155(2):369-369.
[18] 崔玉海,吴泽宁,吴丽. 基于云模型的安阳市洪水灾害风险评价[J]. 人民长江,2020,51(7):7-12.
[19] 丁雨淋. 水文变化驱动的暴雨-洪涝灾害主动模拟方法[J]. 测绘学报, 2016, 45(2):252.
[20] 冯平, 崔广涛, 钟昀. 城市洪涝灾害直接经济损失的评估与预测[J]. 水利学报, 2001, 32(8):64-68.
[21] 韩亚静,吴泽宁,郭元,等. 芝加哥雨型与城市灾害性降水的比较研究[J]. 人民长江,2022,53(5):35-40,52.
[22] 何福力, 胡彩虹, 王民,等. SWMM 模型在城市排水系统规划建设中的应用[J]. 水电能源科学, 2015(6):48-53.
[23] 胡钰鑫. 基于 IDF 曲线和数值模式的郑州市致灾降水预报预警研究[D]. 郑州:郑州大学,2022.
[24] 江子皓,王慧亮,吴泽宁,等. 城市暴雨洪涝敏感性因素数据仓库构建与应用[J]. 人民黄河,2019,41(4):27-30.
[25] 江子皓. 基于数据仓库和数据挖掘的城市洪涝预警研究[D]. 郑州:郑州大学,2019.
[26] 姜仁贵, 韩浩, 解建仓,等. 变化环境下城市暴雨洪涝研究进展[J]. 水资源与水工程学报, 2016, 27(3):11-17.
[27] 李德仁, 张良培, 夏桂松. 遥感大数据自动分析与数据挖掘[J]. 测绘学报, 2014, 43(12):1211-1216.
[28] 李朋林. 基于微博数据的城市模拟雨量站构建方法研究[D]. 郑州:郑州大学,2021.
[29] 李世豪. 郑州市区洪涝风险分析及内涝积水模拟研究[D]. 郑州:郑州大学,2016.
[30] 林琳. 缺资料城市洪涝灾害易损性多层次评估研究[D]. 郑州:郑州大学,2019.
[31] 刘德儿, 袁显贵, 沈敬伟,等. 基于 GIS 的新城区水文参数自动提取及应用[J]. 工程设计学报, 2015(6):552-561.
[32] 刘勇, 张韶月, 柳林,等. 智慧城市视角下城市洪涝模拟研究综述[J]. 地理科学进展, 2015, 34(4):494-504.
[33] 申言霞. 基于本体的城市洪涝灾害脆弱性评估研究[D]. 郑州:郑州大学,2020.
[34] 宋晓猛, 占车生, 孔凡哲,等. 大尺度水循环模拟系统不确定性研究进展[J]. 地理学报, 2011, 66(3):396-406.
[35] 宋晓猛, 张建云, 王国庆,等. 变化环境下城市水文学的发展与挑战——II. 城市雨洪模拟与管理[J]. 水科学进展, 2014, 25(5):752-764.
[36] 王慧亮,吴泽宁,胡彩虹. 基于 GIS 与 SWMM 耦合的城市暴雨洪水淹没分析[J]. 人民黄河,2017,39(08):31-35,43.
[37] 王慧亮,吴泽宁,孙若尘. 郑州市城市化对贾鲁河流域水文过程的影响[J]. 科学技术与工程,2017,17(31):316-321.
[38] 吴梅梅. 基于本体论的城市要素对暴雨洪涝灾害影响机制及其量化研究[D]. 郑州:郑州大学,2021.
[39] 吴泽宁,申言霞,王慧亮. 多源城市暴雨预报数据融合研究进展[J]. 水利水电技术,2018,49(11):15-21.
[40] 吴泽宁,申言霞,王慧亮. 基于能值理论的洪涝灾害脆弱性评估[J]. 南水北调与水利科技,2018,16(6):9-14,32.
[41] 喻海军. 城市洪涝数值模拟技术研究[D]. 广州:华南理工大学, 2015.

[42] 袁迪，宋星原，张艳军,等. 基于遥感信息的新安江模型产流计算参数估计[J]. 水力发电学报，2014，33(5):77-85.
[43] 张建云，王银堂，贺瑞敏,等. 中国城市洪涝问题及成因分析[J]. 水科学进展，2016，27(4):485-491.
[44] 周易宏. 基于深度学习的城市洪涝积水点淹没过程预报预警研究[D]. 郑州:郑州大学,2021.